U0347888

L 油底壳

L 轴承

L 三通管

L 阀体

L 轴承座

L 固体胶底座

L 垫圈

L 电饭煲

L 电饭煲分解动画

L 电热水器

L 吊钩

L 阀杆

L 饭勺

L 方头螺母

L 方向盘

L 盖

传动装配

固体胶装配

弹簧

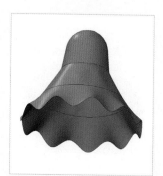
灯罩

锅盖

锅体

锅体加热铁

果盘

虎钳

护口板

活塞

机座

卡座

螺杆

螺丝刀

米锅

Creo Parametric 1.0 中文版
从入门到精通
本书部分实例

调节螺母

排球

苹果

钳口

钳座

前罩

手柄

手机

塑料壶

锁紧螺母

筒身

筒身上沿盖

销钉

旋钮

压盖

底座

熨斗

仪表面板

轴承端盖

硬盘固定架

周铣刀

板簧

支座

蒸锅

圆头螺钉

仪器后盖

轴

沐浴露瓶

椅子

沉头螺钉

遥控器

牙膏壳

清华社"视频大讲堂"大系
CAD/CAM/CAE技术视频大讲堂

Creo Parametric 1.0中文版
从入门到精通

37集（段）高清多媒体视频+64个中小型实例实践

CAD/CAM/CAE技术联盟 编著

清华大学出版社

北　京

内容简介

《Creo Parametric 1.0中文版从入门到精通》一书重点介绍Creo Parametric 1.0中文版在工程设计中的应用方法与技巧。全书共14章，分别介绍了Creo Parametric 1.0基础、草图绘制、基准特征、基础特征建立、工程特征建立、实体特征编辑、曲线概述、曲面造型、高级曲面特征、钣金设计、装配设计、动画制作、工程图绘制和虎钳设计综合实例等内容。全书内容由浅入深，从易到难，每一章的知识点都配有案例讲解，帮助读者加深理解并掌握所学内容，在每章最后还配有巩固练习实例，使读者能综合运用全章的知识点，提高读者的综合运用能力。

本书适合入门级读者学习使用，也适合有一定基础的读者参考使用，还可用作职业培训、职业教育的教材。

本书除利用传统的纸面讲解外，随书还配送了多媒体学习光盘。光盘具体内容如下：

1．37段大型高清多媒体教学视频（动画演示）

2．6大不同类产品造型的设计实例及其配套的视频文件

3．全书实例的源文件和素材

图书在版编目（CIP）数据

Creo Parametric 1.0中文版从入门到精通/CAD/CAM/CAE技术联盟编著．—北京：清华大学出版社，2012.8
（清华社"视频大讲堂"大系 CAD/CAM/CAE技术视频大讲堂）

ISBN 978-7-302-28766-7

I．①C… II．①C… III．①机械设计-计算机辅助设计-应用软件 IV．①TH122

中国版本图书馆CIP数据核字（2012）第089985号

责任编辑：赵洛育
封面设计：李志伟
版式设计：文森时代
责任校对：张彩凤
责任印制：杨 艳

出版发行：清华大学出版社
　　　　　网　　　址：http://www.tup.com.cn, http://www.wqbook.com
　　　　　地　　　址：北京清华大学学研大厦A座　　　　邮　　编：100084
　　　　　社 总 机：010-62770175　　　　　　　　　　　邮　　购：010-62786544
　　　　　投稿与读者服务：010-62776969, c-service@tup.tsinghua.edu.cn
　　　　　质 量 反 馈：010-62772015, zhiliang@tup.tsinghua.edu.cn
印 装 者：北京鑫海金澳胶印有限公司
经　　销：全国新华书店
开　　本：203mm×260mm　　印　张：26　　插　页：3　　字　　数：735千字
　　　　　附光盘1张
版　　次：2012年8月第1版　　　　　　　　　　　　　印　　次：2012年8月第1次印刷
印　　数：1～5000
定　　价：59.80元

产品编号：044131-01

前 言

Preface

Creo 是一个整合了 Pro/ENGINEER 的参数化技术、CoCreate 的直接建模技术和 ProductView 的三维可视化技术的新型 CAD 设计软件包，它集成了多个可互操作的应用程序，功能覆盖整个产品开发领域。Creo 推出的目的在于解决目前 CAD 系统难用及多 CAD 系统数据共用等问题。

作为 PTC 闪电计划中的一员，Creo 具有互操作性、开放性、易用性三大特点。而 Creo Parametric 作为 Creo 软件包中一款非常重要的应用程序，保留了 Pro/ENGINEER 的所有功能并有新的突破与创新，是 PTC 新的 3D 参数化建模系统，其功能更强大、操作更灵活，可帮助用户加快整个产品开发过程。

一、编写目的

鉴于 Creo Parametric 强大的功能和深厚的工程应用底蕴，针对工程设计行业的需要，我们力图开发一本全方位介绍 Creo Parametric 在工程行业应用实际情况的书籍。全书以 Creo Parametric 大体知识脉络作为线索，以实例作为"抓手"，帮助读者快速掌握利用 Creo Parametric 进行工程设计的基本技能和技巧。

二、本书特点

☑ **专业性强**

本书作者拥有多年计算机辅助设计领域的工作经验和教学经验，他们总结多年的设计经验以及教学的心得体会，精心编著，力求全面、细致地展现 Creo Parametric 1.0 在工程设计应用领域的各种功能和使用方法。在具体讲解的过程中，严格遵守工程设计相关规范和国家标准，这种一丝不苟的细致作风溶入字里行间，目的是培养读者严格细致的工程素养，传播规范的工程设计理论与应用知识。

☑ **实例丰富**

全书包含大小 60 多个实例，而且大部分是经常见到的，如电饭煲、方向盘等，可让读者在学习案例的过程中快速了解 Creo Parametric 1.0 的用途，并加深对知识点的掌握，力求通过实例的演练，帮助读者找到一条学习 Creo Parametric 的终南捷径。最后通过一个虎钳设计综合实例，综合介绍了 Creo Parametric 1.0 软件在实际设计中的应用和技巧。

☑ **涵盖面广**

本书在有限的篇幅内，包罗了 Creo Parametric 1.0 常用的全部功能讲解，涵盖了草图绘制、基准特征、基础特征建立、工程特征建立、实体特征编辑、曲线概述、曲面造型、高级曲面特征、钣金设计、装配设计、动画制作和工程图绘制等知识。可以说，读者只要有本书在手，Creo Parametric 1.0 知识全精通。

☑ **突出技能提升**

本书中有很多实例本身就是工程设计项目案例，经过作者精心提炼和改编，不仅保证了读者能够学好知识点，更重要的是能帮助读者掌握实际的操作技能。全书结合实例详细讲解 Creo Parametric 1.0 知识要点，让读者在学习案例的过程中潜移默化地掌握 Creo Parametric 1.0 软件的操作技巧，同时培养了工程设计实践能力。

三、本书光盘

1.37 段大型高清多媒体教学视频（动画演示）

为了方便读者学习，本书对大多数实例，专门制作了 37 段多媒体图像、语音视频录像（动画演示），读者可以先看视频，像看电影一样轻松愉悦地学习本书内容。

2.6 大不同类产品造型的设计实例及其配套的视频文件

为了帮助读者拓展视野，本光盘特意赠送 6 大不同类产品造型的设计实例及其配套的视频文件，总时长达 8 小时。

3. 全书实例的源文件和素材

本书附带了很多实例，光盘中包含实例和练习实例的源文件和素材，读者可以安装 Creo Parametric 1.0 软件，打开并使用它们。

四、本书服务

有关本书的最新信息、疑难问题、图书勘误等内容，我们将及时发布到网站上，请读者朋友登录 www.thjd.com.cn，找到该书后留言，我们会逐一答复。

五、作者团队

本书由 CAD/CAM/CAE 技术联盟主编。赵志超、张辉、赵黎黎、朱玉莲、徐声杰、张琪、卢园、杨雪静、孟培、闫聪聪、万金环、孙立明、李兵、杨肖、康晓平、刘浪、李岚波、王克勇等参与了具体章节的编写或为本书的出版提供了必要的帮助，对他们的付出表示真诚的感谢。

由于时间仓促，加之作者水平有限，疏漏之处在所难免，欢迎读者提出宝贵的批评意见。

编 者

目　录

Contents

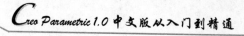

Note

Note

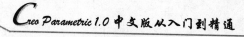

Creo Parametric 1.0 基础

　　本章介绍了软件的工作环境和基本操作，包括 Creo Parametric 1.0 的界面组成、基本的文件操作和系统环境配置，目的是使读者尽快熟悉 Creo Parametric1.0 的用户界面和基本操作技能。这些都是后面章节 Creo Parametric 建模操作的基础，建议读者仔细阅读。

☑ Creo Parametric 1.0 工作界面　　　　　　☑ Creo Parametric 1.0 系统环境的配置
☑ 文件操作

任务驱动&项目案例

1.1 Creo Parametric 1.0 工作界面

Creo Parametric 作为 PTC 新的参数化建模系统，保留了 Pro/ENGINEER 的所有功能并有新的突破与创新。本节将介绍 Creo Parametric 1.0 的工作界面。

启动 Creo Parametric 1.0 程序后，将打开如图 1-1 所示的 Creo Parametric 1.0 工作界面。进入 Creo Parametric 1.0 工作界面，Pro/ENGINEER 系统会直接通过网络与 PTC 公司的 Creo Parametric 1.0 资源中心的网页链接（如果已联网）。要取消这一设置（可以先跳过这个操作，看过工作窗口的设置后再进行这个操作），可以选择"文件"→"选项"命令，打开"Creo Parametric 选项"对话框，如图 1-2 所示。

图 1-1 Creo Parametric 1.0 工作界面

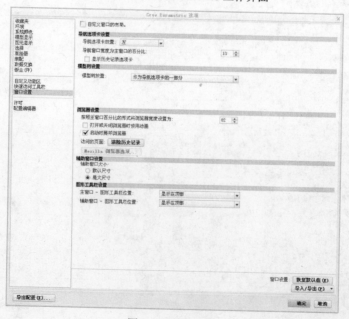

图 1-2 窗口设置

选择"窗口设置"选项，取消选中"浏览器设置"选项组中的"启动时展开浏览器"复选框，然后单击"确定"按钮，以后打开 Creo Parametric 1.0 时就不会再直接链接到资源中心的网页了。

Creo Parametric 1.0 的窗口设置如图1-3所示。

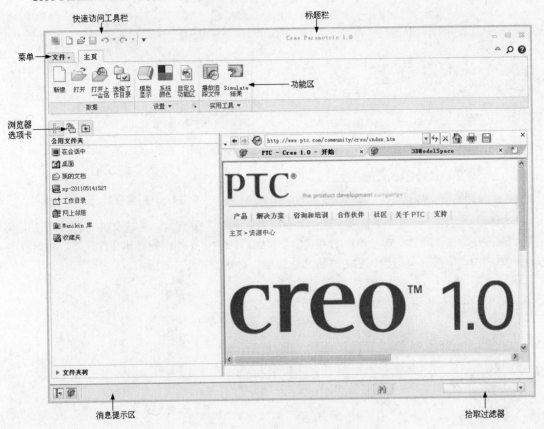

图1-3　Creo Parametric 1.0 窗口设置

1.2　文 件 操 作

本节主要介绍文件的基本操作，如新建文件、打开文件、保存文件等。要注意硬盘文件和进程中的文件的异同，以及删除和拭除的区别。

1.2.1　新建文件

建立新模型前，需要建立新的文件。

新建文件的操作步骤如下：

（1）执行命令。单击快速访问工具栏中的"新建"按钮 ，执行新建文件命令。

（2）选择文件类型。系统打开"新建"对话框，如图1-4所示。默认的"类型"为"零件"，在"子类型"中可以选择"实体"、"线束"、"钣金件"和"主体"，默认为"实体"。

（3）选中"新建"对话框中的"装配"单选按钮，其子类型如图1-5所示。

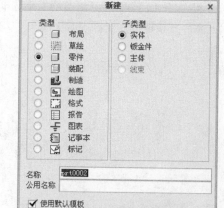

图1-4 新建零件

图1-5 新建装配

（4）选择模板。在"新建"对话框中选中"使用默认模板"复选框，生成文件时将自动使用默认的模板；否则在单击"新建"对话框中的"确定"按钮后，还要在弹出的"新文件选项"对话框中选取模板。如选中"零件"单选按钮后的"新文件选项"对话框如图1-6所示。

图1-6 选取模板

1.2.2 打开文件

在 Creo Parametric 1.0 中，可以打开已存储的文件，对其进行相应的编辑和操作。

打开文件的操作步骤如下：

（1）执行命令。单击快速访问工具栏中的"打开"按钮，执行打开文件命令。

（2）选择文件。此时系统打开"文件打开"对话框，如图1-7所示。在此对话框中，可以选择并打开 Creo Parametric 的各种文件。单击"预览"按钮，可在此对话框的右侧打开文件预览框，预览所选择的文件。

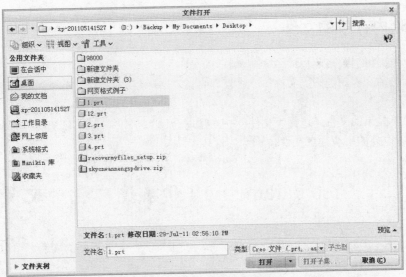

图 1-7 "文件打开"对话框

1.2.3 打开内存中的文件

在 Creo Parametric 1.0 中，可以打开内存中的文件，对其进行相应的编辑和操作。

打开内存中文件的操作步骤如下：

（1）执行命令。单击"文件打开"对话框上部的"在会话中"按钮 ，执行打开内存文件命令。

（2）打开文件。在对话框中选择当前进程中的文件，单击"确定"按钮就可以打开此文件。同样，打开的文件也是进程中的最新版本。

1.2.4 保存文件

已编辑的图形只有保存起来，才能在需要时打开该文件，对其进行相应的编辑和操作。

保存文件的操作步骤如下：

（1）执行命令。如果当前设计环境中有设计对象，可以单击快速访问工具栏中的"保存"按钮 ，执行文件保存命令。

（2）保存文件。此时系统打开"保存对象"对话框，在此对话框中可以选择保存目录、新建目录、设定保存文件的名称等，单击"确定"按钮就可以保存当前设计的文件。

1.2.5 删除文件

删除文件的操作步骤如下：

（1）删除旧版本的文件。选择"文件"→"管理文件"→"删除旧版本"命令，可以删除同一个文件的旧版本，也就是将除最新版本文件以外的所有同名的文件全部删除。

注意：使用"删除旧版本"命令将删除数据库中的旧版本，而在硬盘中这些文件依然存在。

（2）删除所有版本的文件。选择"文件"→"管理文件"→"删除所有版本"命令，将删除选中文件的所有版本，包括最新版本。

注意：此时硬盘中的文件也被删除。

1.2.6　删除内存中的文件

删除内存中文件的操作步骤如下：

（1）删除当前文件。选择"文件"→"管理会话"→"拭除当前"命令，可以拭除进程中的当前版本文件。

（2）删除不显示的文件。选择"文件"→"管理会话"→"拭除未显示的"命令，可以拭除进程中除当前版本之外的所有同名文件。

1.3　Creo Parametric 1.0 系统环境的配置

Creo Parametric 1.0 功能强大，命令菜单和工具按钮繁多，为了界面的简明，可以只显示常用的工具按钮，而将非常用的工具按钮隐藏起来。

1.3.1　界面定制

Creo Parametric 1.0 支持用户界面定制，可以根据个人、组织或公司需要定制 Creo Parametric 的用户界面。

界面定制的操作步骤如下：

（1）执行命令。选择"文件"→"选项"命令，系统将打开如图 1-8 所示的"Creo Parametric 选项"对话框。

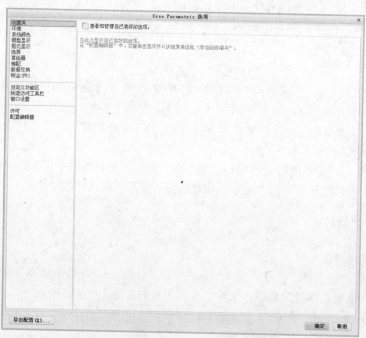

图 1-8　"Creo Parametric 选项"对话框

（2）界面定制。在对话框中选择"自定义功能区"选项卡，进入"自定义功能区"设置界面，如图 1-9 所示。默认情况下，所有命令（包括适用于活动进程的命令）都将显示在对话框中。

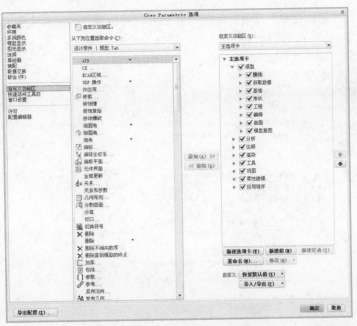

图 1-9 "自定义功能区"设置界面

"自定义功能区"设置界面主要包括两个部分，左侧部分用来控制命令在功能区中的显示。右侧部分用来控制选项卡在屏幕上的显示，如果要在屏幕上显示该选项卡，就选中其前面的复选框；否则，就取消选中该选项卡前的复选框。

（3）在对话框中选择"快速访问工具栏"选项卡，进入"快速访问工具栏"设置界面，如图 1-10 所示。在左侧列表中选择需要的命令，单击"添加"按钮，即可将其添加到右侧的自定义快速访问工具栏列表中，单击"确定"按钮后即可将选择的命令添加到屏幕上的快速访问工具栏中。

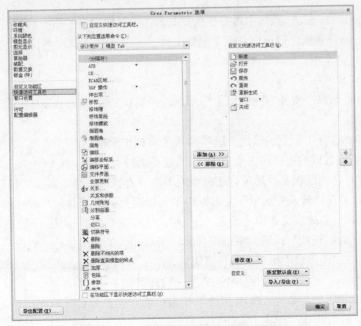

图 1-10 "快速访问工具栏"设置界面

在对话框中选择"窗口设置"选项，如图 1-11 所示，可以设定导航器的显示位置以及显示宽度、消息区的显示位置等。

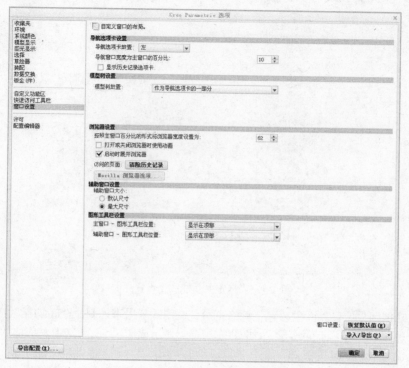

图 1-11　"窗口设置"设置界面

1.3.2　配置文件

配置文件是 Creo Parametric 系统中最重要的工具，它保存和记录了所有参数设置的结果，默认配置文件名为 config.pro。系统允许用户自定义配置文件，并以.pro 为扩展名保存，大多数参数都可以通过配置文件对话框来设置。

配置文件的操作步骤如下：

（1）执行命令。选择"文件"→"选项"命令，系统打开"Creo Parametric 选项"对话框，如图 1-12 所示。

（2）配置文件。选择"配置编辑器"选项，系统将列出全部的配置选项，左侧列表框按种类列出了所有选项，右侧列表框列出了对应选项的值、状况和说明。

（3）搜索文件。系统配置文件选项有几百个，单击"查找"按钮，系统可打开如图 1-13 所示的"查找选项"对话框，在"输入关键字"文本框中输入要查找的选项名称，即可进行搜索。例如，要查找 layer 的相关选项，首先在文本框中输入"layer"，然后在"查找范围"下拉列表框中选择"所有目录"选项，单击"立即查找"按钮，系统将搜索出所有相关的选项供选择。

config.pro 文件中的选项通常由选项名与值组成，如图 1-14 所示，选项名为 create_drawing_dims_only，选项值为 no*/yes，其中附加"*"的值是系统默认值。

当确定配置选项与值后，单击"添加/更改"按钮，将设置记录到配置文件中，然后单击"关闭"按钮加载到系统中，或者单击"确定"按钮完成设置。

图 1-12 "配置编辑器"选项

图 1-13 "查找选项"对话框

图 1-14 选项名及值

1.3.3 配置系统环境

配置系统环境的操作步骤如下：

（1）执行命令。选择"文件"→"选项"命令，系统打开"Creo Parametric 选项"对话框。

（2）选择"环境"选项，如图 1-15 所示，通过该界面可以设置部分环境参数，这些参数也可以在配置文件中设置,但每次重新启动系统后,环境选项都设置成 config.pro 文件中的值。如果 config.pro 文件中没有所要的参数选项,可以直接进入"Creo Parametric 选项"对话框设置所要的参数。

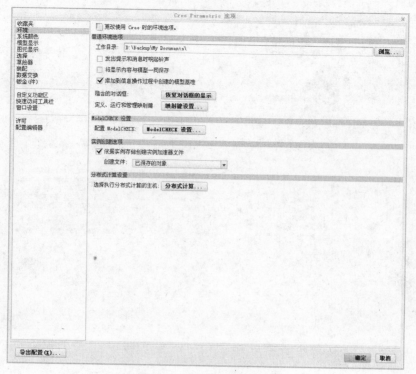

图 1-15　"环境"设置界面

1.4　实践与练习

通过前面的学习，读者对本章知识也有了大体的了解。本节通过 3 个操作练习，使读者进一步掌握本章的知识要点。

1. 练习 Creo Parametric 1.0 中文件的创建和保存。
2. 练习 Creo Parametric 1.0 中文件的打开和删除。
3. 练习 Creo Parametric 1.0 的界面定制。

第2章

草图绘制

　　草图绘制就是建立 2D 的截面图，然后以此截面图生成拉伸、旋转等特征实体。构成 2D 截面的要素有 3 个，即 2D 几何图形（Geometry）数据、尺寸（Dimension）数据和 2D 几何约束（Alignment）数据。用户在草图绘制环境下，绘制大致的 2D 几何图形形状，不必是精确的尺寸值，可以在绘制完成后再修改尺寸值，系统会自动以正确的尺寸值来修正几何形状。除此之外，Creo Parametric 对 2D 截面上的某些几何图形会自动假设某些关联性，如对称、对齐、相切等限制条件，以减少尺寸标注的困难，并达到全约束的截面外形。

- ☑ 绘制草图　　　　　　　　　☑ 尺寸标注
- ☑ 编辑草图　　　　　　　　　☑ 几何约束

任务驱动&项目案例

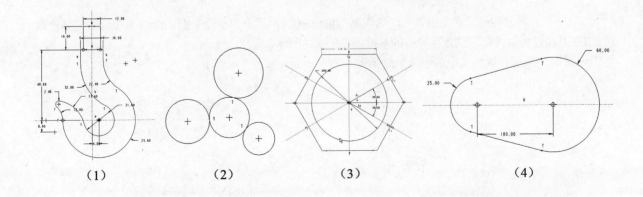

（1）　　　　　　　（2）　　　　　　　（3）　　　　　　　（4）

2.1 进入草绘环境

本节介绍两种进入草绘环境的方法。

1. 直接进入草绘环境

单击快速访问工具栏中的"新建"按钮，在系统打开的"新建"对话框中选中"草绘"单选按钮，如图 2-1 所示。单击"新建"对话框中的"确定"按钮，系统即可进入草绘环境。

2. 从零件界面进入草绘环境

（1）单击快速访问工具栏中的"新建"按钮，在系统打开的"新建"对话框中选中"零件"单选按钮，然后单击"确定"按钮。

（2）单击"模型"功能区"基准"面板上的"草绘"按钮，系统打开"草绘"对话框。此对话框默认打开的是"放置"属性页，如图 2-2 所示，要求用户选取草绘平面及参考平面。一般来说，草绘平面和参考平面是相互垂直的。

图 2-1　新建草绘文件

图 2-2　"放置"属性页

（3）选择基准面。在此步骤中，选取基准面 FRONT 面作为草绘平面，此时系统默认把基准面 RIGHT 面设为参考面，设计环境中的基准面如图 2-3 所示。

此时"放置"属性页中显示出草绘平面和参考平面，如图 2-4 所示。

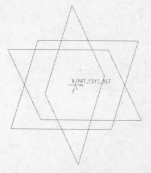

图 2-3　系统默认基准平面

图 2-4　"放置"属性页

（4）进入草绘环境。单击"草绘"对话框中的"草绘"按钮，系统进入草绘环境，用户可以在此环境中绘制 2D 截面图。

2.2　绘制草图

下面就以第一种方式进入草绘环境，并详细讲述在草绘环境中创建基本图元的方法和步骤。

进入草绘环境后，"草绘"功能区如图 2-5 所示。

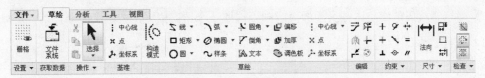

图 2-5　"草绘"功能区

通过此功能区，可以在 2D 设计环境中绘制各种二维图形，添加基准、文本、尺寸和约束等内容。

2.2.1　绘制线

线段是图形中最常见、最基本的几何图元，50%的几何实体边界是由线段组成的。一条线段由起点和终点两个点组成。

1. 绘制线段

操作步骤如下：

（1）执行命令。单击"草绘"功能区"草绘"面板上的"线"按钮 。

（2）确认线段的起点。在绘图区选取开始画线段的位置，一条"橡皮筋"线附着在光标上出现，如图 2-6 所示。

（3）绘制线段选取终止线段的位置，系统就在开始和终止两点间创建一条线段，并开始另一条橡皮筋线，再次选取另一点即可创建一条线段。系统支持连续操作，单击鼠标中键，结束线段创建，橡皮筋线消失。

（4）绘制四边形。以上步绘制线段的终点为起点，重复步骤（2）～（3），可以绘制出四边形的其余三条边，完成四边形的绘制，如图 2-7 所示。

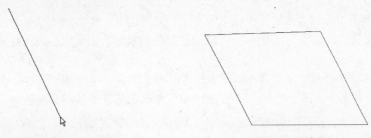

图 2-6　绘制线段时的橡皮筋线　　　　　　　图 2-7　四边形

2. 绘制相切直线段

操作步骤如下：

（1）执行命令。单击"草绘"功能区"草绘"面板上的"直线相切"按钮 。

（2）确认直线段的起点。在已经存在的弧或圆上选取一个起始位置，此时选中的圆或圆弧以红色加亮显示，同时一条"橡皮筋"线附着在光标上出现，如图 2-8 所示。单击鼠标中键可以取消该选择而进行重新选择。

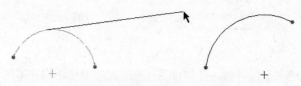

图 2-8　绘制相切线时的橡皮筋

（3）确认直线段的终点。在另外的弧或圆上选取一个结束位置，在定义两个点后，可以预览所绘制的切线，如图 2-9 所示。

图 2-9　确认直线段的终点

（4）绘制相切直线段。单击鼠标中键结束该命令，即可绘制出一条与两个图元同时相切的直线段，如图 2-10 所示。

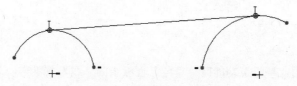

图 2-10　绘制相切直线段

3．绘制中心线

中心线是用来定义一个有旋转特征的旋转轴，也是在一剖面内的一条对称直线，或用来创建构造直线的。中心线是无限延伸的直线，并且不用来创建特征几何。

操作步骤如下：

（1）执行命令。单击"草绘"功能区"草绘"面板上的"中心线"按钮，即可调用绘制中心线命令。

（2）绘制竖直中心线。在屏幕中确定竖直中心线的起点，竖直拖动鼠标，在线旁边会出现一个"V"，表示垂直状态，如图 2-11 所示。在适当位置单击鼠标，确认中心线的终点，即可绘制出竖直中心线。

（3）绘制水平中心线。在屏幕中确定水平中心线的起点，水平拖动鼠标，在线旁边会出现一个"H"，表示水平状态，如图 2-12 所示。在适当位置单击鼠标，确认中心线的终点，即可绘制出水平中心线。

4．绘制几何中心线

通过"几何中心线"命令，可以任意创建几何中心线。

操作步骤如下：

（1）执行命令。单击"草绘"功能区"草绘"面板上的"中心线"按钮，可以绘制与存在的两个图元相切的中心线。

（2）选取中心线起点。具体过程与直线段相切类似。调用该按钮后在弧、圆上选取一个起始位置，如图 2-13 所示。

（3）选取中心线终点。在另外一个弧、圆上选取一个结束位置，即可绘制一条与所选择的两个图元相切的中心线。使用鼠标中键可以结束绘制，效果如图 2-14 所示。

图 2-11　绘制垂直中心线　　　　　图 2-12　绘制水平中心线

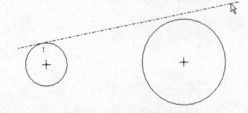
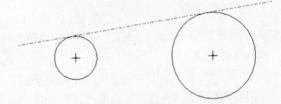

图 2-13　选取几何中心线的起点　　　　　图 2-14　绘制几何中心线

2.2.2　绘制矩形

操作步骤如下：

（1）执行命令。单击"草绘"功能区"草绘"面板上的"矩形"按钮□。

（2）确认矩形的顶点。选取放置矩形的一个顶点，然后拖动鼠标，即可出现一个由"橡皮筋"线组成的矩形，如图 2-15 所示。

（3）绘制矩形。将该矩形拖至所需大小，如图 2-16 所示。然后在要放置的另一个顶点位置单击鼠标左键，即可完成矩形的绘制。

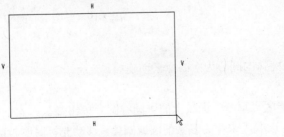
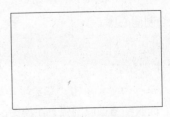

图 2-15　拖动矩形　　　　　　图 2-16　绘制矩形

该矩形的 4 条线是相互独立的，可以单独地处理它们（如修剪、对齐等）。选取其中任一条矩形的边（如图 2-17 所示，选取的边将以红色加亮显示），即可对所选取的边进行修剪、对齐等操作。

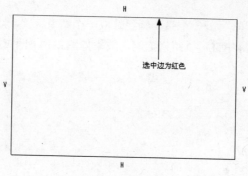

图 2-17　选中矩形边

2.2.3　绘制圆

圆是另一种常见的基本图元，可以用来表示柱、轴、轮、孔等的截面图。在 Creo Parametric 中，提供了多种绘制圆的方法，通过这些方法可以很方便地绘制出满足用户需求的圆。

1. 绘制中心圆

中心圆是通过确定圆心和圆上一点的方式来绘制的。

操作步骤如下：

（1）执行命令。单击"草绘"功能区"草绘"面板上的"圆心和点"按钮○。

（2）确认圆心。在绘图区选取一点作为圆心，移动光标时圆拉成橡皮条状，如图 2-18 所示。

（3）绘制圆。将鼠标移动到合适的位置，单击鼠标左键即可绘制出一个圆，鼠标径向移动位置就是该圆的半径值，如图 2-19 所示。

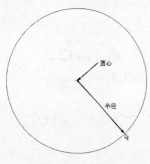

图 2-18　拖动圆

图 2-19　绘制中心圆

2. 绘制同心圆

同心圆是以选取一个参考圆或一条圆弧的圆心为中心点来创建的。

操作步骤如下：

（1）执行命令。单击"草绘"功能区"草绘"面板上的"同心圆"按钮◎。

（2）选取参考圆或圆弧。在绘图区选取用来作为参考的圆或圆弧，移动光标时圆拉成橡皮条状，如图 2-20 所示。

（3）绘制圆。将鼠标移动到合适位置，单击鼠标左键即可绘制出一个圆，如图 2-21 所示。选定的参考圆可以是一个草绘图元或一条模型边。

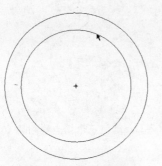

图 2-20　拖动同心圆

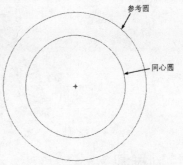

图 2-21　绘制同心圆

3. 通过三点绘制圆

通过三点创建圆是以给定圆上的三点来确定圆的位置和大小。

操作步骤如下：

（1）执行命令。单击"草绘"功能区"草绘"面板上的"3 点"按钮 ⊙。

（2）选取第一点。在绘图区选取一个点。

（3）选取第二点。选取圆上第二个点。在定义两个点后，可以看到一个随鼠标移动的预览圆，如图 2-22 所示。

（4）绘制圆。选取圆上第三个点即可绘制一个圆，如图 2-23 所示。

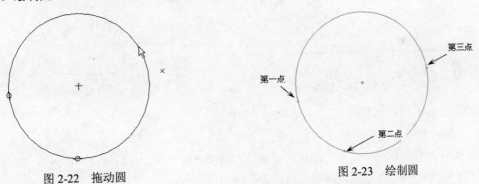

图 2-22　拖动圆

图 2-23　绘制圆

4. 通过三个切点绘制圆

通过三个切点创建圆是给定三个参考图元，绘制出与之相切的圆。

操作步骤如下：

（1）执行命令。单击"草绘"功能区"草绘"面板上的"3 相切"按钮 ⊙。

（2）选取第一个切点。在参考的弧、圆或直线上选取一个起始位置。单击鼠标中键可以取消选取。

（3）选取第二个切点。在第二个参考的弧、圆或直线上选取一个位置，在定义两个点后，可以预览圆，如图 2-24 所示。

（4）选取第三个切点。在作为第三个参考的弧、圆或直线上选取第三个位置即可绘制出圆，如图 2-25 所示。

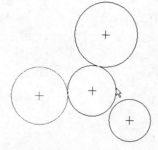

图 2-24　预览圆

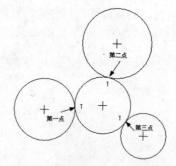

图 2-25　通过三个切点绘制圆

2.2.4　绘制椭圆

1.　通过长轴端点绘制椭圆

操作步骤如下：

（1）执行命令。单击"草绘"功能区"草绘"面板上的"轴端点椭圆"按钮⌀。

（2）选取轴端点。在绘图区选取一点作为该椭圆的一个长轴端点，再选取另一点作为长轴的另一个端点，此时出现一条直线，如图 2-26 所示。

（3）绘制椭圆。移动光标直线即可拉成一个椭圆，将椭圆拉至所需形状，单击鼠标左键即可完成椭圆的绘制，效果如图 2-27 所示。

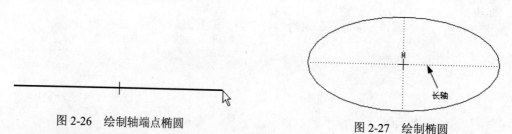

图 2-26　绘制轴端点椭圆

图 2-27　绘制椭圆

2.　通过中心和轴绘制椭圆

操作步骤如下：

（1）执行命令。单击"草绘"功能区"草绘"面板上的"中心和轴椭圆"按钮⌀。

（2）选取中心点。在绘图区选取一点作为椭圆的中心点。

（3）选取长轴端点。在绘图区选取一点作为椭圆的长轴端点，此时出现一条关于中心点对称的直线，如图 2-28 所示。

（4）绘制椭圆。移动光标直线，拉成一个椭圆，如图 2-29 所示。

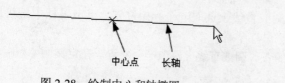

图 2-28　绘制中心和轴椭圆

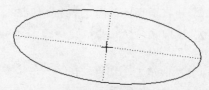

图 2-29　绘制椭圆

椭圆具有下列特性：

❶ 椭圆的中心点相当于圆心，可以作为尺寸和约束的参考。

❷ 椭圆的轴可以任意倾斜，此时绘制出的椭圆也随轴的倾斜方向倾斜。

❸ 当草绘椭圆时，椭圆的中心和椭圆本身将捕捉约束。可用于椭圆的约束有"相切"、"图元上的点"和"相等半径"。

2.2.5 绘制圆弧

圆弧也是图形中常见的图形元素之一。圆弧的绘制可以由起点、中点、切点等控制点来确定。圆弧的绘制有多种方法。

1. 通过三点/相切端绘制圆弧

此方式的功能是生成过给定三点的圆弧。用该方法绘制的圆弧通过所指定的三个点，起点为指定的第一点，并通过指定的第二点，最后在指定的第三点结束。可以沿顺时针或逆时针方向绘制圆弧。该方式为默认方式。

操作步骤如下：

（1）执行命令。单击"草绘"功能区"草绘"面板上的"3 点相切端"按钮 ╮。

（2）选取起点。在绘图区选取一点作为圆弧的起点。

（3）选取终点。选取第二点作为圆弧的终点。这时就会出现一个"橡皮筋"圆随着鼠标移动，如图 2-30 所示。

（4）选取中心点。通过移动鼠标选取一点作为圆弧中心点，单击鼠标中键完成圆弧的绘制，如图 2-31 所示。

2. 绘制同心圆弧

采用这种方式可以绘制出与参考圆或圆弧同心的圆弧，在绘制过程中要指定参考圆或圆弧，还要指定圆弧的起点和终止点才能使圆弧确定。

操作步骤如下：

（1）执行命令。单击"草绘"功能区"草绘"面板上的"同心"按钮 ╲。

（2）选取参考圆。在绘图区选取参考圆或圆弧，即可出现一个橡皮筋状的圆，如图 2-32 所示。

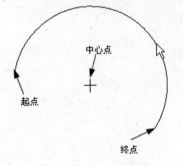

图 2-30 绘制三点圆弧

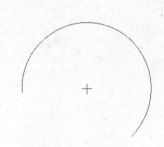

图 2-31 三点圆弧

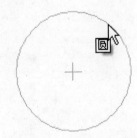

图 2-32 选取参考圆

（3）选取起点。选取一点作为圆弧的起点，开始绘制这条圆弧。

（4）选取终点。选取另一点作为圆弧的终止点，完成圆弧的绘制，如图 2-33 所示。完成后又出现一个新的橡皮筋状的圆，如图 2-34 所示，单击鼠标中键结束绘制。

3. 通过圆心和端点绘制圆弧

操作步骤如下：

（1）执行命令。单击"草绘"功能区"草绘"面板上的"圆心和端点"按钮 ╮。

（2）选取圆心。在绘图区选取一点作为圆弧的圆心，即可出现一个橡皮筋状的圆随鼠标移动，如图 2-35 所示。

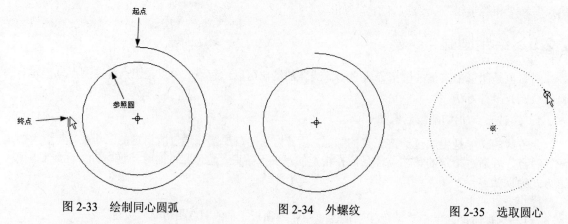

图 2-33　绘制同心圆弧　　　　图 2-34　外螺纹　　　　图 2-35　选取圆心

（3）选取起点。将橡皮筋状的圆拉至合适大小，并在该圆上选取一点作为圆弧的起点，如图 2-36 所示。

（4）选取终点。选取另一点作为圆弧的终止点，完成圆弧的绘制，如图 2-37 所示。

4.　绘制与三图元相切的圆弧

操作步骤如下：

（1）执行命令。单击"草绘"功能区"草绘"面板上的"3 相切"按钮 。

（2）选取起始位置。在第一个参考的弧、圆或直线上选取一个起始位置，使用鼠标中键可以取消选择。

（3）选取结束位置。在第二个参考的弧、圆或直线上选取一个结束位置。在定义两个点后，可以预览弧，如图 2-38 所示。

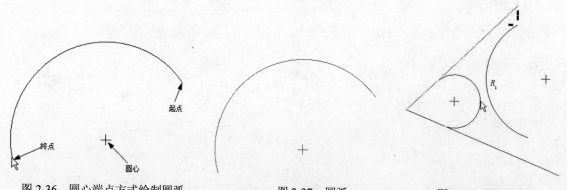

图 2-36　圆心端点方式绘制圆弧　　　　图 2-37　圆弧　　　　图 2-38　圆弧预览

（4）绘制圆弧。在弧、圆或直线上选取第三个位置，如图 2-39 所示，即可完成圆弧的绘制。该圆弧与三个参考图元都相切，在图上以"T"表示，如图 2-40 所示。

5.　绘制圆锥弧

采用这种方式可以绘制一段锥形的圆弧。

操作步骤如下：

（1）执行命令。单击"草绘"功能区"草绘"面板上的"圆锥"按钮 。

（2）选取第一个端点。在绘图区的适当位置选取圆锥的第一个端点。

（3）选取第二个端点。在绘图区的适当位置选取圆锥的第二个端点，这时出现一条连接两个端点的参考线和一段呈橡皮筋状的圆锥，如图 2-41 所示。

（4）绘制圆锥弧。当移动光标时，圆锥呈橡皮筋状变化。使用鼠标左键拾取轴肩位置即可完成圆锥弧的绘制，如图 2-42 所示。

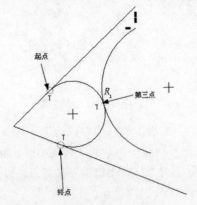

图 2-39　与三图元相切的圆弧（一）

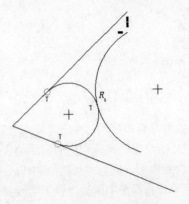

图 2-40　与三图元相切的圆弧（二）

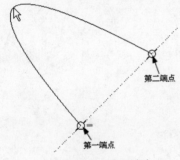

图 2-41　选取端点

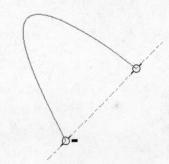

图 2-42　绘制圆锥弧

2.2.6　绘制样条曲线

样条曲线是平滑通过任意多个中间点的曲线。

操作步骤如下：

（1）执行命令。单击"草绘"功能区"草绘"面板上的"样条曲线"按钮 。

（2）选取点。在绘图区选取一个样条添加点。一条"橡皮筋"样条附着在光标上出现。

（3）选取点。在绘图区选择下一个点，就会出现一段样条线，并随光标出现一条新的"橡皮筋"样条线。

（4）绘制样条曲线。重复步骤（2）～（3），添加其他的样条点，直到完成所有点的添加，然后单击鼠标中键，结束样条曲线的绘制，如图 2-43 所示。

图 2-43　样条曲线

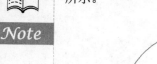

（5）绘制圆弧。单击"草绘"功能区"草绘"面板上的"3 点相切端"按钮。以样条曲线的两个端点为圆弧的起点和终点，在视图中的适当位置拾取圆弧第三点，绘制圆弧，如图 2-44 所示。

（6）绘制伞面。同步骤（5），在视图中的适当位置拾取圆弧的三点，绘制伞面，效果如图 2-45 所示。

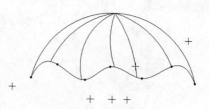

图 2-44　绘制圆弧　　　　　　　　　　　图 2-45　绘制伞面

（7）绘制伞帽和伞柄。单击"草绘"功能区"草绘"面板上的"线"按钮。在伞顶绘制一条短竖直线段作为伞帽，在视图中的适当位置绘制一条长竖直线段作为伞柄，效果如图 2-46 所示。

（8）绘制伞把。单击"草绘"功能区"草绘"面板上的"3 点相切端"按钮。以长竖直线段的端点为起点，在视图中的适当位置绘制圆弧作为伞把，如图 2-47 所示。

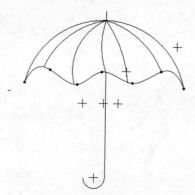

图 2-46　绘制伞帽和伞柄　　　　　　　　图 2-47　绘制伞把

2.2.7　绘制圆角

通过"圆角"命令，可以在任意两个图元之间创建一个圆角过渡。圆角的大小和位置取决于拾取的位置。当在两个图元之间插入一个圆角时，系统自动在圆角相切点处分割这两个图元。如果在两条非平行线之间添加圆角，则这两条直线被自动修剪出圆角。如果在任何其他图元之间添加圆角，则必须手工删除剩余的段。"平行线"、"一条中心线和另一个图元"不能绘制出圆角。

1．绘制圆形圆角

操作步骤如下：

（1）执行命令。单击"草绘"功能区"草绘"面板上的"圆形修剪"按钮。

（2）选取第一个图元。

（3）选取第二个图元，如图 2-48 所示。

（4）绘制圆角。系统从所选取的离这两条直线交点最近的点绘制一个圆角，并将这两条直线修剪到交点，如图 2-49 所示。

图 2-48 选择图元   图 2-49 绘制圆角

2. 绘制椭圆圆角

操作步骤如下：

（1）执行命令。单击"草绘"功能区"草绘"面板上的"椭圆形修剪"按钮。

（2）选取图元。选取要在其间绘制椭圆圆角的图元，如图 2-50 所示。

（3）绘制椭圆圆角。系统在离拾取的图元交点最近的点处绘制椭圆圆角，如图 2-51 所示。

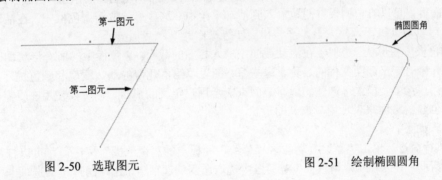

图 2-50 选取图元   图 2-51 绘制椭圆圆角

2.2.8 绘制点

绘制点的目的是用来辅助其他图元的绘制。

操作步骤如下：

（1）单击"草绘"功能区"草绘"面板上的"点"按钮，然后在图形区要放置点的位置单击，即可定义一个点。

（2）继续定义一系列的点，如图 2-52 所示，单击鼠标中键可以结束绘制。

图 2-52 绘制点

2.2.9 绘制坐标系

坐标系用来标注样条线以及某些特征的生成过程。

操作步骤如下：

（1）单击"草绘"功能区"草绘"面板上的"坐标系"按钮 。

（2）在绘图区适当的位置单击左键，即可定义一个坐标系，如图 2-53 所示。单击鼠标中键可以结束绘制。

图 2-53 绘制坐标系

2.2.10 调用常用截面

Creo Parametric 1.0 的草绘器提供了一个预定义形状的定制库，包括常用的草绘截面，如工字、L型、T 型截面等，可以将它们很方便地输入到活动草绘中。这些形状位于调色板中，在活动草绘中使用形状时，可以对其执行调整大小、平移和旋转等操作。

使用调色板中的形状，类似于在活动截面中输入相应的截面。调色板中的所有形状均以缩略图的形式出现，并带有定义截面文件的名称。这些缩略图以草绘器几何的默认线型和颜色进行显示。可以使用在独立"草绘器"模式下创建的现有截面来表示用户定义的形状，也可以使用在"零件"或"组件"模式下创建的截面来表示用户定义的形状。

操作步骤如下：

（1）执行命令。单击"草绘"功能区"草绘"面板上的"调色板"按钮 ，可以打开"草绘器调色板"对话框。在"草绘器调色板"对话框中选取所需的选项卡，出现与选定的选项卡中的形状相对应的缩略图和标签。

（2）选择轮廓形状。本例中选择"轮廓"选项卡，在选项卡下面的窗口中单击与所需形状相对应的缩略图或标签，与选定形状相对应的截面将出现在预览窗格中，如图 2-54 所示。

（3）选择截面位置。选定所需的截面后再次双击同一缩略图或标签，将选定的形状输入到活动截面中。指针将变为包含一个加号的箭头 ，表明要求用户必须选择一个位置来放置选定的形状。在图形窗口中单击，选取放置形状的位置，具有默认尺寸（即图形窗口的 1/4）的形状将被置于选定位置处，形状中心与选定位置重合。定义形状的图元将保持为选取状态，同时打开"旋转调整大小"操控板，如图 2-55 所示。

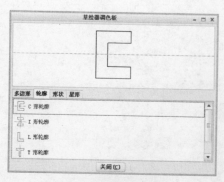

图 2-54 截面预览

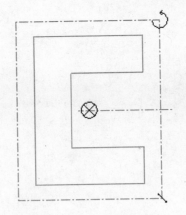

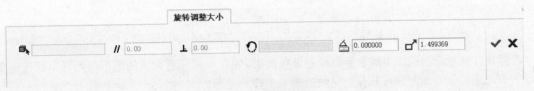

图 2-55 放置截面

（4）编辑图形位置大小。在"旋转调整大小"操控板上的文本框中可以编辑缩放比例和旋转角度。在编辑时，图形会实时变化，使用户可以更加直观地根据需要缩放、旋转形状，如图 2-56 所示。

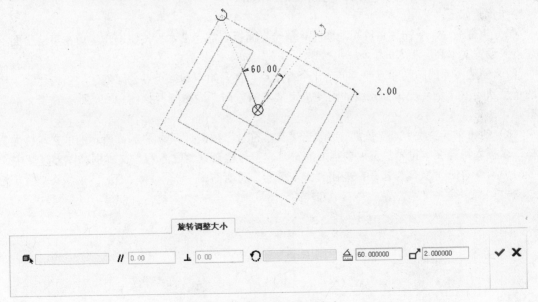

图 2-56 编辑图形位置大小

（5）改变图形。调整好图形的位置和大小后，单击鼠标中键或者单击"完成"按钮，接受输入图形的位置、方向和尺寸，如图 2-57 所示。

在放置截面时，可以单击并按住鼠标左键，指定图形的位置。输入的图形将以非常小的尺寸出现在所选位置。拖动鼠标可以改变图形的大小，直到图形的尺寸满足要求以后释放鼠标左键，确认图形的尺寸，如图 2-58 所示。

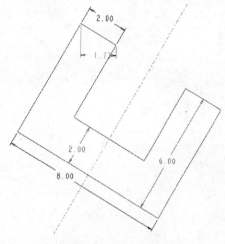
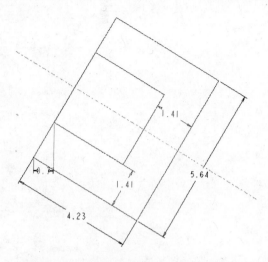

图 2-57　插入的截面　　　　　　　图 2-58　通过拖动鼠标改变图形的大小

可以将任意数量的选项卡添加到草绘器调色板中，也可以将任意数量的图形放入每个经过定义的选项卡中，还可以添加图形或从预定义的选项卡中移除图形。

2.2.11　创建文本

在草绘器中可以创建文本，作为草绘界面的一部分。

操作步骤如下：

（1）执行命令。单击"草绘"功能区"草绘"面板上的"文本"按钮，然后在草绘平面上选取起点来设置文本高度和方向。

（2）创建文本的高度和方向。单击一个终止点。在开始点和终止点之间创建一条构建线。构建线的长度决定文本的高度，而该线的角度决定文本的方向。同时打开如图 2-59 所示的"文本"对话框。

（3）创建文本参数。如有必要，可单击"文本符号"按钮打开如图 2-60 所示的"文本符号"对话框，以插入特殊文本符号。选取要插入的符号，符号出现在"文本行"文本框和图形区域中，如图 2-61 所示。单击"关闭"按钮，关闭"文本符号"对话框。

图 2-59　"文本"对话框　　　　　　图 2-60　"文本符号"对话框

图 2-61　文本预显

（4）创建文本。单击"文本"对话框中的"确定"按钮以创建文本，效果如图 2-62 所示。

图 2-62　草绘文本

选中"沿曲线放置"复选框，沿一条曲线放置文本，并选取要在其上放置文本的曲线。选取水平和垂直位置的组合以沿着所选曲线放置文本字符串的起始点。水平位置定义曲线的起始点。沿曲线放置的文本如图 2-63 所示。

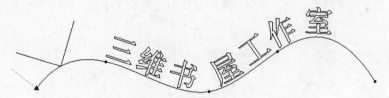

图 2-63　沿曲线放置文本

如果需要，单击"反向"按钮，更改为希望文本随动的方向。当单击"反向"按钮时，构造线和文本字符串将被置于所选曲线的反方向，如图 2-64 所示。

图 2-64　沿曲线反向放置文本

选中"字符间距处理"复选框，启用文本字符串的字体字符间距处理。这样可控制某些字符对之间的空格，改善文本字符串的外观。字符间距处理属于特定字体的特征。

如果需要修改草绘器文本，双击文本，"文本"对话框随即打开，便可使用"文本"对话框修改文本。

如果需要修改文本高度和方向，就要在文本随动开始时单击选中构建线的起点或终点，拖动起点或终点来改变文本的高度和方向。

2.3   编辑草图

"编辑"面板提供了 2D 设计环境中"镜像"、"修剪"等功能。

单纯地使用上面所讲述的绘制图元按钮，只能绘制一些简单的基本图形，要想获得理想的复杂截面图形，就必须借助于草图编辑按钮，对基本图元对象进行位置和形状的调整。

2.3.1   镜像

镜像绘制功能是对拾取到的图元进行镜像复制。这种功能可以提高绘图的效率，减少重复操作。

在绘图过程中，经常会遇到一些对称的图形，这时就可以绘制半个截面，然后加以镜像。

操作步骤如下：

（1）绘制源图元。在进行镜像操作之前，首先要保证草绘中包括一条中心线，并绘制出要进行镜像的图元，如图 2-65 所示。

（2）选取图元。用鼠标选取要镜像的一个图元，被选中的图元会以红色加亮显示。选择多个图元时，要按住 Ctrl 键。

（3）执行命令。单击"草绘"功能区"编辑"面板上的"镜像"按钮。

（4）选取中心线。在提示下单击选择一条中心线作为镜像的中心线，如图 2-65 所示。系统对所选取的中心线镜像所有选取的几何形状，如图 2-66 所示。

使用一侧的尺寸来求解另一侧，减少了求解截面所必需的尺寸数。

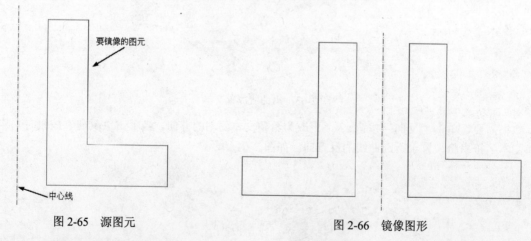

图 2-65   源图元   图 2-66   镜像图形

2.3.2   旋转调整大小

旋转调整大小就是将所绘制的图形以某点为中心旋转一个角度，并对选取的图元进行比例缩放。

操作步骤如下：

（1）选取旋转缩放图元。选择要缩放旋转的图元，可以是整个截面也可以是单个图元。按住 Ctrl 键可以同时选取多个图元，被选中的图元会加亮显示，如图 2-67 所示。

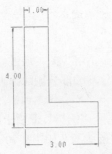

图 2-67　选中要缩放旋转的图元

（2）执行命令。单击"草绘"功能区"编辑"面板上的"旋转调整大小"按钮 ，打开"旋转调整大小"操控板，图元上将会同时出现"缩放"、"旋转"和"平移"图柄，如图 2-68 所示。

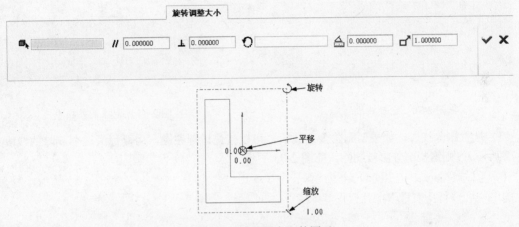

图 2-68　缩放状态下的图元

对图形进行缩放和旋转操作，还可以进行平移。在"旋转调整大小"操控板中输入一个缩放值和一个旋转值，可以精确地控制缩放比例和旋转角度，还可以通过以下手动方式进行调节：

❶ 拖动"缩放"图柄可以修改截面的比例。

❷ 拖动"旋转"图柄可以旋转截面。

❸ 拖动"平移"图柄可以移动截面或使所选内容居中。

注意：要移动一个图柄，可单击该图柄并将它拖动到一个新的位置。

（3）完成旋转缩放。调整完成后，在"旋转调整大小"操控板中单击"完成"按钮 或者单击鼠标中键，完成旋转缩放操作。如图 2-69 所示为将上面图形进行缩放 1.5 倍并旋转 60° 后的效果。

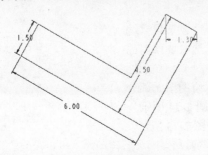

图 2-69　缩放旋转图形

2.3.3 修剪

在草图的编辑过程中，修剪工作是必不可少的，通过修剪可以去除多余的图元部分。

使用删除段命令可以将被其他线条分割的部分删除掉，如果是独立线条，则该线条将被整体删除。操作步骤如下：

（1）执行命令。单击"草绘"功能区"编辑"面板上的"删除段"按钮 。

（2）删除选择的线段。单击要删除的线段（如图 2-70 所示），该线段即被删除，如图 2-71 所示。

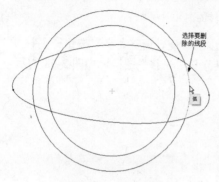

图 2-70　选择线段

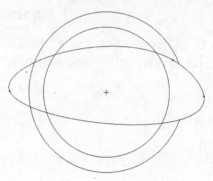

图 2-71　删除单条线段

（3）批量删除线段。如果要删除多条线段，可以按住鼠标左键，用鼠标滑过要删除的线段（如图 2-72 所示），则这些部分将被删除，如图 2-73 所示。

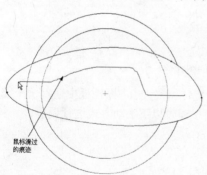

图 2-72　鼠标滑过

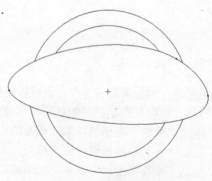

图 2-73　批量删除线段

2.3.4 拐角

操作步骤如下：

（1）执行命令。单击"草绘"功能区"编辑"面板上的"拐角"按钮 ，选取要修剪的两个图元。

（2）相交图元修剪。在要保留的图元部分上，单击选择任意两个图元（如图 2-74 所示），系统将这两个图元一起修剪，如图 2-75 所示。

（3）不相交图元修剪。在修剪过程中，选择的两个图元不必相交（如图 2-76 所示），两

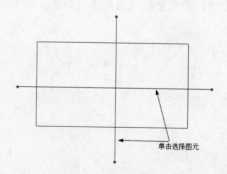

图 2-74　选择图元

個圖元會自動延伸到相交狀態，如圖 2-77 所示。

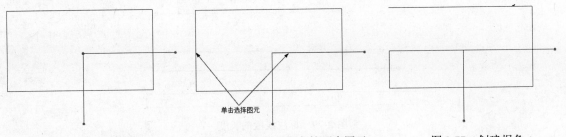

图 2-75　创建拐角　　　　图 2-76　选择不相交的两个图元　　　　图 2-77　创建拐角

2.3.5　分割

在草绘中可以将一个截面图元分割成两个或多个新图元。如果该图元已被标注，则在使用"分割"按钮之前删除尺寸。

操作步骤如下：

（1）执行命令。单击"草绘"功能区"编辑"面板上的"分割"按钮 ↾.

（2）分割图元。在要分割的位置单击图元，分割点显示为图元上黄色的点，在相交位置分割该图元，如图 2-78 所示。

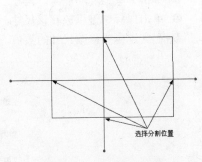

图 2-78　选择分割位置

注意：要在某个交点处分割一个图元，可以在该交点附近单击，系统会自动捕捉交点并创建分割。

2.4　尺寸的标注和编辑

当草绘某个截面时，系统会自动标注几何。这些尺寸被称为"弱"尺寸，因为系统在创建和删除它们时并不给予警告。弱尺寸显示为灰色。

用户也可以添加自己的尺寸来创建所需的标注形式。用户尺寸被系统认为是"强"尺寸。添加强尺寸时，系统会自动删除不必要的弱尺寸和约束。

2.4.1　尺寸标注

1．创建线性尺寸

在草绘环境中，可以使用尺寸命令来创建各种线性尺寸。

线性标注尺寸主要有以下几类：

（1）线长度，即要标注一条线段的长度。

操作步骤如下：

❶ 单击"草绘"功能区"尺寸"面板上的"法向"按钮 ↦|，然后选取线（或者分别单击选择该线段的两个端点）。

❷ 单击鼠标中键以确定尺寸放置位置，如图 2-79 所示。

❸ 在文本框中修改尺寸数值，更改直线的长度，按 Enter 键确认。

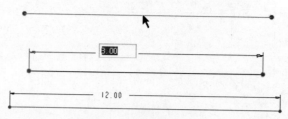

图 2-79　标注线段的长度

（2）两条平行线间的距离。

操作步骤如下：

❶ 单击"草绘"功能区"尺寸"面板上的"法向"按钮$\leftrightarrow$，选取这两条直线。

❷ 单击鼠标中键以放置该尺寸，如图 2-80 所示。

❸ 在文本框中修改尺寸的数值，更改直线间的距离，按 Enter 键确认。

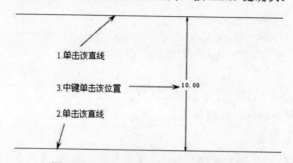

图 2-80　标注两条平行线之间的距离

（3）点到线的距离。

操作步骤如下：

❶ 单击"草绘"功能区"尺寸"面板上的"法向"按钮$\leftrightarrow$，依次选取直线和点。

❷ 单击鼠标中键以放置该尺寸，如图 2-81 所示。

❸ 在文本框中修改尺寸的数值，更改点到线的距离，按 Enter 键确认。

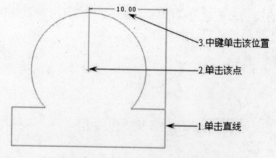

图 2-81　标注点到直线的距离

（4）两点间的距离。

操作步骤如下：

❶ 单击"草绘"功能区"尺寸"面板上的"法向"按钮$\leftrightarrow$，然后选取这两点。

❷ 单击鼠标中键以放置该尺寸，如图 2-82 所示。

❸ 在文本框中修改尺寸的数值，更改两点间的距离，按 Enter 键确认。

注意：因为中心线是无穷长的，所以不能标注其长度。当在创建两个圆弧之间或圆的延伸段创建（切点）尺寸时，仅可以用水平和垂直标注，在距拾取点最近的切点处创建尺寸。

2. 创建角度尺寸

角度尺寸用来度量两条直线之间的夹角或者两个端点之间弧的角度。

（1）创建直线间的角度。

操作步骤如下：

❶ 单击"草绘"功能区"尺寸"面板上的"法向"按钮，然后选取第一条直线。

❷ 选取第二条直线。

❸ 单击鼠标中键来选择标注尺寸放置的位置，如图 2-83 所示。

❹ 在放置尺寸的地方确定角度的测量方式（锐角或钝角）。

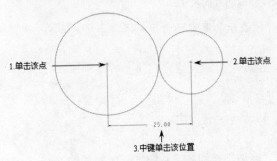

图 2-82　标注两点间的距离

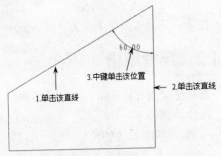

图 2-83　标注两条直线间的夹角

（2）创建圆弧角度。

操作步骤如下：

❶ 单击"草绘"功能区"尺寸"面板上的"法向"按钮，单击选择圆弧的两个端点。

❷ 单击选择该圆弧，表示要创建该圆弧的角度尺寸。

❸ 单击鼠标中键来放置该尺寸，如图 2-84 所示。

3. 创建直径尺寸

操作步骤如下：

（1）创建圆弧和圆上的直径尺寸。

单击"草绘"功能区"尺寸"面板上的"法向"按钮，然后在弧或圆上双击，并单击鼠标中键来放置该尺寸，如图 2-85 所示。

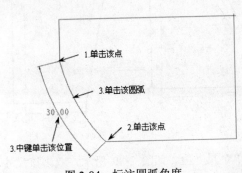

图 2-84　标注圆弧角度

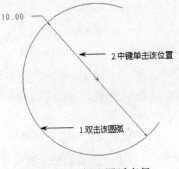

图 2-85　标注圆弧直径

（2）创建旋转截面的直径尺寸。

单击"草绘"功能区"尺寸"面板上的"法向"按钮，选取要标注的图元和要作为旋转轴的中心线。再次选取图元，并单击鼠标中键来放置该尺寸，如图2-86所示。

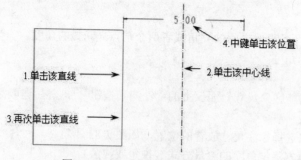

图2-86 标注旋转截面的直径尺寸

注意： 旋转截面的直径尺寸延伸到中心线以外，表示的是直径尺寸而不是半径尺寸。

2.4.2 尺寸编辑

在标注完尺寸后，可以对尺寸值和尺寸位置进行修改。

操作步骤如下：

（1）选取要修改的尺寸。

（2）单击"草绘"功能区"编辑"面板上的"修改"按钮，系统打开如图2-87所示的"修改尺寸"对话框，所选取的每一个图元和尺寸值都出现在"尺寸"列表中。

在该对话框的下部有两个复选框，即"重新生成"和"锁定比例"。如果选中"重新生成"复选框，则在拖动该轮盘或从键盘输入数值后，动态地更新用户的几何参数；如果选中"锁定比例"复选框，在修改一个尺寸时，其他相关的尺寸也随之变化，从而可以保证草图轮廓整体形状不变。

（3）在该"尺寸"列表中，单击需要的尺寸值，然后输入一个新值，也可以单击并拖动要修改的尺寸旁边的旋转轮盘。如果要增加尺寸值，则向右拖动该旋转轮盘；如果要减少尺寸值，则向左拖动该旋转轮盘。在拖动该轮盘的时候，系统动态地更新用户的几何参数。

（4）重复步骤（3），修改列表中的其他尺寸。

（5）单击"确定"按钮，重新生成截面并关闭对话框，如图2-88所示。

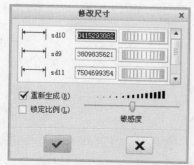

图2-87 "修改尺寸"对话框

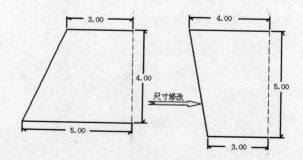

图2-88 尺寸修改

在绘图窗口中双击需要修改的尺寸，可以修改单个尺寸值。如图2-89所示，双击该尺寸，就会出现一个尺寸值文本框，在该文本框中编辑尺寸值，然后按 Enter 键或单击鼠标左键即可修改尺寸值，图形也随之更新。

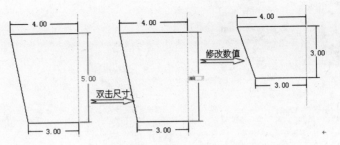

图 2-89　修改单个尺寸

如果要修改尺寸的位置，可以用鼠标选择该尺寸线并按住鼠标左键，用鼠标拖动尺寸线到合适的位置放开鼠标即可，如图 2-90 所示。

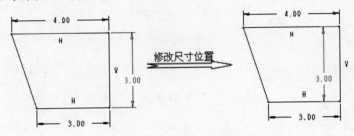

图 2-90　修改尺寸线位置

2.5　几 何 约 束

几何约束是指草图对象之间的平行、垂直、共线和对称等几何关系，几何约束可以替代某些尺寸标注，更能反映出设计过程中各草图元素之间的几何关系。

2.5.1　设定几何约束

在草绘器中可以设定默认的几何约束，也可以根据需要人工来设定几何约束。

选取"文件"→"选项"命令，可以打开"Creo Parametric 选项"对话框，选择"草绘器"选项，如图 2-91 所示。

在"草绘器约束假设"选项组中有多个复选框，每个复选框代表一种约束。选中复选框以后，系统就会开启相应的自动设置约束。

操作步骤如下：

（1）绘制六边形。单击"草绘"功能区"草绘"面板上的"线"按钮，在圆外连续绘制 6 条首尾相接的线段 1、2、3、4、5、6（顺时针排列），6 个顶点 A、B、C、D、E、F 也顺时针排列。在线段 6 要收尾时，系统在线段 1 的起点处会出现红色圆圈样式的捕捉点。单击该捕捉点，就会构成一个不规则的六边形，效果如图 2-92 所示。

（2）添加水平约束。单击"草绘"功能区"约束"面板上的"水平"按钮，单击线段 1 和 4，使其水平，如图 2-93 所示。

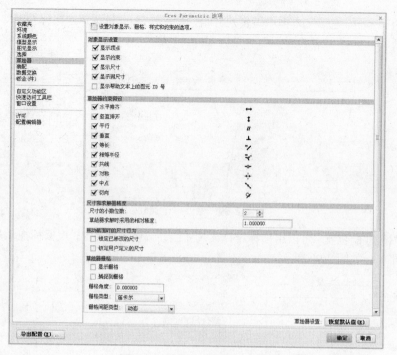

图 2-91 选择"草绘器"选项

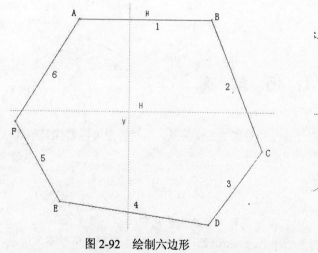

图 2-92 绘制六边形

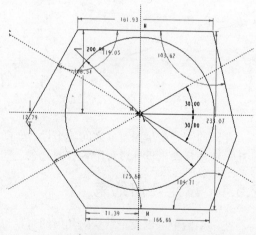

图 2-93 添加水平约束

（3）添加重合约束。单击"草绘"功能区"约束"面板上的"重合"按钮 ⊕，单击点 C，再单击水平中心线，使点 C 移到水平中心线上。用同样的方法移动点 F，效果如图 2-94 所示。

（4）添加垂直约束。单击"草绘"功能区"约束"面板上的"垂直"按钮 ⊥，单击线段 2，再单击中心线 1，系统使线段 2 和中心线 1 垂直。用同样的方法使线段 3 和中心线 2 垂直，效果如图 2-95 所示。

（5）添加平行约束。单击"草绘"功能区"约束"面板上的"平行"按钮 ∥，选取线段 2 和 5，这两条线段便会互相平行。用同样的方法使线段 3 和 6 平行，效果如图 2-96 所示。

（6）添加相等约束。单击"草绘"功能区"约束"面板上的"相等"按钮 ＝，选取线段 1 和 2，这两条线段便会等长。用同样的方法使线段 2 和 3 相等，效果如图 2-97 所示。

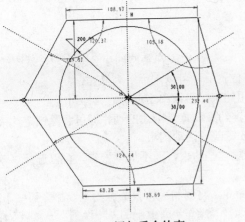

图 2-94 添加重合约束

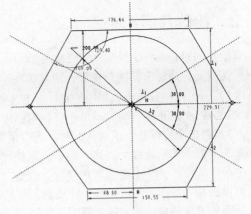

图 2-95 添加垂直约束

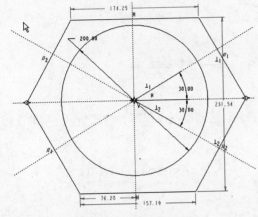

图 2-96 添加平行约束

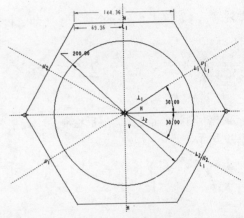

图 2-97 添加相等约束

（7）添加对称约束。单击"草绘"功能区"约束"面板上的"对称"按钮，选取竖直中心线，然后选取点 D 和 E，系统进行运算后会使两点关于竖直中心线对称，效果如图 2-98 所示。这时如果再给图元增加约束，系统就会提示约束冲突，要求用户删除一个原有约束，或者撤销当前约束。

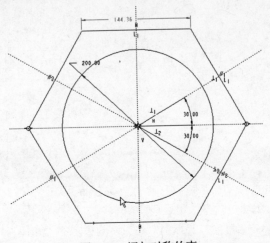

图 2-98 添加对称约束

2.5.2 修改几何约束

草绘几何时,系统使用某些假设来帮助定位几何。当光标出现在某些约束公差内时,系统捕捉该约束并在图元旁边显示其图形符号。用鼠标左键选取位置前,可以进行下列操作:

(1)单击鼠标右键可以禁用约束。要想重新启用约束,再次单击鼠标右键即可。

(2)按住 Shift 键的同时,单击鼠标右键可以锁定约束。重复刚才的动作即可解除锁定约束。

(3)当多个约束处于活动状态时,可以使用 Tab 键改变活动约束。

以灰色显示的约束称为"弱"约束。系统可以移除这些约束,而不加以警告。可以选择"草绘"菜单中的"约束"命令来添加用户自己的约束。

可以选择"操作"面板下的"转换到"→"强"命令,将弱约束转换成强约束,加强那些不想让系统删除的系统约束。首先单击要强化的约束,然后选择"操作"面板下的"转换到"→"强"命令,约束即被强化。

注意: 加强某组中的一个约束时(如"相等长度"),整个组都将被加强。

2.6 综合实例——挂钩

首先绘制两个同心弧,然后绘制两个连接弧并倒圆角,再绘制两个矩形并倒圆角。绘制的流程如图 2-99 所示。

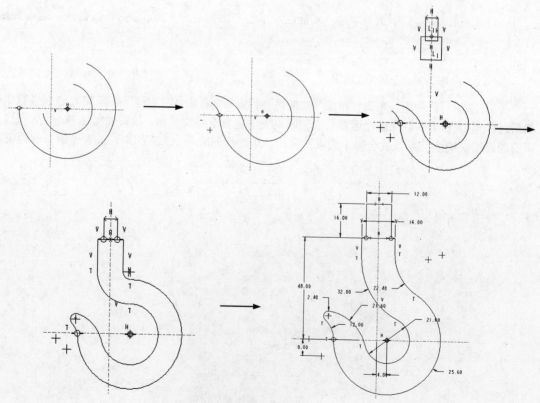

图 2-99 绘制挂钩的流程

操作步骤：（光盘\动画演示\第 2 章\挂钩.avi）

（1）新建文件。单击快速访问工具栏中的"新建"按钮，在弹出的"新建"对话框中选择"草绘"选项，单击"确定"按钮，创建一个新的草绘文件。

（2）绘制中心线。单击"草绘"功能区"草绘"面板上的"中心线"按钮，绘制两条相互垂直的基准线，一条为水平线，另一条为竖直线。

（3）绘制同心弧。单击"草绘"功能区"草绘"面板上的"圆心和端点"按钮，绘制两个同心弧，圆心在水平线上，效果如图 2-100 所示。

（4）绘制连接弧。单击"草绘"功能区"草绘"面板上的"圆心和端点"按钮，绘制两条圆弧，与刚绘制的弧相连接，如图 2-101 所示。

（5）绘制两个矩形。单击"草绘"功能区"草绘"面板上的"矩形"按钮，绘制两个矩形，效果如图 2-102 所示。

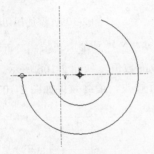

图 2-100　绘制同心弧

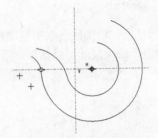

图 2-101　绘制连接弧

（6）绘制倒圆角。单击"草绘"功能区"草绘"面板上的"圆形修剪"按钮，选取要倒圆角的图元并修剪，效果如图 2-103 所示。

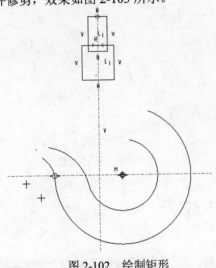

图 2-102　绘制矩形

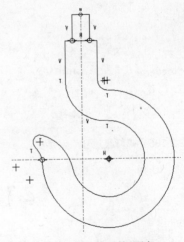

图 2-103　绘制倒圆角

（7）标注尺寸。单击"草绘"功能区"尺寸"面板上的"法向"按钮，选取要标注尺寸的图元，单击中键，即可进行尺寸标注，如图 2-104 所示。

（8）添加约束。除需要标注的尺寸外，在有弱尺寸的地方需要添加约束，单击"约束"面板上的"相切约束"按钮，约束连接圆弧相切，弱尺寸即消失，如图 2-105 所示。

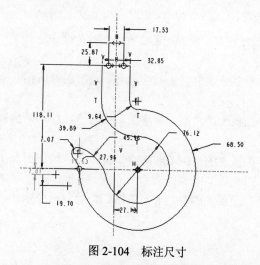

图 2-104 标注尺寸

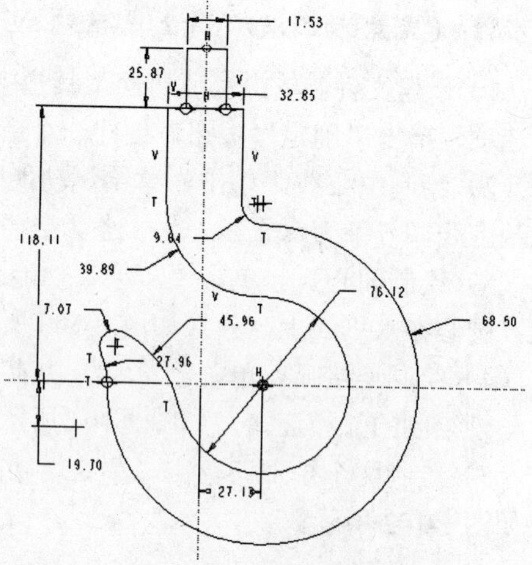

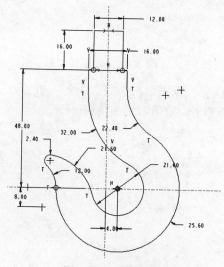

图 2-105 添加相切约束

（9）修改尺寸。在绘图区选取所有的尺寸，然后单击"草绘"功能区"编辑"面板上的"修改"按钮，系统弹出"修改尺寸"对话框，用来输入需要修改的数值，如图 2-106 所示。取消选中"重新生成"复选框，并在文本框中输入数值，确定后即可进行修改。最终效果如图 2-107 所示。

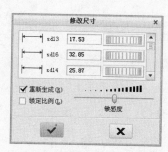

图 2-106 "修改尺寸"对话框

图 2-107 最终效果

2.7 实践与练习

通过前面的学习，读者对本章知识也有了大体的了解。本节通过两个操作练习，使读者进一步掌握本章的知识要点。

1. 绘制如图 2-108 所示的挡圈图形。

操作提示：

（1）绘制中心线。单击"草绘"功能区"草绘"面板上的"中心线"按钮，绘制水平和竖直中心线。

（2）绘制圆。单击"草绘"功能区"草绘"面板上的"圆心和点"按钮〇，然后绘制 4 个圆。

（3）尺寸标注。单击"草绘"功能区"尺寸"面板上的"法向"按钮↦，标注尺寸，如图 2-108 所示。

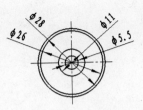

图 2-108　挡圈

2．绘制如图 2-109 所示的压盖图形。

操作提示：

（1）绘制中心轴。单击"草绘"功能区"草绘"面板上的"中心线"按钮⫶，绘制水平和竖直中心线。

（2）绘制中心对称轴的左半边图形。单击"草绘"功能区"草绘"面板上的"3 点相切端"按钮⟍，分别绘制 3 段圆弧 R10mm、R19mm 和 R11mm；单击"线"按钮⟋，绘制直线连接圆弧 R10mm 和 R19mm。单击"同心圆"按钮◉，绘制 Ø10mm 的同心圆。

（3）添加几何关系。在草图器工具栏中，单击⫞按钮，选择图示圆弧、直线，保证其相切关系。

（4）镜像。选择绘制完成的图形，以中心线为对称轴，进行镜像，得到如图 2-109 所示压盖。

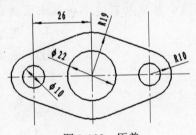

图 2-109　压盖

第3章

基准特征

基准（Datum）是建立模型的参考，在 Pro/ENGINEER 系统中，基准虽然不属于实体（Solid）或曲面（Surface）特征，但它也是特征的一种。基准特征的主要用途是作为 3D 对象设计的参考或基准数据，例如，要在平行于某个面的地方生成一个特征，就可以先生成这个平行某个面的基准面，然后在这个基准面上生成特征；还可以在这个特征上再生成其他特征，当这个基准面移动时，这个特征及在这个特征上生成的其他特征也相应地移动。

☑ 基准平面　　　　　　　　　　☑ 基准点

☑ 基准轴　　　　　　　　　　　☑ 基准坐标系

☑ 基准曲线

任务驱动&项目案例

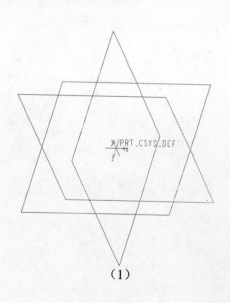

（1）

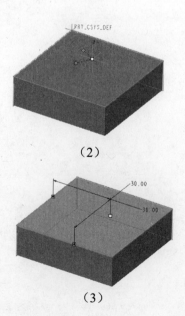

（2）

（3）

3.1 基准平面

本小节主要讲述基准平面的用途、创建步骤、基准平面的方向及其显示控制。

3.1.1 基准平面的用途

基准平面在设计环境中是一个无限大的平面，用符号"DIM*"来标识，其中"*"表示流水号。基准平面的用途主要有五种，详述如下：

（1）尺寸标注参考。系统进入"零件"设计环境时，设计环境中默认存在 3 个相互垂直的基准平面，分别是 FRONT 面（前面）、RIGHT 面（右面）和 TOP 面（顶面），如图 3-1 所示。

在尺寸标注时，如果可以选择零件上的面或通过原先建立的基准平面来标注尺寸，则最好选择原先建立的基准平面，因为这样可以减少不必要的父子特征关系。

（2）确定视向。3D 实体的视向需要通过两个相互垂直的面才能确定，基准面恰好可以成为决定 3D 实体视向的平面。

（3）绘图平面。建立 3D 实体时，常常需要绘制 2D 剖面，如果建立 3D 实体时在设计环境中没有适当的绘图平面可供使用，则可以建立基准平面，作为 2D 剖面的绘图平面。

（4）装配参考面。零件在装配时可以利用平面来进行装配，因此可以使用基准平面作为装配参考面。

（5）产生剖视图。如果需要显示 3D 实体的内部结构，则定义一个参考基准面，利用此参考基准面来剖析该 3D 实体，得到一个剖视图。

3.1.2 基准平面的创建

基准平面的建立方式有两个，详述如下。

1. 直接创建

直接创建的基准平面在设计环境中永久存在，此面可以重复用于其他特征的创建。直接创建的基准平面在辅助其他特征创建时非常方便，但是，如果这种在设计环境中永久存在的基准平面太多，会影响设计人员的设计。

直接创建基准平面的操作步骤如下：

（1）单击"模型"功能区"基准"面板上的"平面"按钮 ⬛，系统弹出"基准平面"对话框，如图 3-2 所示。

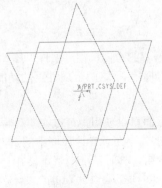

图 3-1　系统默认基准平面

图 3-2　"基准平面"对话框

"基准平面"对话框中默认打开的是"放置"属性页，此属性页决定基准平面的放置位置。在这里，使用左键单击 FRONT 面，此时设计环境中的 FRONT 基准平面被红色和黄色的线加亮，并且出现一个黄色的箭头，如图 3-3 所示。其中，黄色箭头代表基准平面的正向。此时"基准平面"对话框的"放置"属性页如图 3-4 所示。

图 3-3　选取草绘平面

图 3-4　"基准平面"对话框的"放置"属性页

（2）单击"参考"编辑框中的"偏移"项，系统弹出一个如图 3-5 所示的列表框。在此列表框中可以看到，新建基准平面的方式除了"偏移"外，还有"穿过"、"平行"和"法向"。"偏移"方式是新建基准平面与某一平面或坐标系平行但偏移一段距离；"穿过"方式是新建的基准平面必须穿过某轴、平面的边、参考点、顶点或圆柱面；"平行"方式是新建的基准平面必须与某一平面平行；"法向"方式是新建的基准平面和某一轴、平面的边或平面垂直。

（3）选择"放置"属性页下下拉列表中的"偏移"选项，然后在"平移"下拉列表框中输入"50"，单击"基准平面"对话框中的"确定"按钮，在设计环境中将生成一个沿 FRONT 面正向偏移 50 的新基准平面，此平面的名称为 DTM1，如图 3-6 所示。

图 3-5　选取放置类型

图 3-6　生成新基准平面

在"基准平面"对话框中的"显示"属性页中可以切换偏移的方向，在"属性"属性页中可以设定新基准平面的名称。读者可以自己切换到这两个属性页，观察一下这两个属性页的功能。

2．间接创建

在设计 3D 实体特征时，如果设计环境中没有合适的基准面可供使用，可以在实体特征设计时创建基准平面，所以此基准平面又叫临时性基准面，它并不是永久存在于设计环境中的。当这个 3D 实体特征设计完成后，此基准平面和所创建的 3D 实体成为一个组，临时基准面就不再在当前设计屏幕上显示。间接创建基准面的好处是不会因为屏幕上的基准面太多而影响设计人员的设计，所以建议读者在以后的设计中多使用临时性基准面。

临时性基准面的创建和使用将在后面的 3D 实体设计时详细介绍。

3.1.3 基准平面的方向

系统中，基准面有正向和负向之分。同一个基准面有两边，一边用黄色的线框显示，表示这是 3D 实体上指向实体外的平面方向，即正向。另一边用红色线框显示，表示平面的负向。当使用基准面来设置 3D 实体的方向时，需要确定基准面正向所指的方向。

3.1.4 基准平面的显示

通过"显示"工具栏中"基准显示"下拉列表中的"平面显示"命令 ⚓（如图 3-7 所示），可以通过选中复选框控制设计环境中的基准面的显示。在此不再详述，读者可以自己观察此命令的使用效果。

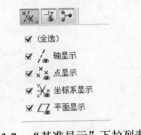

图 3-7 "基准显示"下拉列表

3.2 基 准 轴

本节主要讲述基准轴的用途和创建步骤。

3.2.1 基准轴的用途

基准轴用黄色中心线表示，并在模型树中用符号"A_*"来标识，其中"*"表示流水号。基准轴的用途主要有两种，详述如下：

（1）作为中心线。基准轴可以作为回转体，如圆柱体、圆孔和旋转体等特征的中心线。拉伸一个圆成为圆柱体或旋转一个截面成为旋转体时会自动产生基准轴。

（2）同轴特征的参考轴。如果要使两个特征同轴，可以对齐这两个特征的中心线，这样就能确保这两个特征同轴。

3.2.2 基准轴的创建

基准轴创建的操作步骤如下：

（1）单击"模型"功能区"基准"面板上的"轴"按钮，系统弹出"基准轴"对话框，如图 3-8 所示。

"基准轴"对话框中默认打开的是"放置"属性页，此属性页决定基准轴的放置位置。在当前设计环境中有一个长方体，单击此长方体的顶面，此时长方体的 FRONT 面被红色加亮并在左键单击处出现一条垂直于顶面的基准轴，此轴有 3 个控制手柄，如图 3-9 所示，此时"基准轴"对话框的"放置"属性页如图 3-10 所示。

图 3-8　"基准轴"对话框

图 3-9　放置轴在长方体顶面

图 3-10　选取基准轴参考

（2）单击"参考"编辑框中的"法向"项，系统弹出一个列表框，如图 3-11 所示。在此列表框中可以看到，新建基准轴的方式除了"法向"外，还有"穿过"。"法向"方式是新建的基准轴和某一平面垂直；"穿过"方式是新建的基准轴必须穿过某参考点、顶点或面。

（3）选择"放置"属性页中下拉列表框的"法向"选项，然后将鼠标落在新建轴的一个操作柄上，此操作柄即变成黑色，如图 3-12 所示。

（4）按住鼠标左键，拖动选定的操作柄，落在长方体的一条边上，如图 3-13 所示。

图 3-11　选取参考类型

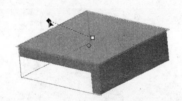

图 3-12　选取轴的操作柄

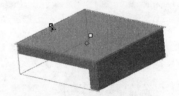

图 3-13　移动轴的操作柄

（5）松开鼠标左键，此时设计环境中拖动到边的操作柄和轴之间出现一个尺寸，如图 3-14 所示。此时，"基准轴"对话框中的"放置"属性页如图 3-15 所示。

（6）进行同样的操作，将新建轴的另一个操作柄拖到长方体的另一条边上，此时的设计环境上又出现一个尺寸，如图 3-16 所示。

图 3-14　显示轴放置尺寸

图 3-15　"放置"属性页

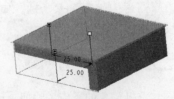

图 3-16　放置基准轴的另一个操作柄

此时，"基准轴"对话框中的"放置"属性页如图 3-17 所示，从图中可以看到，"确定"按钮此时为可点击状态。

（7）双击设计环境中的尺寸，尺寸值变为可编辑状态，如图 3-18 所示。

在下拉编辑框中输入"35"，按 Enter 键。进行同样的操作，将另一尺寸值改为 40，此时设计环境中新建轴的位置如图 3-19 所示。

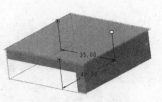

图 3-17　"基准轴"对话框的"放置"属性页　　图 3-18　修改基准轴放置尺寸　　图 3-19　移动基准轴

此时，"基准轴"对话框中的"放置"属性页也发生相应的变化，如图 3-20 所示。

（8）单击"基准轴"对话框中的"确定"按钮在设计环境中生成一条垂直于长方体顶面的新基准轴，此轴的名称为 A_1，如图 3-21 示。

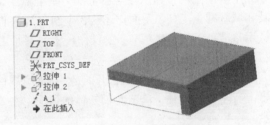

图 3-20　"基准轴"对话框的"放置"属性页　　　　　图 3-21　生成基准轴

3.3　基　准　曲　线

本小节主要讲述基准曲线的用途和创建步骤。

3.3.1　基准曲线的用途

基准曲线主要用来建立几何的曲线结构，其用途主要有如下 3 种：

（1）作为扫描特征（Sweep）的轨迹线；

（2）作为曲面特征的边线；

（3）作为加工程序的切削路径。

3.3.2　基准曲线的创建

单击"模型"功能区"基准"面板上的"曲线"按钮～，系统弹出"曲线：通过点"操控板，可以创建一条通过指定点的曲线（或直线）。

3.4　基　准　点

本小节主要讲述基准点的用途、创建步骤和基准点的显示控制以及通过基准点创建基准曲线。

3.4.1 基准点的用途

基准点大多用于定位，用符号"PNT*"来标识，其中"*"表示流水号。基准点的用途主要有如下 3 种：

（1）作为某些特征定义参数的参考点。

（2）作为有限元分析网格上的施力点。

（3）计算几何公差时，用于指定附加基准目标的位置。

3.4.2 基准点的创建

单击"模型"功能区"基准"面板上的"点"按钮××右侧的▼按钮，系统弹出如图 3-22 所示的下拉命令。

此工具条上的按钮从左至右依次为基准点工具、偏移坐标系基准点工具和域基准点工具，下面详述这 3 个创建新基准点按钮的使用方法。

图 3-22　基准下拉命令

用基准点工具创建基准点的操作步骤如下：

（1）单击"点"按钮××，系统弹出"基准点"对话框，如图 3-23 所示。

"基准点"对话框中默认打开的是"放置"属性页，此属性页决定基准点的放置位置。在当前设计环境中有一个长方体，单击此长方体的顶面，在单击处出现一个基准点，此点有操作柄，如图 3-24 所示。

图 3-23　"基准点"对话框

图 3-24　放置基准点

此时的"基准点"对话框的"放置"属性页如图 3-25 所示。从图中可以看到，"基准点"对话框中的"确定"命令是不可用状态，表示此时新建的基准点还未定位好。

（2）单击"参考"编辑框中的"在其上"项，系统弹出一个列表框，如图 3-26 所示。

在此列表框中可以看到，新建基准点的方式除了"在其上"外，还有"偏移"。"在其上"方式是新建的基准点就在平面上；"偏移"方式是新建的基准点以指定距离偏移选定的平面。

（3）选择"放置"属性页中下拉列表框中的"在其上"选项，然后将鼠标落在新建基准点的一个操作柄上，此操作柄变成黑色，如图 3-27 所示。

（4）按住鼠标左键，拖动选定的操作柄，落在长方体的一条边上。松开鼠标左键，此时设计环境中拖动到边的操作柄和新建基准点之间出现一个尺寸，如图 3-28 所示。

进行同样的操作，将新建基准点的另一个操作柄拖到长方体的另一条边上，此时的设计环境上又出现一个尺寸，如图 3-29 所示。

图 3-25　"基准点"对话框的"放置"属性页　　　图 3-26　选取基准点参考类型

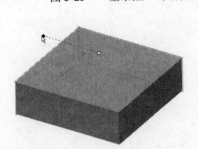
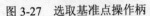
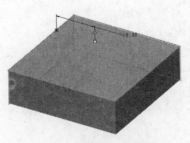
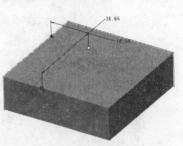

图 3-27　选取基准点操作柄　　图 3-28　移动基准点操作柄　　图 3-29　移动基准点的另一个操作柄

此时"基准点"对话框中的"放置"属性页也发生相应的变化，如图 3-30 所示。

（5）双击设计环境中的尺寸，尺寸值变为可编辑状态，在下拉编辑框中输入"30"，按 Enter 键。使用同样的方法将另一尺寸值改为 30。

此时设计环境中新建基准点的位置如图 3-31 所示。"基准点"对话框中的"放置"属性页如图 3-32 所示。

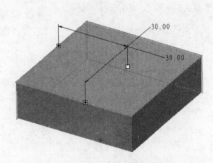

图 3-30　"放置"属性页　　　　图 3-31　修改基准点放置尺寸

（6）单击"基准点"对话框中的"确定"按钮，在设计环境中即可生成一个新的基准点，此点的名称为 PNT0，如图 3-33 所示。

用偏移坐标系基准点工具创建基准点的操作步骤如下：

（1）单击"偏移坐标系"按钮，系统打开"基准点"对话框，如图 3-34 所示。

"基准点"对话框中默认打开的是"放置"属性页，此属性页决定基准点的放置位置。

（2）单击当前设计环境中的默认坐标系 PRT_CSYS_DEF，此时坐标系加亮显示，如图 3-35 所示。

图 3-32　"放置"属性页

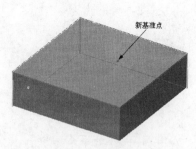

图 3-33　生成基准点

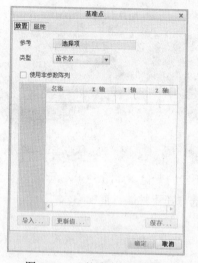

图 3-34　"基准点"对话框

图 3-35　选取参考坐标系

此时"基准点"对话框的"放置"属性页如图 3-36 所示。

（3）单击"名称"下面的那一栏，此时"偏移坐标系基准点"对话框的"放置"属性页如图 3-37 所示。

图 3-36　"放置"属性页

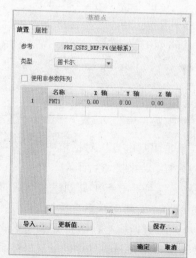

图 3-37　"放置"属性页

此时设计环境中的长方体上出现 3 个尺寸，如图 3-38 所示。

（4）单击"基准点"对话框的"放置"属性页中"X 轴"下面的 0.00 项，此时这一项为可编辑状态，输入"20"。进行同样的操作，在"Y 轴"下面的项中输入"20"，如图 3-39 所示。

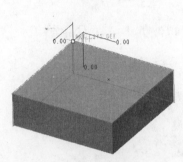

图 3-38　生成基准点

图 3-39　设置基准点编移距离

此时设计环境中长方体上的 3 个尺寸也发生了一致的变化，如图 3-40 所示。

（5）单击"偏移坐标系基准点"对话框中的"确定"按钮，系统即可生成一个新的基准点，名称为 PNT2，如图 3-41 所示。

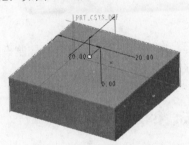

图 3-40　设置基准点偏移距离

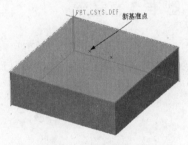

图 3-41　生成新基准点

用"域"命令新建基准点的操作步骤如下：

（1）单击"域"按钮，系统打开"基准点"对话框，如图 3-42 所示。

"基准点"对话框中默认打开的是"放置"属性页，此属性页决定基准点的放置位置。将鼠标落在当前设计环境中长方体的最前面上，此面被绿色加亮，并且鼠标变成一个绿色的"×"号。

（2）将鼠标移动到当前设计环境中长方体的顶面，此时顶面将被绿色加亮，并且鼠标变成绿色"×"号。此时的提示为：选取一个参考（如曲线、边、曲面或面组）以放置点。此处的参考指的就是"域"，新建基准点只能落在某个域上。

（3）单击当前设计环境中长方体的顶面，此时顶面被红色加亮，并且鼠标左键单击处出现一个临时的基准点 FPNT0，此临时基准点有一个操作柄，如图 3-43 所示。

此时"基准点"对话框的"放置"属性页如图 3-44 所示。

（4）将鼠标落在此临时基准点的操作柄上，此操作柄变成黑色。按住鼠标左键移动鼠标，此临时基准点也一起移动，但是不能移出长方体的顶面。单击"基准点"对话框中的"确定"按钮，即可在长方体的顶面上生成一个新的基准点，名称为 FPNT0，如图 3-45 所示。

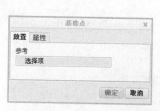

图 3-42　"基准点"对话框

图 3-43　生成临时基准点

图 3-44　"基准点"对话框的"放置"属性页

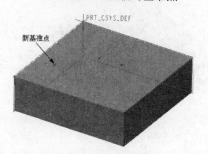

图 3-45　生成新基准点

在此详细讲述了创建基准点的 3 种方式，每种方式各有特点，望读者掌握。

3.4.3　基准点的显示

通过"显示"工具栏中"基准显示"下拉列表中的"显示基准点"命令，可以控制设计环境中基准点的显示。在此不再详述，读者可以自己观察此命令的使用效果。

3.5　基准坐标系

本小节主要讲述基准坐标系的用途和创建步骤。

3.5.1　基准坐标系的用途

基准坐标系用符号"CS*"标识，其中"*"表示流水号。基准坐标系的用途主要有如下 4 种：

（1）零部件装配时，如果用到"坐标系重合"装配方式，就要用到基准坐标系。

（2）IGES、FEA 和 STL 等数据的输入与输出都必须设置基准坐标系。

（3）生成 NC 加工程序时，必须使用基准坐标系作为参考。

（4）进行重量计算时，必须设置基准坐标系，以计算重心。

3.5.2　基准坐标系的创建

基准坐标系创建的操作步骤如下：

（1）单击"模型"功能区"基准"面板上的"坐标系"按钮，系统弹出"坐标系"对话框，如图 3-46 所示。

（2）"坐标系"对话框中默认打开的是"原点"属性页，此属性页决定基准点的放置位置。在当前设计环境中有一个长方体，单击此长方体的顶面，此时顶面被加亮并在鼠标单击处出现一个基准坐标系，如图 3-47 所示。

图 3-46　"坐标系"对话框

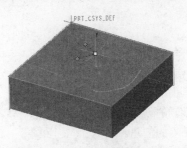

图 3-47　选取坐标系放置位置

此时"坐标系"对话框的"原点"属性页如图 3-48 所示。

（3）单击当前设计环境中默认的坐标系 PRT_CSYS_DEF，此时设计环境中出现新建坐标系偏移默认坐标系的 3 个偏移尺寸值，如图 3-49 所示。

图 3-48　"坐标系"对话框

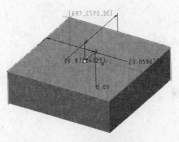

图 3-49　显示坐标系偏移尺寸

此时"坐标系"对话框的"原点"属性页如图 3-50 所示。

可以在"原点"属性页中的 X、Y 和 Z 编辑框中直接输入新建坐标系偏移默认坐标系的偏移值，也可以使用鼠标左键双击设计环境中的坐标值进行偏移值的修改，在此不再赘述。将 X、Y 和 Z 都设为 20，然后单击"坐标系"对话框中的"确定"按钮，系统即可生成一个新基准坐标系，名称为 CS0，如图 3-51 所示。

图 3-50　"原点"属性页

图 3-51　生成新基准坐标系

可以通过"坐标系"对话框中的"方向"属性页，设定坐标系轴的方向；通过"属性"属性页，可以设定坐标系的名称。"原点"属性页中的偏移类型还有"柱坐标"和"球坐标"等偏移类型，读者可以切换到这些内容看一看。

3.6　实践与练习

　　通过前面的学习，读者对本章知识也有了大体的了解。本节通过 5 个操作练习，使读者进一步掌握本章的知识要点。

1. 练习基准面的创建。
2. 练习基准轴的创建。
3. 练习基准点的创建。
4. 练习基准曲线的创建。
5. 练习基准坐标系的创建。

第4章

基础特征建立

基础实体特征是 Creo Parametric 中最基本、最简单的实体造型功能，包括拉伸、旋转、扫描、混合等。本章主要讲解这些基础实体特征功能的操作方法，通过学习，读者可以初步达到对一些简单的实体进行建模的学习目的。

- ☑ 拉伸特征
- ☑ 旋转特征
- ☑ 扫描特征

- ☑ 扫描混合
- ☑ 螺旋扫描
- ☑ 混合特征

任务驱动&项目案例

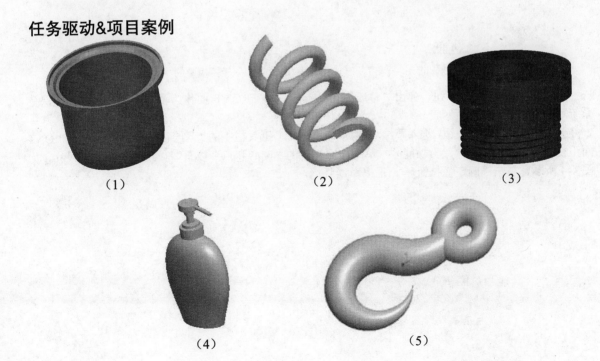

（1）　　　　　　　　（2）　　　　　　　　（3）

（4）　　　　　　　　（5）

4.1 拉 伸 特 征

拉伸是定义三维几何的一种基本方法，它是将二维截面延伸到垂直于草绘平面的指定距离处来形成实体。

4.1.1 操作步骤精讲

拉伸的操作步骤如下：

（1）单击快速访问工具栏中的"新建"按钮，在弹出的"新建"对话框中选中"零件"单选按钮，在"名称"文本框中输入零件名称 lashen，并选中"使用默认模板"复选框，如图 4-1 所示，然后单击"确定"按钮，进入实体建模界面。

（2）单击"模型"功能区"形状"面板上的"拉伸"按钮。

（3）系统弹出"拉伸"操控板，单击"放置"按钮，弹出"放置"下滑面板，如图 4-2 所示。

图 4-1 "新建"对话框

图 4-2 "拉伸"操控板中的"放置"下滑面板

（4）单击"定义"按钮，弹出"草绘"对话框，选择 FRONT 面作为草绘平面，其余选项保持系统默认值，如图 4-3 所示。

（5）单击"草绘"按钮，进入草绘环境。单击"显示"工具栏中的"草绘视图"按钮，使 FRONT面正视于界面；单击"草绘"功能区"草绘"面板上的"圆心和点"按钮，绘制圆并修改尺寸，如图 4-4 所示，单击"确定"按钮，退出草绘环境。

图 4-3 "草绘"对话框

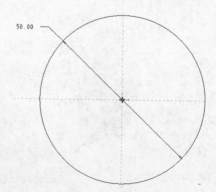

图 4-4 拉伸截面草绘

（6）单击操控板上"截至方式"按钮 ⬣ 后的下拉按钮，弹出如图 4-5 所示的截至方式选项，选择对称方式。此选项用来指定由深度尺寸所控制的拉伸的深度值，其深度值可以在选项按钮后面的文本框中输入，如本例中的深度值为 100。

（7）单击控制区的 ∞ 按钮进行特征预览，如图 4-6 所示。用户可以观察当前建模是否符合设计意图，并可以返回模型进行相应的修改。如要结束预览，单击控制区的 ▶ 按钮即可回到零件模型，继续对模型进行修改。

（8）在操控板中单击"加厚"按钮 ⊏，输入厚度为 1，然后单击"反向"按钮，调整厚度方向，再单击控制区的 ∞ 按钮进行特征预览。

（9）在操控板中单击"完成"按钮 ✓，完成拉伸体的绘制，效果如图 4-7 所示。

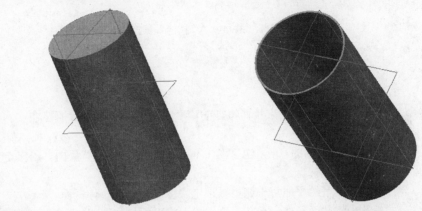

图 4-5　截至方式选项　　　　图 4-6　模型预览　　　　图 4-7　加厚模型效果

（10）单击快速访问工具栏中的"保存"按钮 ▣，弹出如图 4-8 所示的"保存对象"对话框，将完成的图形保存到文件夹中。用户也可以选择"文件"菜单下的"保存副本"命令，在弹出的"保存副本"对话框中输入零件的新名称，然后单击"确定"按钮，即可将文件备份到相应的目录。

图 4-8　"保存对象"对话框

4.1.2 操控板选项介绍

1. "拉伸"操控板

单击"模型"功能区"形状"面板上的"拉伸"按钮 ，系统将打开如图 4-9 所示的"拉伸"操控板。

图 4-9 "拉伸"操控板

"拉伸"操控板包括以下元素。

（1） ：创建实体。

（2） ：创建曲面。

（3） ："深度"选项，约束拉伸特征的深度。如果需要深度参照，在文本框中输入具体数字即可。

☑ ：定义具体数据的盲孔，在草绘平面以指定深度值拉伸截面。若指定一个负的深度值，则会反转深度方向。

☑ ：对称，在草绘平面每一侧上以指定深度值的一半拉伸截面。

☑ ：盲孔，将截面拉伸，使其与选定曲面或平面相交。终止曲面可选择下列各项：

❖ 由一个或几个曲面所组成的面组。

❖ 在一个组件中，选取另一元件的几何。几何是指组成模型的基本几何特征，如点、线、面等。

☑ ：拉伸截面至下一曲面。使用此选项，在特征到达第一个曲面时终止。

> ◀)) **注意**：基准平面不能用作终止曲面。

☑ ：通孔，拉伸截面，使之与所有曲面相交。使用此选项，在特征到达最后一个曲面时终止。

☑ ：将截面拉伸至一个选定点、曲线、平面或曲面。

> ◀)) **注意**：使用零件图元终止特征的规则：对于 和 两项，拉伸的轮廓必须位于终止曲面的边界内。在和另一图元相交处终止的特征不具有和其相关的深度参数。修改终止曲面可以改变特征深度。

（4） ：设定相对于草绘平面拉伸特征方向。

（5） ：切换拉伸类型为"切口"或"伸长"。

（6） ：通过为截面轮廓指定厚度创建特征。

☑ ：改变添加厚度的一侧，或向两侧添加厚度。

（7）厚度文本框：用于指定应用于截面轮廓的厚度值。

☑ ：使用投影截面修剪曲面。

☑ ：改变要被移除的面组侧，或保留两侧。

2. 下滑面板

"拉伸"工具提供了下列下滑面板，如图 4-10 所示。

（1）"放置"下滑面板。

使用"放置"下滑面板可以重定义特征截面，单击"定义"按钮可以创建或更改截面。

图 4-10　"拉伸"操控板中的下滑面板

（2）"选项"下滑面板。

使用"选项"下滑面板可以进行下列操作：

☑　重定义草绘平面每一侧的特征深度以及孔的类型（如盲孔、通孔）。

☑　通过选中"封闭端"选项，用封闭端创建曲面特征。

☑　通过选中"添加锥度"选项，使拉伸特征拔模。

（3）"属性"下滑面板。

使用"属性"下滑面板可以编辑特征名称。

4.1.3　实例——电饭煲筒身上沿盖

首先绘制筒身上沿盖的截面草图，然后通过拉伸操作创建筒身上沿盖，再通过拉伸切除得到安装槽，最终形成模型。绘制流程如图 4-11 所示。

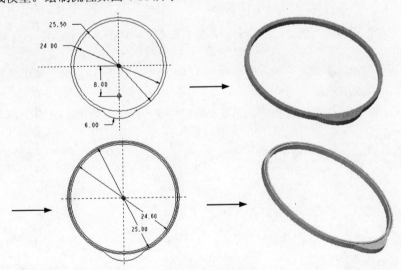

图 4-11　绘制流程

操作步骤：（光盘\动画演示\第 4 章\电饭煲筒身上沿盖.avi）

1. 新建模型

单击快速访问工具栏中的"新建"按钮，系统打开"新建"对话框。在"类型"选项组中选中"零件"单选按钮，在"子类型"选项组中选中"实体"单选按钮，在"名称"文本框中输入零件名称 tongshenshangyangai.prt，其他选项为系统默认设置，单击"确定"按钮，创建一个新的零件文件。

2. 拉伸上沿盖基体

（1）单击"模型"功能区"形状"面板上的"拉伸"按钮 ，在打开的"拉伸"操控板中依次单击"放置"→"定义"按钮，系统打开"草绘"对话框。选取 FRONT 基准平面作为草绘平面，单击"草绘"按钮，进入草图绘制环境。

（2）单击"显示"工具栏中的"草绘视图"按钮 ，使 FRONT 基准平面正视于界面；单击"草绘"功能区"草绘"面板上的"圆心和点"按钮 ○ 和"3 点相切端"按钮 ，绘制如图 4-12 所示的草图并修改尺寸，单击"确定"按钮 ，退出草图绘制环境。

（3）在操控板中设置拉伸方式为"盲孔" ，设定拉伸深度值为1。

（4）单击操控板中的"完成"按钮 ，完成上沿盖基体特征的创建，如图 4-13 所示。

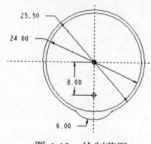

图 4-12　绘制草图

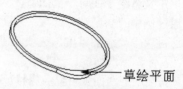

草绘平面

图 4-13　拉伸特征

3. 切除安装槽

（1）单击"模型"功能区"形状"面板上的"拉伸"按钮 ，在打开的"拉伸"操控板中依次单击"放置"→"定义"按钮，系统打开"草绘"对话框。选取如图 4-13 所示拉伸特征的上表面作为草绘平面，单击"草绘"按钮，进入草图绘制环境。

（2）单击"草绘"功能区"草绘"面板上的"圆心和点"按钮 ○，绘制如图 4-14 所示的草图并修改尺寸。

（3）在操控板中设置拉伸方式为"盲孔" ，设定拉伸深度值为 0.5，然后单击"去除材料"按钮 ，预览特征如图 4-15 所示。

（4）单击操控板中的"完成"按钮 ，完成安装槽特征的创建，效果如图 4-16 所示。

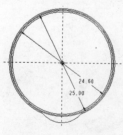

图 4-14　绘制圆

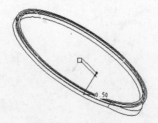

图 4-15　预览特征

图 4-16　安装槽特征

4.2　旋　转　特　征

旋转特征就是将草绘截面绕定义的中心线旋转一定角度来创建特征。

旋转也是基本的特征创建方法之一，它允许以实体或曲面的形式创建旋转几何，以及添加或去除材料。要创建旋转特征，通常需要激活旋转工具并指定特征类型为实体或曲面，然后选取或创建草绘。旋转截面需要旋转轴，此旋转轴既可以利用截面创建，也可通过选取模型几何进行定义。旋转工具显示特征几何的预览后，可以改变旋转的角度，在实体或曲面、伸出项或切口间进行切换，或指定草绘厚度以创建加厚特征。

4.2.1 操作步骤精讲

旋转特征的操作步骤如下：

（1）单击快速访问工具栏中的"新建"按钮，在弹出的"新建"对话框中选中"零件"单选按钮，在"名称"文本框中输入零件名称 xuanzhuan，然后单击"确定"按钮，使用系统默认模板，进入实体建模界面。

（2）单击"模型"功能区"形状"面板上的"旋转"按钮。

（3）系统弹出"旋转"操控板，单击"放置"按钮，在弹出的"放置"下滑面板中单击"定义"按钮，如图 4-17 所示。

（4）在弹出的"草绘"对话框中选取 FRONT 面作为草绘平面，其余选项采用系统默认值，单击"确定"按钮进入草图绘制环境。

（5）单击"显示"工具栏中的"草绘视图"按钮，使 FRONT 面正视于界面。单击"草绘"功能区"草绘"面板上的"中心线"按钮，绘制一条过坐标原点的竖直中心线，作为旋转中心。

（6）单击"草绘"功能区"草绘"面板上的"线"按钮，绘制如图 4-18 所示的截面，单击"确定"按钮，退出草图绘制环境。

图 4-17 "旋转"操控板

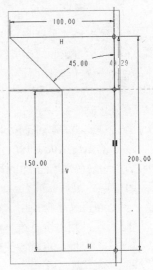

图 4-18 绘制旋转截面

（7）单击控制区的"预览"按钮进行特征预览，如图 4-19 所示。用户可以观察当前建模是否符合设计意图，并可以返回模型进行相应的修改。当要结束预览时，单击控制区的 ▶ 按钮即可回到零件模型，继续对模型进行修改。

（8）在操控板中输入角度值为 270，然后单击控制区的"预览"按钮进行特征预览，如图 4-20 所示。

（9）在操控板中单击"完成"按钮，完成旋转体的绘制，效果如图 4-20 所示。

图 4-19　绘制旋转体

图 4-20　旋转角度为 270°

4.2.2　操控板选项介绍

1. "旋转"操控板

单击"模型"功能区"形状"面板上的"旋转"按钮 ，系统打开如图 4-21 所示的"旋转"操控板。

图 4-21　"旋转"操控板

"旋转"操控板包括以下元素。

（1） ：创建实体特征。

（2） ：创建曲面特征。

（3）角度选项：用于列出约束特征的旋转角度的选项，可供选择的选项有 （可变）、 （对称）或 （到选定项）。

☑　 ：自草绘平面以指定角度值旋转截面，可以在文本框中输入角度值，或选取一个预定义的角度（90、180、270、510）。如果选取一个预定义角度，则系统会创建角度尺寸。

☑　 ：在草绘平面的每一侧上以指定角度值的一半旋转截面。

☑　 ：旋转截面直至一选定基准点、顶点、平面或曲面。

（4）角度文本框：用于指定旋转特征的角度值。

（5） ：相对于草绘平面反转特征创建方向。

（6） ：使用旋转特征体积块创建切口。

☑　 ：创建切口时改变要移除的侧。

（7） ：通过为截面轮廓指定厚度创建特征。

☑　 ：改变添加厚度的一侧，或向两侧添加厚度。

（8）厚度文本框：用于指定应用于截面轮廓的厚度值。

☑　 ：使用旋转截面修剪曲面。

☑　 ：改变要被移除的面组侧，或保留两侧。

2. 下滑面板

"旋转"工具提供了下列下滑面板，如图 4-22 所示。

图 4-22　　"旋转"操控板中的下滑面板

（1）"放置"下滑面板。

使用该下滑面板可以重定义草绘界面并指定旋转轴，单击"定义"按钮可以创建或更改截面，在"轴"文本框中单击并按系统提示可以定义旋转轴。

（2）"选项"下滑面板。

使用该下滑面板可以进行下列操作：

❶ 重定义草绘的一侧或两侧的旋转角度及孔的性质。

❷ 通过选中"封闭端"选项，用封闭端创建曲面特征。

（3）"属性"下滑面板。

使用该下滑面板可以编辑特征名称。

3. "旋转"特征的截面

创建旋转特征需要定义要旋转的截面和旋转轴，该轴可以是线性参照或草绘界面中心线。

注意：（1）可以使用开放或闭合截面创建旋转曲面。
　　　（2）必须只在旋转轴的一侧草绘几何。

4. 旋转轴

（1）定义旋转特征的旋转轴，可以使用以下方法。

☑　外部参照，就是使用现有的有效类型的零件几何作为旋转轴。

☑　内部中心线，就是使用草绘界面中创建的中心线作为旋转轴。

☑　定义旋转特征时，可以更改旋转轴，例如，选取外部轴代替中心线。

（2）使用模型几何作为旋转轴。

可以选取现有线性几何作为旋转轴，也可以将基准轴、直边、直曲线、坐标系的轴作为旋转轴。

（3）使用草绘器中心线作为旋转轴。

在草绘界面中，可以绘制中心线作为旋转轴。

注意：（1）如果截面包含一条中心线，则自动将其作为旋转轴。
　　　（2）如果截面包含一条以上的中心线，则默认情况下将第一条中心线作为旋转轴。用户可以声明将任一条中心线作为旋转轴。

5. 特征截面

可将现有的草绘基准曲线作为旋转特征的截面。默认特征类型由选定几何决定。如果选取的是一条开放草绘基准曲线，则"旋转"工具在默认情况下创建一个曲面；如果选取的是一条闭合草绘基准曲线，则"旋转"工具在默认情况下创建一个实体伸出项。随后，可以将实体几何改为曲面几何。

注意：在将现有草绘基准曲线作为特征截面时，要注意下列相应规则：
　　　（1）不能选取复制的草绘基准曲线。
　　　（2）如果选取了一条以上的有效草绘基准曲线，或所选几何无效，则"旋转"工具在打开时不带有任何收集的几何。系统将显示一条出错消息，并要求用户选取新的参照。
　　　终止平面或曲面必须包含旋转轴。

6. 使用捕捉改变角度选项的提示

采用捕捉至最近参照的方法，可以将角度选项由"可变"改为"到选定项"。按住 Shift 键，拖动图柄至要使用的参照，以终止特征。同理，按住 Shift 键并拖动图柄，可以将角度选项改为"可变"。拖动图柄时，将显示角度尺寸。

7. "加厚草绘"命令

使用"加厚草绘"命令，可以通过将指定厚度应用到截面轮廓来创建薄实体。"加厚草绘"命令在以相同厚度创建简化特征时是很有用的。添加厚度的规则如下：

（1）可以将厚度值应用到草绘的任一侧或应用到两侧。

（2）对于厚度尺寸，只可以指定正值。

注意：截面草绘中不能包括文本。

8. 创建旋转切口

使用"旋转"工具，通过绕中心线旋转草绘截面可以去除材料。

要创建切口，可以使用与用于伸出项的选项相同的角度选项。对于实体切口，可以使用闭合截面。对于用"加厚草绘"创建的切口，闭合截面和开放截面均可以使用。

定义切口时，可以在下列特征属性之间进行切换：

（1）对于切口和伸出项，可以单击◢去除材料。

（2）对于去除材料的一侧，可以单击✕切换去除材料侧。

（3）对于实体切口和薄壁切口，可以单击▢加厚草绘。

4.2.3 实例——电饭煲米锅

首先绘制米锅的截面草图，然后通过旋转操作来创建米锅形成模型。绘制流程如图 4-23 所示。

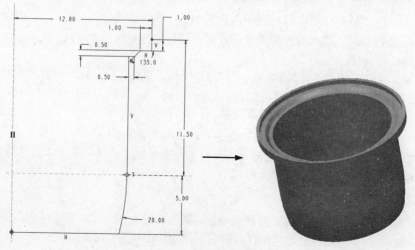

图 4-23 绘制流程

操作步骤：（光盘\动画演示\第 4 章\电饭煲米锅.avi）

1. 新建模型

单击快速访问工具栏中的"新建"按钮▫，系统打开"新建"对话框。在"类型"选项组中选中"零件"单选按钮，在"子类型"选项组中选中"实体"单选按钮，在"名称"文本框中输入零件名称 miguo.prt，其他选项采用系统默认设置。单击"确定"按钮，创建一个新的零件文件。

2. 旋转米锅实体

（1）单击"模型"功能区"形状"面板上的"旋转"按钮🔄。在"旋转"操控板中单击"放置"→"定义"按钮，系统打开"草绘"对话框。选取 TOP 基准平面作为草绘平面，单击"草绘"按钮，进入草图绘制环境。

（2）单击"草绘"功能区"基准"面板上的"中心线"按钮┊和"线"按钮✎，绘制如图 4-24 所示的截面图并修改尺寸。单击"确定"按钮✔，退出草图绘制环境。

（3）在操控板中设置旋转方式为"指定"▨，设定旋转角度为 360°。单击"加厚"按钮，输入厚度值为 0.5。

（4）单击操控板中的"完成"按钮✔，完成米锅实体的旋转，如图 4-25 所示。

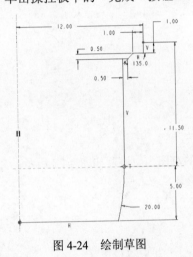

图 4-24 绘制草图

图 4-25 创建旋转体

4.3 扫描特征

扫描特征是通过草绘或选取轨迹，然后沿该轨迹对草绘截面进行扫描来创建实体。

常规截面扫描可以使用特征创建时的草绘轨迹，也可以使用由选定基准曲线或边组成的轨迹。作为一般规则，该轨迹必须有相邻的参照曲面或平面。在定义扫描时，系统检查指定轨迹的有效性，并建立法向曲面。法向曲面是指一个曲面，其法向用来建立该轨迹的 Y 轴。存在模糊时，系统会提示选择一个法向曲面。

4.3.1 恒定截面扫描特征

通过扫描命令不但可以创建实体特征，还可以创建薄壁特征。

操作步骤如下：

（1）单击快速访问工具栏中的"新建"按钮▯，在弹出的"新建"对话框中选中"零件"单选按钮，在"名称"文本框中输入零件名称 saomiao。单击"确定"按钮，使用系统默认模板，进入实体建模界面。

（2）单击"模型"功能区"形状"面板上的"扫描"按钮▱，打开"扫描"操控板，如图 4-26 所示。

图 4-26　"扫描"操控板

（3）单击"模型"功能区"基准"面板上的"草绘"按钮，在弹出的"草绘"对话框中选取 FRONT 平面作为草绘平面，其他选项采用系统默认设置，然后单击"草绘"按钮进入草图绘制环境。

（4）单击"显示"工具栏中的"草绘视图"按钮，使 FRONT 基准平面正视于界面。单击"草绘"功能区"草绘"面板上的"样条曲线"按钮，绘制如图 4-27 所示的样条曲线为扫描轨迹线。单击"确定"按钮，退出草图绘制环境。

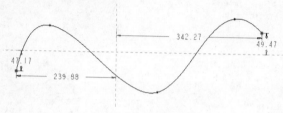

图 4-27　扫描轨迹

（5）单击"接续"按钮，系统自动选取上步绘制的草图为轨迹，如图 4-28 所示。

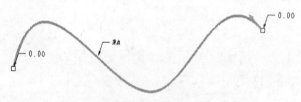

图 4-28　选取曲线

（6）在操控板中单击"绘制截面"按钮，进入截面绘制环境。单击"草绘"功能区"草绘"面板上的"圆心和点"按钮，在中心线交点处绘制如图 4-29 所示的圆形截面。单击"确定"按钮，退出草图绘制环境。

图 4-29　圆形截面

（7）在操控板中单击"完成"按钮，生成扫描实体，如图 4-30 所示。

图 4-30　扫描实体

4.3.2 可变截面扫描

操作步骤如下：

（1）单击快速访问工具栏中的"新建"按钮，在弹出的"新建"对话框中选中"零件"单选按钮，在"名称"文本框中输入零件名称 bianjiemiansm。单击"确定"按钮，使用系统默认模板，进入实体建模界面。

（2）绘制草图。

❶ 单击"模型"功能区"基准"面板上的"草绘"按钮，在 FRONT 平面内绘制如图 4-31 所示的曲线，然后单击"确定"按钮，退出草图绘制环境。

❷ 单击"模型"功能区"基准"面板上的"平面"按钮，新建基准平面 DTM1，选取 FRONT 平面作为参照平面，设置为偏移方式，偏距为 200。

❸ 单击"基准特征"工具栏中的"草绘"按钮，在 DTM1 平面内绘制第二条曲线，如图 4-32 所示，然后单击"确定"按钮，退出草图绘制环境。

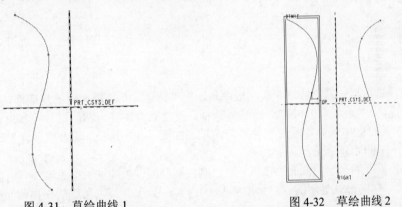

图 4-31 草绘曲线 1　　　　　图 4-32 草绘曲线 2

❹ 单击"模型"功能区"基准"面板上的"草绘"按钮，在 RIGHT 面内绘制如图 4-33 所示的第三条曲线，然后单击"确定"按钮，退出草图绘制环境。

（3）创建可变截面扫描。

❶ 单击"模型"功能区"形状"面板上的"扫描"按钮，系统弹出"扫描"操控板。

❷ 首先单击操控板上的□按钮和"变截面"按钮，如图 4-34 所示，然后单击"参考"按钮，弹出下滑面板。

图 4-33 草绘曲线 3　　　　　图 4-34 "扫描"操控板

❸ 单击"轨迹"选项下的收集器，然后按住 Ctrl 键，依次选取草绘曲线 1、2、3。也可以不使用 Ctrl 键，在选取草绘曲线 1 后，单击收集器下的"细节"按钮，弹出如图 4-35 所示的"链"对话框，单击"添加"按钮，选取草绘曲线 2，然后再添加曲线 3。曲线选取后的效果如图 4-36 所示。

图 4-35　"链"对话框

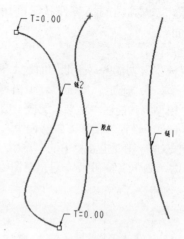

图 4-36　选取曲线

❹ 完成曲线选取后，在"轨迹"选项板中，选中"链 2"和 X 项对应的复选框，设置"链 2"为 X 轨迹。同样，选中"原点"和 N 项对应的复选框，设置原点轨迹为曲面形状控制轨迹。然后在"截平面控制"下拉列表框中选择"垂直于轨迹"选项，如图 4-37 所示。其中"垂直于轨迹"选项表示所创建模型的所有截面均垂直于原点轨迹。

❺ 单击操控板上的"绘制截面"按钮，绘制扫描截面。系统进入草图绘制环境后，每条曲线上都有一个以小"×"的方式显示的点，如图 4-38 中的 A、B、C 3 点，所绘的扫描截面必须通过该点。

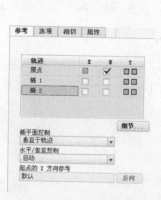

图 4-37　"参考"下滑面板

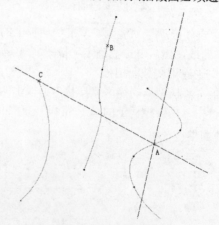

图 4-38　截面控制点

❻ 单击"草绘"功能区"草绘"面板上的"3 相切"按钮，选取图 4-38 中的 A、B、C 3 点，绘制一个通过这 3 点的圆，如图 4-39 所示。单击"确定"按钮，退出草图绘制环境。

❼ 单击"预览"按钮，进行特征预览，如图 4-40 所示。

❽ 单击▶按钮退出预览，然后单击操控板上的"参考"按钮，在"参考"下滑面板中的"截平面控制"下拉列表框中选择"垂直于投影"选项。激活"方向参考"下的收集器，并选取 TOP 面，则

所创建模型的所有截面均垂直于原点轨迹在 TOP 面上的投影，"参考"下滑面板的设置如图 4-41 所示。

❾　单击"完成"按钮✔，完成可变截面扫描特征的创建，效果如图 4-42 所示。

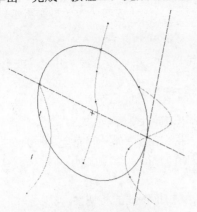

图 4-39　绘制截面

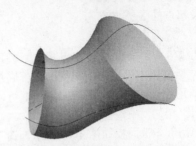

图 4-40　可变截面扫描（垂直于轨迹）

图 4-41　"参考"下滑面板设置

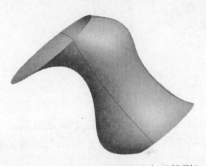

图 4-42　可变截面扫描（垂直于投影）

4.3.3　操控板选项介绍

1. "扫描"操控板

单击"模型"功能区"形状"面板上的"扫描"按钮，系统打开如图 4-43 所示的"扫描"操控板。

图 4-43　"扫描"操控板

"扫描"操控板包括以下元素。

（1）□：创建实体特征。

（2）□：创建曲面特征。

（3）✎：创建或编辑扫描截面。

（4）◿：使用扫描特征体积块创建切口。

（5）⊏：通过为截面轮廓指定厚度创建特征。

（6）┗：沿扫描进行草绘时截面保持不变。

（7）┗：允许截面根据参数参考或沿扫描的关系进行变化。

2. 下滑面板

（1）"参考"下滑面板。

"参考"下滑面板如图 4-44 所示。使用此下滑面板可以指定扫描轨迹线，并定义或更改截平面控制以及起点的 X 方向参考。

（2）"选项"下滑面板。

"选项"下滑面板如图 4-45 所示。使用该下滑面板可以进行下列操作：

☑ 通过选中"合并端"复选框可以使生成的扫描特征与原始特征之间完全融和。

☑ 通过选中"封闭端点"复选框可以用封闭端创建曲面特征。

（3）"相切"下滑面板。

"相切"下滑面板如图 4-46 所示。该下滑面板可以设置扫描特征的相切参考。

图 4-44 "参考"下滑面板　　　　图 4-45 "选项"下滑面板　　　　图 4-46 "相切"下滑面板

（4）"属性"下滑面板。

"属性"下滑面板如图 4-47 所示。使用该下滑面板可以编辑特征名称。

图 4-47 "属性"下滑面板

4.3.4 实例——工字钢

首先绘制扫描轨迹线，然后绘制扫描截面，最后扫描成工字钢。绘制流程如图 4-48 所示。

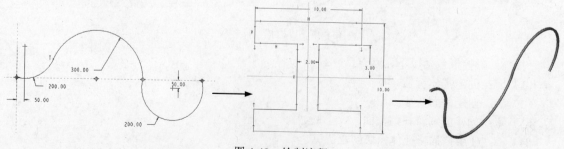

图 4-48 绘制流程

操作步骤：（光盘\动画演示\第 4 章\工字钢.avi）

1. 新建模型

单击快速访问工具栏中的"新建"按钮，系统打开"新建"对话框。在"类型"选项组中选中"零件"单选按钮，在"名称"文本框中输入零件名称 gongzigang.prt。取消选中"使用默认模板"复选框，单击"确定"按钮，在打开的"新文件选项"对话框中选择 mmns_part_solid 选项。单击"确定"按钮，创建一个新的零件文件。

2. 创建扫描特征

（1）单击"模型"功能区"形状"面板上的"扫描"按钮，打开"扫描"操控板。

（2）单击"模型"功能区"基准"面板上的"草绘"按钮，在弹出的"草绘"对话框中选取FRONT 平面作为草绘平面，其他选项采用系统默认值，然后单击"草绘"按钮进入草图绘制环境。

（3）单击"显示"工具栏中的"草绘视图"按钮，使 FRONT 基准平面正视于界面。单击"草绘"功能区"草绘"面板上的"圆弧"按钮，绘制如图 4-49 所示的圆弧，作为扫描轨迹线。单击"确定"按钮，退出草图绘制环境。

注意： 由于轨迹线的曲线较多，在绘制过程中需要注意两曲线相切，形成光滑的曲线段。

（4）自动选取上步绘制的草图作为轨迹轮廓线，如图 4-50 所示。

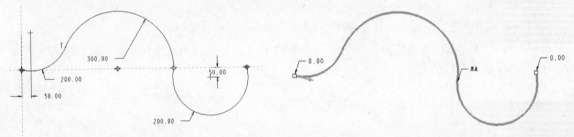

图 4-49 绘制草图   图 4-50 轨迹线

（5）在操控板中单击"绘制截面"按钮，进入截面绘制环境，绘制效果如图 4-51 所示。由于工字钢结构对称，在草绘过程中应采用镜像草绘线的方法，以提高绘图效率。

（6）单击"完成"按钮，完成绘制，效果如图 4-52 所示。

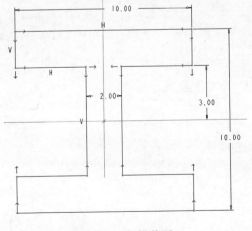

图 4-51 扫描截面   图 4-52 工字钢

4.4　扫　描　混　合

扫描混合特征就是使截面沿着指定的轨迹进行延伸，生成实体，但是由于沿轨迹的扫描截面是可以变化的，因此该特征又兼备混合特征的特性。

扫描混合可以具有两种轨迹，即原点轨迹（必需）和第二轨迹（可选）。每个轨迹特征必须至少有两个剖面，并且可以在这两个剖面间添加剖面。要定义扫描混合的轨迹，可以选取一条草绘曲线、基准曲线或边的链。每次只有一个轨迹是活动的。

4.4.1　操作步骤精讲

操作步骤如下：

（1）单击快速访问工具栏中的"新建"按钮，在弹出的"新建"对话框中选中"零件"单选按钮，在"名称"文本框中输入零件名称 saomiaohh，然后单击"确定"按钮，使用系统默认模板，进入实体建模界面。

（2）单击"模型"功能区"形状"面板上的"扫描混合"按钮，打开"扫描混合"操控板，单击"实体"按钮，如图 4-53 所示。

（3）单击"基准"面板中的"草绘"按钮，弹出"草绘"对话框。

（4）选择 TOP 基准平面作为草绘平面，选择 RIGHT 基准平面为右方向参照，然后单击"草绘"按钮，进入草图绘制环境。

图 4-53　"扫描混合"操控板

（5）单击"草绘"功能区"草绘"面板上的"3 点相切端"按钮、"线"按钮和"约束"面板上的"相切"按钮，绘制草绘曲线，如图 4-54 所示。单击"确定"按钮，退出草图绘制环境。

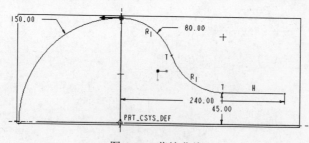

图 4-54　草绘曲线

（6）在"扫描混合"操控板上单击"继续"按钮，将刚绘制的曲线选作扫描混合的轨迹线，如图 4-55 所示。

（7）在"扫描混合"操控板上选择"截面"选项，打开"截面"下滑面板。在图形中单击轨迹线的起始点。

（8）单击"草绘"按钮，在草绘区域中绘制截面1，如图4-56所示。单击"确定"按钮✔，退出草图绘制环境。

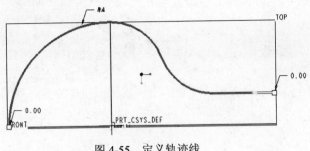

图 4-55　定义轨迹线　　　　　　　图 4-56　草绘截面 1

（9）在"旋转"下拉列表框中输入截面1关于 Z_AXIS 的旋转角度为30°，如图4-57所示。

（10）在"截面"下滑面板中单击"插入"按钮，在图形中单击轨迹的终点。

（11）单击"草绘"按钮，在草绘区域中绘制截面2，如图4-58所示。单击"确定"按钮✔，退出草图绘制环境。

（12）在"截面"下滑面板上的"旋转"下拉列表框中输入截面2关于 Z_AXIS 的旋转角度为60°，如图4-59所示。

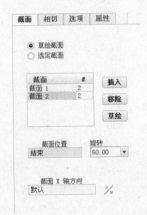

图 4-57　输入截面 1 的旋转角度　　　图 4-58　草绘截面 2　　　图 4-59　输入截面 2 的旋转角度

（13）单击"完成"按钮✔，完成扫描混合，如图4-60所示。

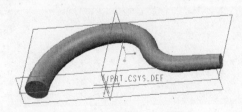

图 4-60　创建的扫描混合

4.4.2　实例——吊钩

首先通过旋转命令绘制吊钩头，然后绘制轨迹线，通过扫描混合命令创建圆钩。绘制流程如图4-61所示。

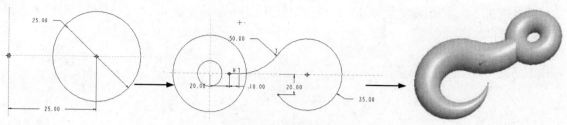

图 4-61　绘制流程

操作步骤：（光盘\动画演示\第 4 章\吊钩.avi）

1．新建模型

单击快速访问工具栏中的"新建"按钮 ，打开"新建"对话框。在"类型"选项组中选中"零件"单选按钮，在"子类型"选项组中选中"实体"单选按钮，在"名称"文本框中输入零件名称 diaogou。取消选中"使用默认模板"复选框，单击"确定"按钮，在打开的"新文件选项"对话框中选择 mmns_part_solid 选项。单击"确定"按钮，创建一个新零件文件。

2．创建吊钩头

（1）单击"模型"功能区"形状"面板上的"旋转"按钮 ，在打开的"旋转"操控板中依次单击"放置"→"定义"按钮，选取 TOP 基准平面作为草绘平面，单击"草绘"按钮，进入草图绘制环境。

（2）单击"草绘"功能区"草绘"面板上的"圆心和点"按钮 ，绘制如图 4-62 所示的圆并修改其尺寸值。

（3）单击"草绘"功能区"基准"面板上的"中心线"按钮 ，绘制与垂直参考线重合的中心线。绘制完成后，单击"确定"按钮 ，退出草图绘制环境，返回到"旋转"操控板，设定旋转角度为 360°。设置完成后，单击"完成"按钮 ，生成旋转特征。

3．草绘轨迹线

（1）单击"模型"功能区"基准"面板上的"草绘"按钮 ，系统打开"草绘"对话框，选取 FRONT 基准平面作为草绘平面，单击"草绘"按钮，进入草图绘制环境。

（2）单击"草绘"功能区"草绘"面板上的"线"按钮 、"3 点相切端"按钮 ，绘制如图 4-63 所示的草图并修改其尺寸值。

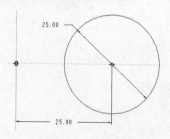

图 4-62　草绘吊钩头

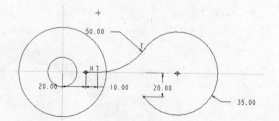

图 4-63　草绘轨迹线

4．创建圆钩

（1）单击"模型"功能区"形状"面板上的"扫描混合"按钮 ，打开"扫描混合"操控板。单击操控板中的"参考"按钮，打开"参考"下滑面板，在绘图区选取刚刚创建的轨迹线，此时，"参考"下滑面板如图 4-64（a）所示。在"截平面控制"下拉列表框中选择"垂直于轨迹"选项，其他选项为系统默认设置。

（2）单击"截面"按钮，打开如图4-64（b）所示的"截面"下滑面板。选中"草绘截面"单选按钮，在"截面"列表框中单击将其激活。在绘图区选取吊钩的前端点，单击"草绘"按钮，进入草图绘制环境。

（3）单击"草绘"功能区"草绘"面板上的"点"按钮✕，在坐标轴的交点处绘制点，再单击"确定"按钮✔，退出草图绘制环境。

（4）单击"截面"下滑面板中的"插入"按钮，设置旋转角度为0°，在圆弧的终点处绘制截面。

（5）单击"草绘"按钮，进入草绘环境。单击"草绘"功能区"草绘"面板上的"圆心和点"按钮〇，以坐标轴交点为圆心，绘制直径为20的圆。

（6）继续绘制第3个截面。截面位置为在与前面圆弧相切圆弧的终点，绘制直径为35、旋转角度为0°的圆。

（7）单击"扫描混合"操控板中的"相切"按钮，在打开的"相切"下滑面板中修改"开始截面"条件为"平滑"，如图4-64（c）所示。设置完成后，单击"完成"按钮✔，完成扫描混合的创建，最终效果如图4-65所示。

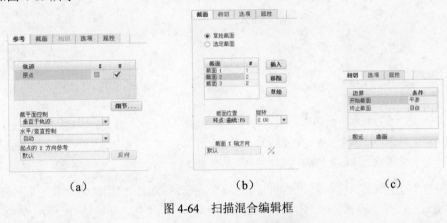

（a）　　　　　　　　　　（b）　　　　　　　　　（c）

图4-64　扫描混合编辑框

图4-65　最终效果

4.5　螺　旋　扫　描

螺旋扫描就是通过沿着螺旋轨迹扫描截面来创建螺旋扫描特征。

轨迹由旋转曲面的轮廓（定义螺旋特征的截面原点到其旋转轴的距离）与螺距（螺圈间的距离）定义。轨迹和旋转曲面是不出现在生成几何中的作图工具。

通过螺旋扫描命令可以创建实体特征、薄壁特征及其对应的剪切材料特征。下面通过实例讲述运用螺旋扫描命令来创建实体特征（弹簧）和创建剪切材料特征（螺纹）的一般过程。通过螺旋扫描命令创建薄壁特征及其对应的剪切特征的过程与创建实体的过程基本一致，在此不再赘述。

4.5.1 操作步骤精讲

1. 绘制等距螺旋

操作步骤如下：

（1）单击"模型"功能区"形状"面板上的"螺旋扫描"按钮 ，打开"螺旋扫描"操控板，如图 4-66 所示。

（2）在"参考"下滑面板中单击"定义"按钮，选择 FRONT 基准平面作为草绘平面。

（3）单击"草绘"功能区"草绘"面板上的"样条曲线"按钮 和"基准"面板上的"中心线"按钮 ，绘制如图 4-67 所示的扫描轨迹及一条竖直的中心线。单击"确定"按钮 ，退出草图绘制环境。

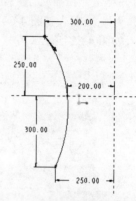

图 4-66　"螺旋扫描"操控板

图 4-67　扫描轨迹

（4）单击"创建截面"按钮 ，绘制如图 4-68 所示的截面，然后单击"确定"按钮 ，退出草图绘制环境。

（5）在操控板中输入间距值为 50，然后单击"完成"按钮 ，效果如图 4-69 所示。

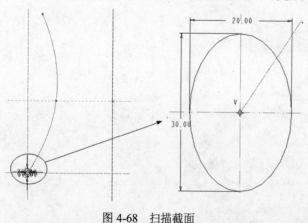

图 4-68　扫描截面

图 4-69　螺旋扫描

2. 绘制变距螺旋

操作步骤如下：

（1）在模型树中选取刚才创建的螺旋扫描特征，然后单击鼠标右键，在弹出如图 4-70 所示的快捷菜单中选择"编辑定义"命令，系统弹出"螺旋扫描"操控板。

（2）单击"选项"按钮，在下滑面板中选中"改变截面"单选按钮。

（3）单击"间距"按钮，在下滑面板中输入间距为 80，单击"添加间距"，然后输入轨迹末端的间距为30。

（4）单击操控板中的"完成"按钮，效果如图4-71所示。

图4-70　模型树操作

图4-71　变间距螺旋扫描

4.5.2　操控板选项介绍

1."螺旋扫描"操控板

单击"模型"功能区"形状"面板上的"螺旋扫描"按钮，打开如图4-72所示的"螺旋扫描"操控板。

图4-72　"螺旋扫描"操控板

"螺旋扫描"操控板包括以下元素。

（1）：创建实体。

（2）：创建曲面。

（3）：创建或编辑扫描截面。

（4）：切换螺旋扫描类型为"切口"。

（5）：将材料的伸出项方向更改为草绘的另一侧。

（6）：通过为截面轮廓指定厚度创建特征。

（7）：改变添加厚度的一侧，或向两侧添加厚度。

（8）：设定螺旋方向采用左手定则。

（9）：设定螺旋方向采用右手定则。

2.　下滑面板

"螺旋扫描"工具提供了下列下滑面板，如图4-73所示。

（1）"参考"下滑面板。

使用该下滑面板可以定义特征截面，单击"定义"按钮可以创建或更改螺旋扫描轮廓。

图 4-73　"螺旋扫描"特征下滑面板

（2）"间距"下滑面板。

使用该下滑面板可以添加间距，并更改螺旋间距来创建变截面螺旋。

（3）"选项"下滑面板。

使用该下滑面板可以进行下列操作：

☑　通过选中"封闭端"复选框，用封闭端创建螺旋曲面。

☑　通过选中"保持恒定截面"单选按钮，创建等距螺旋。

☑　通过选中"改变截面"单选按钮，创建变截面螺旋。

4.5.3　实例——锁紧螺母

首先绘制阀杆的母线，通过旋转母线创建阀杆，最后通过螺旋扫描产生螺纹，得到最终的模型。绘制流程如图 4-74 所示。

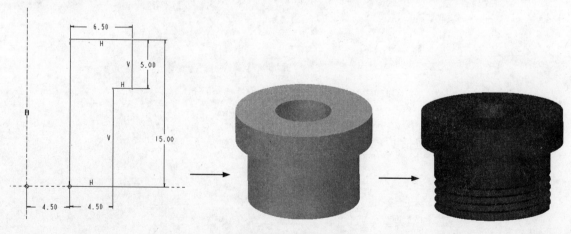

图 4-74　绘制流程

操作步骤：（光盘\动画演示\第 4 章\锁紧螺母.avi）

1．新建文件

单击快速访问工具栏中的"新建"按钮□或选择菜单栏中的"文件"→"新建"命令，弹出"新建"对话框。在"类型"选项组中选中"零件"单选按钮，在"名称"文本框内输入零件名称 suojinluomu.prt，单击"确定"按钮，弹出"新文件选项"对话框，选择 mmns_part_solid 选项，单击"确定"按钮，进入草图绘制环境。

2. 旋转主体

（1）单击"模型"功能区"形状"面板上的"旋转"按钮↔，弹出"旋转"操控板。

（2）在工作区上选择基准平面 TOP 作为草绘平面，单击"草绘"功能区"草绘"面板上的"线"按钮↖，绘制如图 4-75 所示的截面图。单击"确定"按钮✓，退出草图绘制环境。

（3）在操控板上选择"盲孔"选项⊥，输入"360"作为旋转的变量角。单击"完成"按钮✓完成特征，如图 4-76 所示。

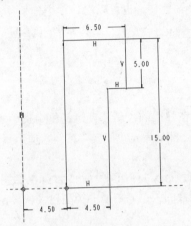

图 4-75　绘制草图

图 4-76　旋转特征

3. 创建钩柄连接扫描螺纹

（1）单击"模型"功能区"形状"面板上的"螺旋扫描"按钮⎯，打开"螺旋扫描"操控板。

（2）单击"模型"功能区"基准"面板上的"草绘"按钮，选择基准平面 RIGHT 作为草绘平面，绘制如图 4-77 所示的螺纹扫描特征剖面。单击"确定"按钮✓，退出草图绘制环境。

（3）单击"继续"按钮▶，再单击"绘制截面"按钮，然后单击"草绘"功能区"草绘"面板上的"线"按钮↖，绘制如图 4-78 所示的截面图。单击"确定"按钮✓，退出草图绘制环境。

（4）在操控板中输入"1.2"作为轨迹的间距，然后单击"切除材料"按钮。单击"完成"按钮✓，结束绘制，最终效果如图 4-79 所示。

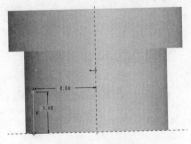

图 4-77　剖面

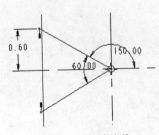

图 4-78　绘制牙型

图 4-79　创建螺纹

4.6　混 合 特 征

扫描特征是截面沿着轨迹扫描而成的，而且截面形状单一，而混合特征由两个或两个以上的平面截面组成，是通过将这些平面截面用过渡曲面连接形成的一个连续特征。

混合特征可以满足用户在一个实体中出现多个不同的截面的要求。

混合特征有平行、旋转和常规 3 种类型，其各自的意义如下。

（1）平行：所有混合截面都位于截面草绘中的多个平行平面上。

（2）旋转：混合截面绕 Y 轴旋转，最大角度可达 120°，每个截面都单独草绘并用截面坐标系对齐。

（3）常规：常规混合截面可以绕 X 轴、Y 轴和 Z 轴旋转，也可以沿这 3 个轴平移，每个截面都单独草绘，并用截面坐标系对齐。

4.6.1　平行混合特征

操作步骤如下：

（1）单击快速访问工具栏中的"新建"按钮，在弹出的"新建"对话框中选中"零件"单选按钮，在"名称"文本框中输入零件名称 hunhetezheng，然后单击"确定"按钮，使用系统默认模板，进入实体建模界面。

（2）选择"模型"功能区"形状"面板中的"混合"→"伸出项"命令，弹出如图 4-80 所示的"菜单管理器"对话框。通过该菜单管理器可以设置混合的类型、剖面的类型以及剖面的获取方式等选项。各个选项的意义如下。

❶ 规则截面：特征使用草绘平面。

❷ 投影截面：特征使用选定曲面上的截面投影，该选项只用于平行混合，而且只适用于在实体表面投影。

❸ 选择截面：选取截面图元，该选项对平行混合无效。

❹ 草绘截面：草绘截面图元。

（3）在菜单管理器中依次选取"平行"→"规则截面"→"草绘截面"→"完成"命令，系统弹出如图 4-81 所示的"伸出项：混合，平行，规则截面"对话框和如图 4-82 所示的菜单管理器的"属性"菜单。

图 4-80　"菜单管理器"对话框　　图 4-81　"伸出项"对话框　　图 4-82　"属性"菜单

（4）在"属性"菜单中选择"直"→"完成"命令，弹出"设置草绘平面"菜单。

（5）在"设置草绘平面"菜单中选择"平面"命令后，信息行提示"选取或创建一个草绘平面"。选择 TOP 面作为草绘平面，然后依次选择"确定"→"默认"命令。菜单管理器的具体设置如图 4-83所示。

（6）系统进入草图绘制环境，单击"显示"工具栏中的"草绘视图"按钮 ，使 FRONT 基准平面正视于界面，绘制如图 4-84 所示的边长为 100 的正方形，作为第 1 个混合截面。

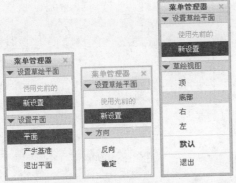

图 4-83　菜单管理器的设置

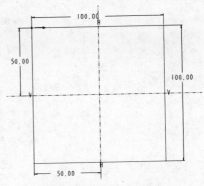

图 4-84　第 1 个混合截面

（7）在视图中单击鼠标右键，在弹出的快捷菜单中选择"切换截面"命令（见图 4-85），第 1 个截面图元变为灰色。

（8）绘制如图 4-86 所示的第 2 个截面——一个直径为 50 的圆。

（9）在混合特征中要求所有的截面的图元数必须相等。第 1 个截面的图元数为 4，因此第 2 个截面的圆应该分为 4 段。单击"草绘"功能区"编辑"面板上的"分割"按钮，在图 4-87 所示的位置将圆打断为 4 段圆弧，这时会在第 1 个打断点出现一个表示混合起始点和方向的箭头（图中 A 处）。

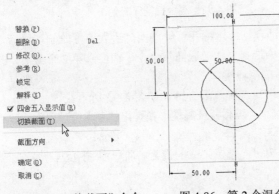

图 4-85　选择"切换截面"命令

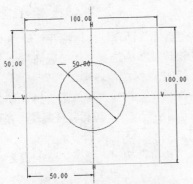

图 4-86　第 2 个混合截面

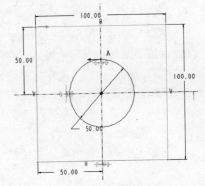

图 4-87　打断于点

（10）若要改变起始点的方向，则选取起始点，被选中的点加亮显示，然后单击鼠标右键，在弹出的如图 4-88 所示的快捷菜单中选择"起点"命令，则起始点箭头反向，如图 4-89 所示。

（11）在背景上按下鼠标右键几秒钟，在弹出的快捷菜单中选择"切换截面"命令，第 2 个截面图元变为灰色。

（12）绘制如图 4-90 所示的第 3 个截面——一个边长为 80 的正方形。

（13）完成截面草绘后，单击"确定"按钮，退出草图绘制环境。

（14）在"深度"菜单管理器中选择"盲孔"→"完成"命令，如图 4-91 所示。

（15）根据系统提示，输入第 2 个截面的深度值为 150，单击"确定"按钮。输入第 3 个截面的深度值为 100，单击"确定"按钮。

（16）单击"伸出项"对话框中的"预览"按钮，预览生成的混合特征，如图 4-92 所示。

图 4-88 选择"起点"命令

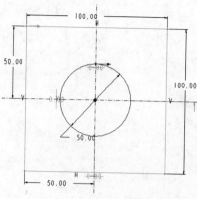

图 4-89 改变起始点方向

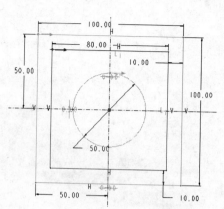

图 4-90 第 3 个截面

图 4-91 "深度"菜单管理器

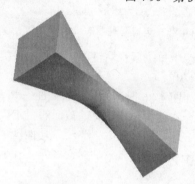

图 4-92 混合特征(直的)

（17）单击"伸出项"对话框中的"截面"选项，编辑特征草绘剖面。进入草图绘制环境后，在背景上按下鼠标右键几秒钟，在弹出的快捷菜单中选择"切换截面"命令，切换到第 2 个截面，改变起始点的方向。单击"确定"按钮 ✔，退出草图绘制环境。

（18）单击"伸出项"对话框中的"预览"按钮，生成混合特征如图 4-93 所示。

（19）双击"伸出项"对话框中的"属性"选项，编辑特征属性。在弹出的菜单管理器中选取"光滑"→"完成"命令。

（20）单击"伸出项"对话框中的"预览"按钮，预览生成的混合特征，如图 4-94 所示。

图 4-93 起始点反向(直的)

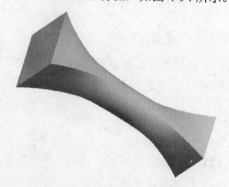

图 4-94 混合特征(光滑)

（21）单击"伸出项"对话框中的"确定"按钮，完成扫描操作。

4.6.2 旋转混合特征

创建步骤如下：

（1）单击快速访问工具栏中的"新建"按钮 □，在弹出的"新建"对话框中选中"零件"单选按钮，在"名称"文本框中输入零件名称 xuanzhuanhunhe。单击"确定"按钮，使用系统默认模板，进入实体建模界面。

（2）选择"模型"功能区"形状"面板中的"混合"→"伸出项"命令。弹出的菜单管理器中的各项设置如图 4-95 所示。在系统出现"选取"提示窗口后，选取 FRONT 平面作为草绘平面。

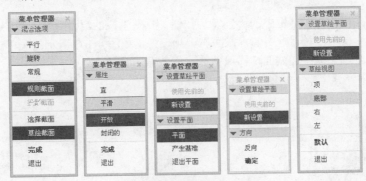

图 4-95 菜单管理器的设置

（3）完成设置后，系统进入草绘界面。单击"显示"工具栏中的"草绘视图"按钮 ，使 FRONT 基准平面正视于界面。

（4）绘制第 1 个截面。单击"草绘"功能区"草绘"面板上的"坐标系"按钮 ，在图中创建一个参照坐标系，再单击"草绘"功能区"草绘"面板上的"中心和轴椭圆"按钮 ，绘制一个椭圆，如图 4-96 所示。单击"确定"按钮 ，退出草图绘制环境。

（5）在消息输入窗口的"为截面 2 输入 y 轴旋转角"中输入"60°"，单击"确定"按钮 。

（6）绘制第 2 个截面，如图 4-97 所示。单击"确定"按钮 ，退出草图绘制环境。

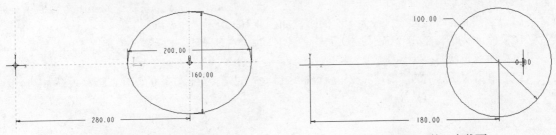

图 4-96 第 1 个截面　　　　　　　　　图 4-97 第 2 个截面

（7）系统提示"继续下一截面吗？"，如果不再绘制其他截面，则单击"否"按钮，退出草图绘制环境；如果要绘制下一个截面，则单击"是"按钮，继续绘制下一个截面。

（8）单击"是"按钮，继续绘制下一截面后，在消息输入窗口"为截面 3 输入 y 轴旋转角"中输入 30°，单击"确定"按钮 。

（9）绘制第 3 个截面，如图 4-98 所示。单击"确定"按钮 ，退出草图绘制环境。

（10）系统提示"继续下一截面吗？"，单击"否"按钮，退出草图绘制环境。

（11）单击如图 4-99 所示的"伸出项"对话框中的"预览"按钮，预览生成的混合特征，如图 4-100 所示。

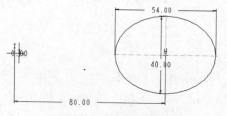

图 4-98 第 3 个截面

图 4-99 "伸出项"对话框

（12）双击"伸出项"对话框中的"属性"选项，在弹出的菜单管理器中选择"直"→"开放"→"完成"命令。

（13）单击"伸出项"对话框中的"预览"按钮，预览生成的混合特征，如图 4-101 所示。

（14）双击"伸出项"对话框中的"截面"选项，弹出如图 4-102 所示的菜单管理器。通过选择该菜单中的命令，可以完成添加截面、移除截面、修改截面等操作。

图 4-100 混合特征（光滑的）　　图 4-101 混合特征（直的）　　图 4-102 菜单管理器

（15）在该菜单中依次选择"修改"→"指定"→"截面 1"命令，系统进入第一个截面草绘界面，将第一个截面修改为一个直径为 150 的圆，如图 4-103 所示。

（16）修改完毕，单击"确定"按钮，退出草图绘制环境。选择菜单管理器上的"完成"命令，退出截面编辑状态。

（17）单击对话框中的"确定"按钮或鼠标中键，完成旋转混合特征的创建，最终效果如图 4-104 所示。

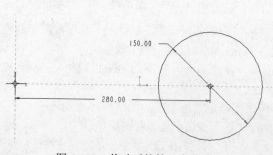

图 4-103 修改后的第一个截面　　　　图 4-104 旋转混合

4.6.3　常规混合特征

常规混合特征的创建方法与旋转混合特征相似，但是常规混合特征中的草绘截面可以绕其坐标系中的 x、y、z 轴旋转，而旋转混合特征中的草绘截面只能绕 y 轴旋转。

操作步骤如下：

（1）单击快速访问工具栏中的"新建"按钮□，在弹出的"新建"对话框中选中"零件"单选按钮，在"名称"文本框中输入零件名称 yibanhunhe，然后单击"确定"按钮，使用系统默认模板，进入实体建模界面。

（2）选择"模型"功能区"形状"面板中的"混合"→"伸出项"命令。弹出的菜单管理器中的各项设置如图 4-105 所示。在系统出现"选取"提示窗口后，选取 FRONT 平面作为草绘平面。

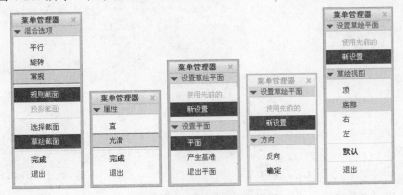

图 4-105　菜单管理器的设置

（3）完成设置后，系统进入草图绘制环境。单击"显示"工具栏中的"草绘视图"按钮，使 FRONT 基准平面正视于界面。

（4）绘制第 1 个截面。单击"草绘"功能区"草绘"面板上的"坐标系"按钮，在图中创建一个参照坐标系，再单击"草绘"功能区"草绘"面板上的"矩形"按钮□，绘制一个如图 4-106 所示的矩形。单击"确定"按钮✔，退出草图绘制环境。

（5）在消息输入窗口中提示"给截面 2 输入 x_axis 旋转角度"，如图 4-107 所示。

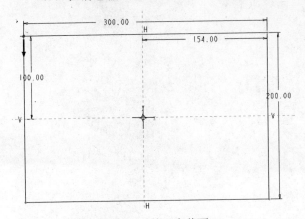

图 4-106　第 1 个截面

给截面2 输入 x_axis旋转角度 (范围:+-120)

120

图 4-107　消息输入窗口提示信息

（6）在文本框中输入旋转角度的 120°，单击"确定"按钮。

（7）依次输入截面 2 绕 y、z 轴的旋转角度 120°。

（8）系统进入第二个截面的草绘，绘制如图 4-108 所示的截面后，单击"确定"按钮✔，退出草图绘制环境。

（9）系统提示是否继续下一截面，如图 4-109 所示，单击"是"按钮或按 Enter 键，继续绘制第 3 个截面。

（10）依次输入第 3 个截面绕 x、y、z 的旋转角度为 30°。

（11）绘制如图 4-110 所示的截面。单击"确定"按钮✔，退出草图绘制环境。

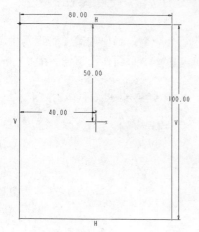

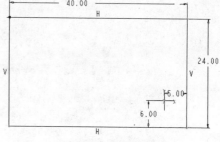

图 4-108　第 2 个截面　　　图 4-109　"确认"对话框　　　图 4-110　第 3 个截面

（12）系统提示是否继续下一截面，单击"否"按钮，不再绘制其他截面。

（13）在消息输入窗口提示"输入截面 2 的深度"，如图 4-111 所示，输入深度值为 300，并按 Enter 键或单击"确定"按钮✔。

（14）输入截面 3 的深度为 200，单击"确定"按钮✔。

（15）单击"伸出项"对话框中的"确定"按钮或鼠标中键，完成混合特征的创建，最终效果如图 4-112 所示。

图 4-111　消息输入窗口提示信息

图 4-112　常规混合

4.6.4　实例——吹风机前罩

首先通过扫描混合绘制出前罩的基体，并创建倒圆角特征。然后对前罩进行插入壳的操作，并拉伸出前罩的安装口和出风网，最终得到模型。绘制流程如图 4-113 所示。

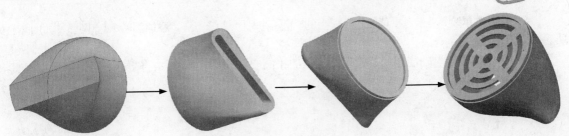

图 4-113　绘制流程

操作步骤:（光盘\动画演示\第 4 章\吹风机前罩.avi）

1. 新建文件

单击快速访问工具栏中的"新建"按钮□，弹出"新建"对话框。在"类型"选项组中选中"零件"单选按钮，在"名称"文本框中输入零件名称 QIANZHAO.prt。单击"确定"按钮，弹出"新文件选项"对话框，选择 mmns_part_solid 选项。单击"确定"按钮，进入草图绘制环境。

2. 扫描出前罩

（1）选择"模型"功能区"形状"面板下的"混合"→"伸出项"命令。

（2）在"混合选项"菜单中选择"平行"→"规则截面"→"草绘截面"→"完成"命令，如图 4-114 所示。

（3）在"属性"菜单管理器中选择"平滑"→"完成"命令，如图 4-115 所示。

（4）在"设置草绘平面"菜单管理器中选择"新设置"→"平面"命令，如图 4-116 所示。

图 4-114　"混合选项"菜单　　　图 4-115　"属性"菜单管理器　　　图 4-116　"设置草绘平面"菜单管理器

（5）在工作区中选择基准平面 RIGHT。

（6）在"设置草绘平面"菜单管理器中选择"新设置"→"确定"命令，如图 4-117 所示。

（7）在"设置草绘平面"菜单管理器中选择"新设置"→"默认"命令，如图 4-118 所示。

图 4-117　选择"新设置"命令　　　图 4-118　选择"默认"命令

（8）单击"草绘"功能区"草绘"面板上的"圆心和端点"按钮 ↘，添加圆心/端点圆弧，如图 4-119 所示。

（9）单击"草绘"功能区"草绘"面板上的"圆心和端点"按钮 ↘，继续添加圆心/端点圆弧，如图 4-120～图 4-122 所示。

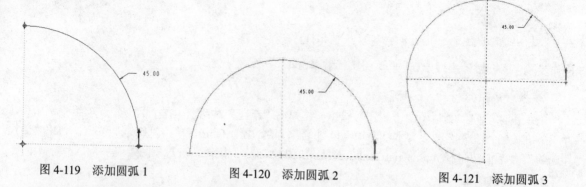

图 4-119 添加圆弧 1　　　　图 4-120 添加圆弧 2　　　　图 4-121 添加圆弧 3

（10）完成截面绘制之后，单击鼠标右键，在弹出的快捷菜单中选择"切换截面"命令，切换到另一个截面。

（11）单击"草绘"功能区"草绘"面板上的"圆心和端点"按钮 ↘，添加圆心/端点圆弧，如图 4-123 所示。注意图中的一个圆由 4 段 1/4 段圆弧组成。

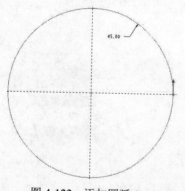

图 4-122 添加圆弧 4

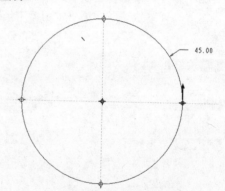

图 4-123 添加圆弧 5

（12）完成截面绘制之后，单击鼠标右键，在弹出的快捷菜单中选择"切换截面"命令，切换到另一个截面。

（13）单击"草绘"功能区"草绘"面板上的"线"按钮 ↘ 和"圆心和端点"按钮 ↘，创建如图 4-124 所示的截面。

（14）单击"确定"按钮 ✔，退出草图绘制环境。

（15）在"深度"菜单管理器中选择"盲孔"→"完成"命令，如图 4-125 所示。

（16）在提示窗口输入第 2 个截面的深度

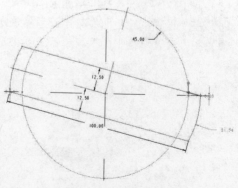

图 4-124 绘制草图

值为 10，单击"确定"按钮 ✔。输入第 3 个截面的深度值为 50，单击"确定"按钮 ✔。

（17）单击"完成"按钮 ☑，完成特征的创建，如图 4-126 所示。

3. 创建倒圆角特征

（1）单击"模型"功能区"工程"面板上的"倒圆角"按钮 ⌇。按住 Ctrl 键，在扫描特征的侧面选择 4 条边，如图 4-127 所示。

图 4-125 "深度"菜单管理器

图 4-126 生成特征

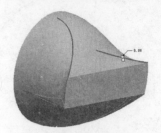

图 4-127 选取倒角边

（2）输入"8.00"作为圆角的半径，单击"确定"按钮 ☑。圆角效果如图 4-128 所示。

4. 插入前罩壳特征

（1）单击"模型"功能区"工程"面板上的"抽壳"按钮 ▢，弹出"抽壳"操控板。

（2）选择如图 4-129 所示的前端平面，选定的曲面将从零件上删除。

（3）输入"4.00"作为壁厚。

（4）预览抽壳特征，接着在操控板上选择"显示"选项。

图 6-128 填充边界

（5）单击操控板上的"完成"按钮 ☑，效果如图 4-130 所示。

5. 拉伸前罩安装口

（1）单击"模型"功能区"形状"面板上的"拉伸"按钮 ◪，弹出"拉伸"操控板。

（2）在"拉伸"操控板上选择"放置"→"定义"选项。

（3）在工作区上选择如图 4-131 所示的平面作为草绘平面。

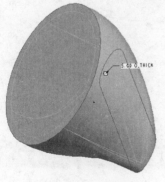

图 4-129 选择平面

图 4-130 生成特征

图 4-131 选择草绘平面

（4）单击"草绘"功能区"草绘"面板上的"圆心和点"按钮 ○，创建如图 4-132 所示的圆。单击"确定"按钮 ☑，退出草图绘制环境。

（5）单击"拉伸"操控板上的"切减材料"按钮 。

（6）在"拉伸"操控板上选择"可变"深度选项 。

（7）输入"4.00"作为可变深度值，如图 4-133 所示。单击"完成"按钮 ，完成特征的创建，如图 4-134 所示。

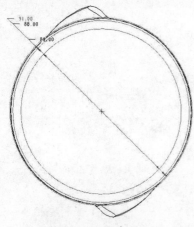
图 4-132　绘制草图

图 4-133　预览特征

图 4-134　生成特征

6. 拉伸出风网

（1）单击"模型"功能区"形状"面板上的"拉伸"按钮 ，弹出"拉伸"操控板。

（2）选择拉伸切除特征形成的凹下的平面，单击"草绘"功能区"草绘"面板上的"圆心和端点"按钮 、"线"按钮 和"镜像"按钮 ，绘制如图 4-135 所示的草图。单击"确定"按钮 ，退出草图绘制环境。

（3）在操控板中输入深度为 4.00，单击"完成"按钮 ，如图 4-136 所示。

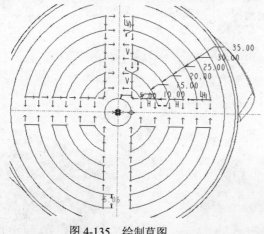
图 4-135　绘制草图

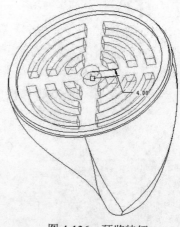
图 4-136　预览特征

完成后的模型如图 4-113 所示。

4.7　综合实例——沐浴露瓶

首先绘制沐浴露瓶的主体截面，并混合生成沐浴露瓶的主体轮廓，然后旋转生成颈部特征，并扫描生成管轮廓，最后进行倒圆角和抽壳。绘制流程如图 4-137 所示。

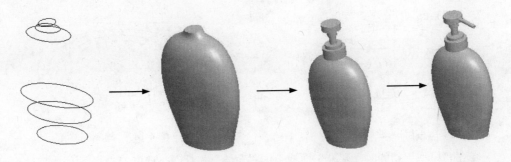

图 4-137　绘制流程

操作步骤：（光盘\动画演示\第 4 章\沐浴露瓶.avi）

1. 新建文件

单击快速访问工具栏中的"新建"按钮，弹出"新建"对话框。在"类型"选项组中选中"零件"单选按钮，在"名称"文本框中输入 muyuluping.prt，单击"确定"按钮，弹出"新文件选项"对话框，选择 mmns_part_solid 选项，单击"确定"按钮，进入草图绘制环境。

2. 创建基准平面

（1）单击"模型"功能区"基准"面板上的"平面"按钮，系统弹出"基准平面"对话框。

（2）选取 TOP 面作为偏移参照，在"基准平面"对话框中输入偏移距离分别为 40、70、180、190、200，并分别确定，即可创建 5 个基准平面：DTM1、DTM2、DTM3、DTM4、DTM5，如图 4-138 所示。

3. 绘制截面

（1）单击"模型"功能区"基准"面板上的"草绘"按钮，选取 TOP 面作为草绘面，单击"草绘"功能区"草绘"面板上的"中心和轴椭圆"按钮，绘制椭圆，如图 4-139 所示。

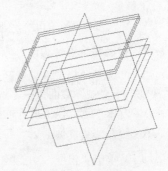

图 4-138　基准平面

（2）单击"模型"功能区"基准"面板上的"草绘"按钮，选取 DTM1 面作为草绘平面，然后单击"草绘"功能区"草绘"面板上的"中心和轴椭圆"按钮，绘制椭圆 2，如图 4-140 所示。

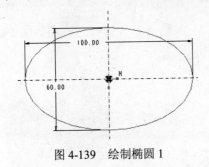

图 4-139　绘制椭圆 1

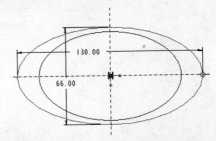

图 4-140　绘制椭圆 2

（3）单击"模型"功能区"基准"面板上的"草绘"按钮，选取 DTM2 面作为草绘平面，然后单击"草绘"功能区"草绘"面板上的"中心和轴椭圆"按钮，绘制椭圆 3，如图 4-141 所示。

（4）单击"模型"功能区"基准"面板上的"草绘"按钮，选取 DTM3 面作为草绘平面，然后单击"草绘"功能区"草绘"面板上的"中心和轴椭圆"按钮◯，绘制椭圆 4，如图 4-142 所示。

图 4-141   绘制椭圆 3

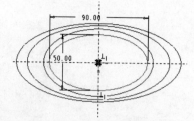

图 4-142   绘制椭圆 4

（5）单击"模型"功能区"基准"面板上的"草绘"按钮，选取 DTM4 面作为草绘平面，然后单击"草绘"功能区"草绘"面板上的"中心和轴椭圆"按钮◯，绘制椭圆 5，如图 4-143 所示。

（6）单击"模型"功能区"基准"面板上的"草绘"按钮，选取 DTM5 面作为草绘平面，然后单击"草绘"功能区"草绘"面板上的"圆心和点"按钮◯，绘制圆，如图 4-144 所示。

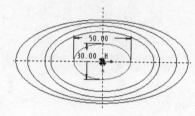

图 4-143   绘制椭圆 5

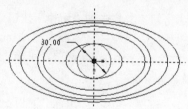

图 4-144   绘制圆

4．绘制常规混合实体

（1）选择"模型"功能区"形状"面板中的"混合"→"伸出项"命令，在弹出的菜单中选择"常规"→"规则截面"→"选取轨迹"→"完成"命令。

（2）依次选取以上所作的截面 1～截面 6，效果如图 4-145 所示。

5．绘制旋转实体

（1）单击"模型"功能区"形状"面板上的"旋转"按钮，弹出"旋转"操控板。

（2）选取 FRONT 面作为草绘面。单击"草绘"功能区"草绘"面板上的"线"按钮和"基准"面板上的"中心线"按钮；绘制旋转截面，如图 4-146 所示。单击"确定"按钮✔，退出草图绘制环境。

（3）在操控板中单击"完成"按钮✔，旋转效果如图 4-147 所示。

图 4-145   绘制常规混合实体

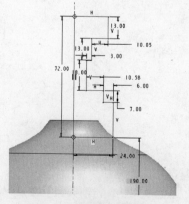

图 4-146   绘制旋转截面

图 4-147   绘制旋转实体

6. 绘制扫描轨迹线

单击"模型"功能区"基准"面板上的"草绘"按钮，选取 FRONT 面作为草绘面，绘制扫描轨迹，如图 4-148 所示。单击"确定"按钮，退出草图绘制环境。

7. 创建扫描实体

（1）单击"模型"功能区"形状"面板上的"扫描"按钮，打开"扫描"操控板。

（2）选取刚绘制的草绘线作为轨迹。

（3）单击"绘制截面"按钮，进入草图绘制环境，绘制直径为 8mm 的圆作为截面。

（4）在操控板中单击"完成"按钮，扫描效果如图 4-149 所示。

在后面的章节将学到抽壳命令，可以将沐浴露瓶进行抽壳处理，选择扫描实体的外表面为一处面，如图 4-150 所示。

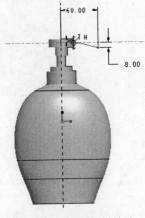

图 4-148　绘制扫描轨迹

图 4-149　绘制扫描实体

图 4-150　抽壳处理

4.8　实践与练习

通过前面的学习，读者对本章知识也有了大体的了解。本节通过 6 个操作练习，使读者进一步掌握本章的知识要点。

1. 绘制如图 4-151 所示的胶垫。

操作提示：

利用"拉伸"命令，选择基准平面 FRONT 作为草绘平面，绘制如图 4-152 所示的草图，创建深度为 2.00 的拉伸特征。

图 4-151　胶垫

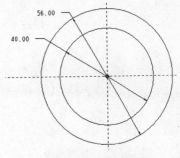

图 4-152　绘制草图

2. 绘制如图 4-153 所示的球头。

操作提示：

利用"旋转"命令，选择基准平面 TOP 作为草绘平面，绘制如图 4-154 所示的截面图，创建旋转角度为 360°的旋转体。

3. 绘制如图 4-155 所示的弹簧。

图 4-153　球头

图 4-154　绘制草图

图 4-155　弹簧

操作提示：

（1）利用"线"命令，绘制如图 4-156 所示的螺旋扫描特征剖面。

（2）利用"螺旋扫描"命令，在操控板中输入间距为 10.0。

（3）利用"圆心和点"命令，绘制如图 4-157 所示的圆图元为截面。生成的螺旋如图 4-158 所示。

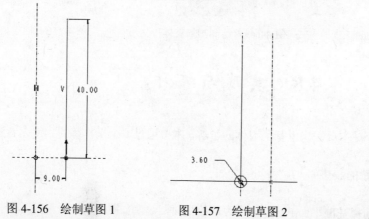

图 4-156　绘制草图 1　　　　图 4-157　绘制草图 2

图 4-158　生成螺旋

（4）切除弹簧底面。利用"拉伸"命令，选择基准平面 RIGHT 作为草绘平面，绘制截面，如图 4-159 所示。单击"切减材料"按钮，输入"12.0"作为可变深度值，如图 4-160 所示。

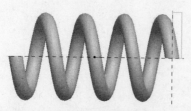

图 4-159　绘制草图 3

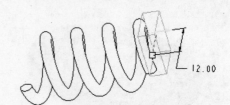

图 4-160　预览特征

4．绘制如图 4-161 所示的阀杆。

操作提示：

利用"旋转"命令，选择基准平面 TOP 作为草绘平面，绘制如图 4-162 和图 4-163 所示的截面图，输入"360"作为旋转的变量角。

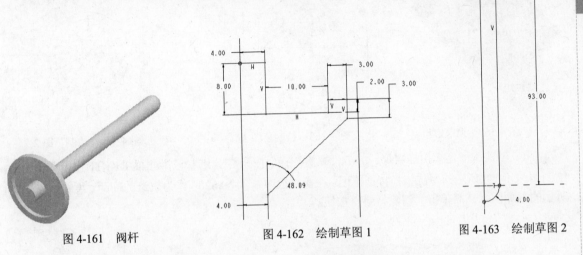

图 4-161　阀杆　　　　　图 4-162　绘制草图 1　　　　　图 4-163　绘制草图 2

5．绘制如图 4-164 所示的销钉。

图 4-164　销钉

操作提示：

（1）旋转销钉杆。利用"旋转"命令，选择基准平面 FRONT 作为草绘平面，绘制如图 4-165 所示的截面图，设置旋转角度为 360°。

（2）切除连接孔。利用"拉伸"命令，选择基准平面 FRONT 作为草绘平面，创建如图 4-166 所示的圆。选择"对称"选项，输入"11.00"作为可变深度值，单击"切除材料"按钮。

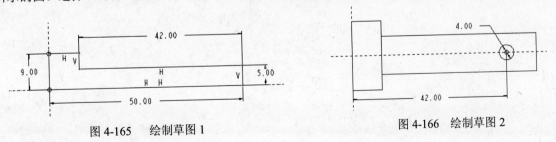

图 4-165　绘制草图 1　　　　　　　　图 4-166　绘制草图 2

6．绘制如图 4-167 所示的调节螺母。

操作提示：

（1）拉伸螺头。利用"拉伸"命令，选择基准平面 FRONT 作为草绘平面，绘制如图 4-168 所示

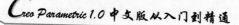

Note

的截面图，输入"10.0"作为可变深度值。

（2）拉伸螺杆。利用"拉伸"命令，选择拉伸特征的顶面作为草图绘制平面，在其上绘制如图 4-169 所示的圆，输入"20.0"作为材料的拉伸深度。

图 4-167　调节螺母

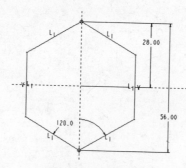
图 4-168　绘制草图 1

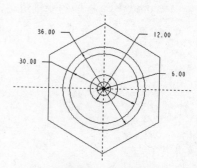
图 4-169　绘制草图 2

（3）创建钩柄连接扫描螺纹。单击"螺旋扫描"按钮 ，选择基准平面 RIGHT 作为草绘平面，绘制如图 4-170 所示的螺旋扫描特征剖面。在操控板中输入"0.625"作为轨迹的间距，绘制如图 4-171 所示的截面图，然后单击"切除材料"按钮 。

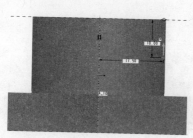
图 4-170　剖面

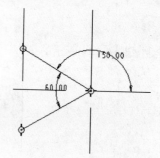
图 4-171　绘制草图 3

第 5 章

工程特征建立

工程实体特征包括倒圆角、倒角、孔、抽壳、筋和拔模特征。通过本章的学习，可以在基础特征的基础上对模型进行工程上的修饰和完善。

- ☑ 建立倒圆角特征
- ☑ 建立倒角特征
- ☑ 建立孔特征
- ☑ 建立抽壳特征
- ☑ 建立筋特征
- ☑ 建立拔模特征

任务驱动&项目案例

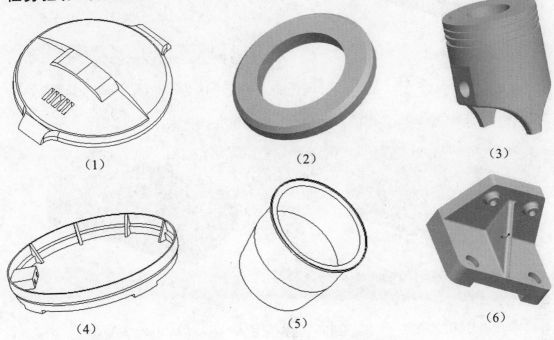

| (1) | (2) | (3) |
| (4) | (5) | (6) |

5.1 建立倒圆角特征

在 Creo Parametric 中可以创建和修改倒圆角。倒圆角是一种边处理特征，通过向一条或多条边、边链或在曲面之间添加半径形成。曲面可以是实体模型曲面或常规的 Creo Parametric 零厚度面组和曲面。

要创建倒圆角，需定义一个或多个倒圆角集。倒圆角集是一种结构单位，包含一个或多个倒圆角段（倒圆角几何）。在指定倒圆角放置参考后，Creo Parametric 将使用默认属性、半径值以及最适于被参考几何的默认过渡创建倒圆角。Creo Parametric 在图形窗口中显示倒圆角的预览几何，允许用户在创建特征前创建和修改倒圆角段和过渡。

5.1.1 操作步骤精讲

1. 圆形圆角（常用圆角）

操作步骤如下：

（1）利用"拉伸"命令，绘制一个 100×50×20 的长方体，如图 5-1 所示。

（2）单击"模型"功能区"工程"面板上的"圆角"按钮，系统打开"倒圆角"操控板，如图 5-2 所示。

图 5-1 绘制长方体

图 5-2 "倒圆角"操控板

（3）在默认情况下，"设置"模式处于激活状态，在该模式下可以同时对实体的多处倒圆角。

（4）在"倒圆角"操控板中输入圆角半径为 5，在视图中选择倒圆角边，如图 5-3 所示。

（5）单击"完成"按钮，完成倒圆角的绘制，效果如图 5-4 所示。

图 5-3 选取倒圆角边

图 5-4 绘制圆形圆角

2. 圆锥圆角

（1）删除前面创建的圆角。单击"模型"功能区"工程"面板上的"圆角"按钮，系统打开"倒圆角"操控板。

（2）单击"集"按钮，在弹出的下滑面板（见图 5-5）中将右侧第一个选项卡设置为"圆锥"，该选项卡用于控制倒圆角的界面形状。

（3）下滑面板右侧第二行文本框用于设置倒圆角的锐度，数值越小则过渡越平滑，此处设置为 0.5。

（4）下滑面板右侧第三行选项卡用于设置倒圆角的截面形状，不同形状会生成不同的倒圆角几何，此处设置为"垂直于骨架"。

（5）单击"参考"文本框，然后在绘图区选取需要倒圆角的边，被选取的边显示在"参考"文本框中，同时在实体模型上被选取的边也加亮显示，如图 5-6 所示。按住 Ctrl 键，选取多条边，同时还可以单击其下面的"细节"按钮，在弹出如图 5-7 所示的"链"对话框中单击"添加"按钮添加其他的边或单击"移除"按钮去除多余的边。选取完毕后，单击"确定"按钮，即可返回到下滑面板。

图 5-5　"集"下滑面板

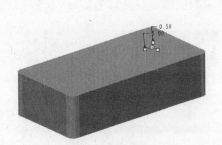

图 5-6　选取倒圆角的边

（6）在下滑面板最下面的文本框中设置倒圆角半径为 5。下滑面板的具体设置如图 5-8 所示。

（7）设置完成后，单击"完成"按钮 ✓，完成倒圆角的绘制，效果如图 5-9 所示。

图 5-7　"链"对话框

图 5-8　下滑面板的具体设置

图 5-9　绘制倒圆角

3. 完全倒圆角

（1）删除前面创建的圆角。单击"模型"功能区"工程"面板上的"圆角"按钮 ，然后单击操控板上的"集"按钮，在弹出的下滑面板中单击"参考"文本框，系统提示"选取一条边或边链"

或"选取一个曲面以创建倒圆角集",选取如图 5-10 所示的曲面 1 和曲面 2。

此时,"集"下滑面板中的"完全倒圆角"处于激活状态。

（2）系统提示"选取一个曲面以用曲面到曲面完全倒圆角进行替换",选取图 5-10 中的曲面 3。

（3）单击"完成"按钮✔,完成倒圆角的绘制,效果如图 5-11 所示。

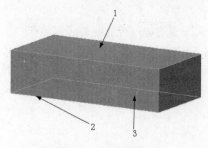

图 5-10　选取曲面

图 5-11　绘制完全倒圆角

5.1.2　操控板选项介绍

1."倒圆角"操控板

单击"模型"功能区"工程"面板上的"圆角"按钮 ，系统打开如图 5-12 所示的"倒圆角"操控板。

图 5-12　"倒圆角"操控板

"倒圆角"操控板包含以下元素。

（1）"集"模式图标 。

激活"集"模式图标,可以用来处理倒圆角集。系统默认选取此选项。默认设置用于具有"圆形"截面形状倒圆角的选项。

（2）"过渡"模式图标 。

激活"过渡"模式图标,可以定义倒圆角特征的所有过渡。"过渡"类型对话框可以设置显示当前过渡的默认过渡类型,并包含基于几何环境的有效过渡类型的列表。模式图标可以用来改变当前过渡的过渡类型。

2.下滑面板

（1）"集"下滑面板。

"集"下滑面板包含以下元素。

❶ "截面形状"下拉列表框,用于控制活动倒圆角集的截面形状。

❷ "圆锥参数"文本框,用于控制当前"圆锥"倒圆角的锐度。可以输入新值,或从列表中选取最近使用的值,默认值为 0.50。仅当选取了"圆锥"或"D1×D2 圆锥"截面形状时,此文本框才可用。

❸ "创建方法"下拉列表框,用于控制活动的倒圆角集的创建方法。

❹ "完全倒圆角"按钮,用于将活动倒圆角集切换为"完全"倒圆角,或允许使用第三个曲面来驱动曲面到曲面"完全"倒圆角。再次单击此按钮,可将倒圆角恢复为先前状态。

❺ "通过曲线"按钮,允许由选定曲线驱动活动的倒圆角半径,以创建由曲线驱动的倒圆角,

这会激活"驱动曲线"列表框。再次单击此按钮，可以将倒圆角恢复为先前状态。

❻ "参考"列表框，包含为倒圆角集所选取的有效参考。可以在该列表框中单击或使用"参考"快捷菜单命令将其激活。

❼ 第二列表框：根据活动的倒圆角类型，可以激活下列列表框。

☑ 驱动曲线：包含曲线的参考，由该曲线驱动倒圆角半径来创建由曲线驱动的倒圆角。可以在该列表框中单击或使用"通过曲线"快捷菜单命令将其激活。只需将半径捕捉（按住 Shift 键单击并拖动）至曲线即可打开该列表框。

☑ 驱动曲面：包含将由"完全"倒圆角替换的曲面参考。可以在该列表框中单击或使用"延伸曲面"快捷菜单命令将其激活。

☑ 骨架：包含用于"垂直于骨架"或"滚动"曲面至曲面倒圆角集的可选骨架参考。可以在该列表框中单击或使用"可选骨架"快捷菜单命令将其激活。

❽ "细节"按钮：打开"链"对话框（如图 5-13 所示）可以修改链属性。

❾ "半径"列表框：控制活动的倒圆角集的半径的距离和位置。对于"完全倒圆角"或由曲线驱动的倒圆角，该列表框不可用。

"半径"列表框包含以下选项。

"距离"框：指定倒圆角集中圆角半径特征。位于"半径"列表框下面，包含以下选项。

☑ 值：使用数字指定当前半径。此距离值在"半径"列表框中显示。

☑ 参考：使用参考设置当前半径。此选项会在"半径"列表框中激活一个列表框，显示相应参考信息。

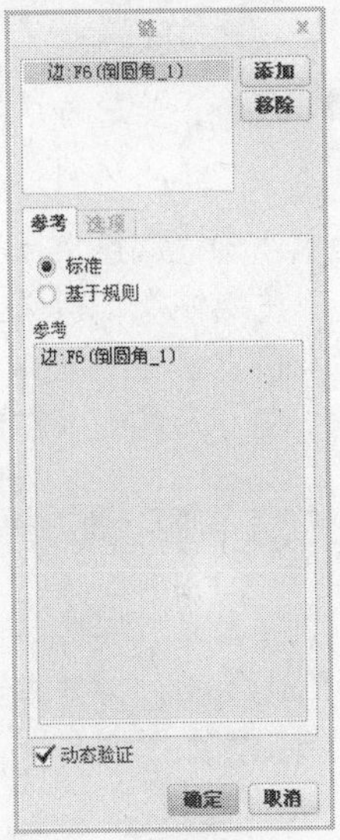

图 5-13　"链"对话框

特别地，对于 D1×D2 圆锥倒圆角，会显示两个"距离"框。

（2）"过渡"下滑面板。

要使用此下滑面板，必须激活"过渡"模式。"过渡"下滑面板如图 5-14 所示，"过渡"列表包含整个倒圆角特征的所有用户定义的过渡，可用来修改过渡。

（3）"段"下滑面板。

"段"下滑面板如图 5-15 所示，可以查看倒圆角特征的全部倒圆角集，查看当前倒圆角集中的全部倒圆角段，修剪、延伸或排除这些倒圆角段，以及处理放置模糊问题。

"段"下滑面板包含下列选项。

☑ "集"列表：列出包含放置模糊的所有倒圆角集。此列表针对整个倒圆角特征。

☑ "段"列表：列出当前倒圆角集中放置不明确从而产生模糊的所有倒圆角段，并指示这些段的当前状态（"包括"、"排除"或"已编辑"）。

（4）"选项"下滑面板。

如图 5-16 所示，"选项"下滑面板包含下列选项。

图 5-14　"过渡"下滑面板

图 5-15　"段"下滑面板

图 5-16　"选项"下滑面板

- ☑ "实体"单选按钮：以与现有几何相交的实体形式创建倒圆角特征。仅当选取实体作为倒圆角集参考时，此单选按钮才可用。如果选取实体作为倒圆角集参考，则系统默认选中此单选按钮。
- ☑ "曲面"单选按钮：以与现有几何不相交的曲面形式创建倒圆角特征。仅当选取实体作为倒圆角集参考时，此单选按钮才可用。系统默认不选中此单选按钮。
- ☑ "创建结束曲面"复选框：创建结束曲面，以封闭倒圆角特征的倒圆角段端点。仅当选取了有效几何以及"曲面"或"新面组"连接类型时，此复选框才可用。系统默认不选中此复选框。

注意： 要进行延伸，必须存在侧面，并使用这些侧面作为封闭曲面。如果不存在侧面，则不能封闭倒圆角段端点。

（5）"属性"下滑面板。

"属性"下滑面板包含下列选项。

- ☑ "名称"框：显示当前倒圆角特征名称，可将其重命名。
- ☑ 按钮：在系统浏览器中提供详细的倒圆角特征信息。

5.1.3 实例——电饭煲顶盖

首先通过旋转得到顶盖的基体，再创建倒圆角特征，通过旋转操作得到突出部分；然后通过拉伸得到连接扣，再创建倒圆角特征，通过拉伸得到手柄；最后拉伸切除盖腔和出气孔，最终形成模型。绘制流程如图5-17所示。

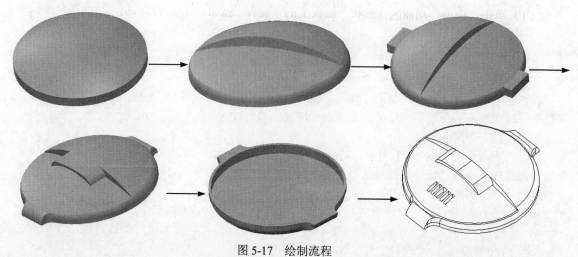

图 5-17　绘制流程

操作步骤：（光盘\动画演示\第5章\电饭煲顶盖.avi）

1. 新建模型

单击快速访问工具栏中的"新建"按钮，系统打开"新建"对话框。在"类型"选项组中选中"零件"单选按钮，在"子类型"选项组中选中"实体"单选按钮，在"名称"文本框中输入零件名称 dinggai.prt，其他选项接受系统默认设置。单击"确定"按钮，创建一个新的零件文件。

2. 旋转顶盖基体

（1）单击"模型"功能区"形状"面板上的"旋转"按钮，在打开的"旋转"操控板中依次单击"放置"→"定义"按钮，系统打开"草绘"对话框。选取 TOP 基准平面作为草绘平面，单击"草绘"按钮,进入草图绘制环境。

(2)单击"草绘"功能区"基准"面板上的"中心线"按钮,绘制一条竖直中心线作为旋转轴。单击"草绘"功能区"草绘"面板上的"线"按钮和"3点相切端"按钮,绘制如图 5-18 所示的截面并修改尺寸。单击"确定"按钮,退出草图绘制环境。

(3)在操控板中设置旋转方式为"指定",设定旋转角度为 360°。单击"完成"按钮,完成顶盖基体特征的旋转,效果如图 5-19 所示。

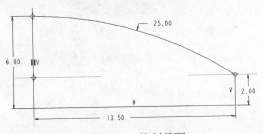

图 5-18 绘制截面

图 5-19 旋转顶盖基体

3. 创建倒圆角特征

(1)单击"模型"功能区"工程"面板上的"倒圆角"按钮,弹出"倒圆角"操控板。

(2)选取如图 5-20 所示旋转特征的表面边。在操控板中设定圆角半径值为 2。

(3)单击操控板中的"完成"按钮,完成倒圆角特征的创建。

4. 旋转顶盖突出部分

(1)单击"模型"功能区"形状"面板上的"旋转"按钮,在打开的"旋转"操控板中依次单击"放置"→"定义"按钮,系统打开"草绘"对话框。选取 TOP 基准平面作为草绘平面,单击"草绘"按钮,进入草图绘制环境。

(2)单击"草绘"功能区"基准"面板上的"中心线"按钮,绘制一条竖直中心线作为旋转轴。单击"草绘"功能区"草绘"面板上的"线"按钮和"3点相切端"按钮,绘制如图 5-21 所示的截面并修改尺寸。

图 5-20 选择圆角边

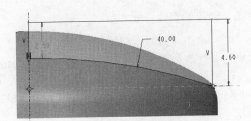

图 5-21 绘制截面

(3)在操控板中设置旋转方式为"指定",设定旋转角度为 180°,然后单击"去除材料"按钮。

(4)单击操控板中的"完成"按钮,完成顶盖突出部分的旋转,如图 5-22 所示。

5. 拉伸连接扣

(1)单击"模型"功能区"形状"面板上的"拉伸"按钮,在打开的"拉伸"操控板中依次单击"放置"→"定义"按钮,系统打开"草绘"对话框。选取如图 5-23 所示旋转特征的底面作为草绘平面,单击"草绘"按钮,进入草图绘制环境。

图 5-22　预览特征

图 5-23　选择草绘平面

（2）单击"草绘"功能区"草绘"面板上的"矩形"按钮□，绘制如图 5-24 所示的截面并修改尺寸。

（3）在操控板中设置拉伸方式为"盲孔"▥，输入深度为 2。

（4）单击操控板中的"完成"按钮☑，完成连接口特征的创建，如图 5-25 所示。

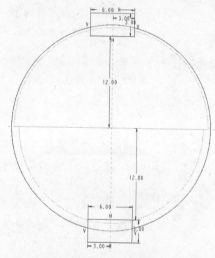

图 5-24　绘制截面

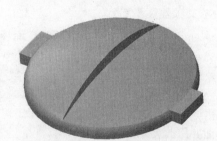

图 5-25　连接口

6. 创建倒圆角特征

（1）单击"模型"功能区"工程"面板上的"倒圆角"按钮，弹出"倒圆角"操控板。

（2）选取如图 5-26 所示拉伸特征的表面边，设定圆角半径为 2。

（3）单击操控板中的"完成"按钮☑，完成倒圆角特征的创建。

（4）采用同样的方法，选取如图 5-27 所示的边，创建半径为 2 的倒圆角特征。

图 5-26　选择倒圆角边

图 5-27　生成特征

7. 拉伸手柄

（1）单击"模型"功能区"形状"面板上的"拉伸"按钮，在打开的"拉伸"操控板中依次单击"放置"→"定义"按钮，系统打开"草绘"对话框。选取旋转特征的端面作为草绘平面，单击"草绘"按钮，进入草图绘制环境。

（2）单击"草绘"功能区"草绘"面板上的"3点相切端"按钮，绘制如图5-28所示的截面并修改尺寸。

（3）在操控板中设置拉伸方式为"盲孔"，设定拉伸深度值为4。

（4）单击操控板中的"完成"按钮，完成手柄特征的创建，效果如图5-29所示。

8. 切除盖腔

（1）单击"模型"功能区"形状"面板上的"拉伸"按钮，在打开的"拉伸"操控板中依次单击"放置"→"定义"按钮，系统打开"草绘"对话框。选取旋转特征的底面作为草绘平面，单击"草绘"按钮，进入草图绘制环境。

（2）单击"草绘"功能区"草绘"面板上的"圆心和点"按钮，绘制如图5-30所示的截面并修改尺寸。

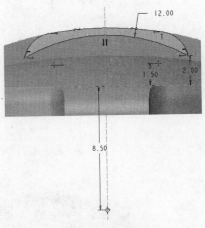

图5-28 绘制截面

图5-29 预览特征

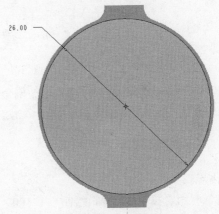

图5-30 绘制截面

（3）在操控板中设置拉伸方式为"盲孔"，设定拉伸深度值为2，然后单击"去除材料"按钮。

（4）单击操控板中的"完成"按钮，完成盖腔的切除，如图5-31所示。

9. 切除出气孔

（1）单击"模型"功能区"形状"面板上的"拉伸"按钮，在打开的"拉伸"操控板中依次单击"放置"→"定义"按钮，系统打开"草绘"对话框。选取拉伸切除特征的底面作为草绘平面，单击"草绘"按钮，进入草绘环境。

（2）单击"草绘"功能区"草绘"面板上的"矩形"按钮，绘制如图5-32所示的截面并修改尺寸。

（3）在操控板中设置拉伸方式为"穿透"，然后单击"去除材料"按钮，单击"反向"按

钮 ，调整切除方向。

（4）单击操控板中的"完成"按钮 ，完成出气孔的切除，最终生成的实体如图 5-17 所示。

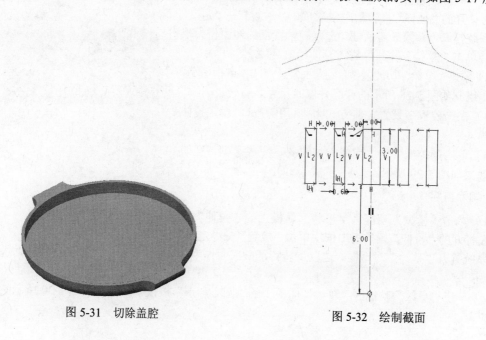

图 5-31　切除盖腔

图 5-32　绘制截面

5.2　建立倒角特征

在 Creo Parametric 中可以创建和修改倒角。倒角特征是对边或拐角进行斜切削。曲面可以是实体模型曲面或常规的零厚度面组和曲面。可创建的倒角类型有边倒角和拐角倒角两种。

5.2.1　边倒角

操作步骤如下：

（1）利用"拉伸"命令，绘制一个 100×50×20 的长方体，如图 5-33 所示。

（2）单击"模型"功能区"工程"面板上的"边倒角"按钮 ，系统打开"边倒角"操控板，如图 5-34 所示。

图 5-33　绘制长方体

图 5-34　"边倒角"操控板

（3）选择倒角方式为 D×D，并设置倒角距离尺寸值为 5。

（4）选取需要倒角的边，如图 5-35 所示。

（5）选择倒角方式为 D1×D2，并设置 D1 倒角距离尺寸值为 5，D2 为 10。

（6）单击"完成"按钮，完成倒角操作，效果如图 5-36 所示。

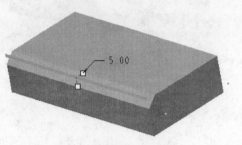

图 5-35　选取需要倒角的边

图 5-36　D×D 倒角

（7）重复"边倒角"命令，在操控板中选择倒角方式为 D1×D2，并设置 D1 倒角距离尺寸值为 5，D2 为 10。

（8）选取需要倒角的边，如图 5-37 所示。

（9）单击"完成"按钮，完成倒角操作，效果如图 5-38 所示。

图 5-37　选取需要倒角的边

图 5-38　D1×D2 倒角

（10）重复"边倒角"命令，在操控板中选择倒角方式为"角度×D"，并设置倒角角度为 60°，距离为 5。

（11）选取需要倒角的边，如图 5-39 所示。

（12）单击"完成"按钮，完成倒角操作，效果如图 5-40 所示。

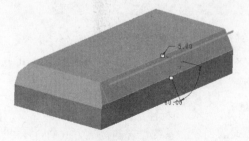

图 5-39　选取需要倒角的边

图 5-40　角度×D 倒角

（13）重复"边倒角"命令，在操控板中选择倒角方式为 45×D，并设置倒角距离为 5。

（14）选取需要倒角的边，如图 5-41 所示。

（15）单击"完成"按钮，完成倒角操作，效果如图 5-42 所示。

图 5-41   选取需要倒角的边

图 5-42   角度×D 倒角

5.2.2   拐角倒角

操作步骤如下：

（1）单击"模型"功能区"工程"面板上的"拐角倒角"按钮 ，弹出如图 5-43 所示的"拐角倒角"操控板。

图 5-43   "拐角倒角"操控板

（2）选取如图 5-44 所示的顶点，在操控板中输入倒角尺寸为 20、40、5。

（3）在操控板中单击"完成"按钮 ，完成倒角的创建，效果如图 5-45 所示。

图 5-44   选取顶点

图 5-45   拐角倒角

5.2.3   操控板选项介绍

1. "倒角"操控板

Creo Parametric 可以创建不同的倒角，能创建的倒角类型取决于选取的参考类型。

单击"模型"功能区"工程"面板上的"倒角"按钮 ，系统打开"边倒角"操控板，其中包含下列选项。

（1）"集"模式按钮 。

用来处理倒角集。系统会默认选取此选项，如图 5-46 所示。"标注形式"下拉列表框显示倒角集的当前标注形式，并包含基于几何环境的有效标注形式的列表，系统包含的标注方式有 D×D、D1×D2、角度×D、45×D 4 种。

（2）"过渡"模式按钮 。

当在绘图区中选取倒角几何时，如图 5-46 所示的图标 被激活，单击倒角模式转变为过渡。相应操控板如图 5-47 所示，可以定义倒角特征的所有过渡。其中"过渡类型"下拉列表框显示当前过渡的默认过渡类型，并包含基于几何环境有效过渡类型的列表。此下拉列表框可用来改变当前过渡的过渡类型。

- ☑ 集：倒角段，由唯一属性、几何参考、平面角及一个或多个倒角距离组成：由倒角和相邻曲面所形成的三角边。
- ☑ 过渡：连接倒角段的填充几何。过渡位于倒角段或倒角集端点会合或终止处。在最初创建倒角时，使用默认过渡，并提供多种过渡类型，允许用户创建和修改过渡。

图 5-46　集模式"边倒角"操控板　　　图 5-47　过渡模式"边倒角"操控板

系统提供了下列倒角方式。

- ☑ D×D：在各曲面上与边相距（D）处创建倒角。Creo Parametric 会默认选取此选项。
- ☑ D1×D2：在一个曲面距选定边（D1）、在另一个曲面距选定边（D2）处创建倒角。
- ☑ 角度×D：创建一个倒角，它距相邻曲面的选定边距离为（D），与该曲面的夹角为指定角度。

注意：只有符合下列条件时，前面三个方案才可以使用"偏移曲面"创建方法对"边"倒角，边链的所有成员必须正好由两个 90°平面或两个 90°曲面（如圆柱的端面）形成。对"曲面到曲面"倒角，必须选取恒定角度平面或恒定 90°曲面。

- ☑ 45×D：创建一个倒角，它与两个曲面都成 45°角，且与各曲面上的边的距离为（D）。
- ☑ O×O：在沿各曲面上的边偏移（O）处创建倒角。仅当 D×D 不适用时，系统才会默认选取此选项。
- ☑ O1×O2：在一个曲面距选定边的偏移距离（O1）、在另一个曲面距选定边的偏移距离（O2）处创建倒角。

2．下滑面板

"倒角"操控板的下滑面板和前面介绍的"倒圆角"操控板的下滑面板类似，故不再重复叙述。

5.2.4　实例——垫片

首先使用拉伸命令形成垫片的主体形状，最后使用"倒角"命令，完成边缘修饰。绘制流程如图 5-48 所示。

图 5-48　绘制流程

操作步骤：（光盘\动画演示\第 5 章\垫片.avi）

1．新建文件

单击快速访问工具栏中的"新建"按钮，弹出"新建"对话框。在"类型"选项组中选中"零

Note

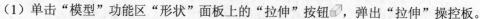
件"单选按钮,在"名称"文本框内输入零件名称 dianpian.prt。单击"确定"按钮,在弹出的"新文件选项"对话框中选择 mmns_part_solid 选项。单击"确定"按钮,进入草图绘制环境。

2. 创建拉伸体

(1)单击"模型"功能区"形状"面板上的"拉伸"按钮,弹出"拉伸"操控板。

(2)依次单选"放置"→"定义"按钮,弹出"草绘"对话框,选择 TOP 基准面为草绘平面,单击"草绘"对话框中的"草绘"命令,接受默认参考方向,进入草图绘制环境。

(3)单击"草绘"功能区"草绘"面板上的"圆心和点"按钮,绘制一对同心圆,如图 5-49 所示。

(4)双击视图中的尺寸,将它们修改成如图 5-49 所示的尺寸。单击"确定"按钮,退出草图绘制环境。

(5)在操控板中单击"实体"按钮,再单击"盲孔"按钮,输入深度为 2.5。单击"完成"按钮,完成此特征的绘制,如图 5-50 所示。

3. 生成倒角特征

(1)单击"模型"功能区"工程"面板上的"倒角"按钮,弹出"倒角"操控板。

(2)选择切削特征一侧的外边进行倒角。

(3)在操控板中选择 45×D 选项,输入倒角距离为 0.8。单击"完成"按钮,完成倒角特征的绘制,垫片效果如图 5-51 所示。

图 5-49 垫片草图　　　图 5-50 垫片主体特征　　　图 5-51 垫片效果图

5.3 建立孔特征

利用"孔"工具可以向模型中添加简单孔、定制孔和工业标准孔。通过定义放置参考、设置次(偏移)参考及定义孔的具体特性来添加孔。

通过"孔"命令,可以创建以下类型的孔。

(1)直孔:由带矩形剖面的旋转切口组成。其中直孔的创建又包括矩形、标准和草绘三种创建方式。

❶ 矩形:使用 Creo Parametric 预定义的(直)几何。默认情况下,Creo Parametric 创建单侧"矩形"孔。但是,可以使用"形状"下滑面板来创建双侧简单直孔。双侧"矩形"孔通常用于组件中,允许同时格式化孔的两侧。

❷ 标准形状孔:孔底部有实际钻孔时的底部倒角。

❸ 草绘:使用"草绘器"中创建的草绘轮廓。

（2）标准 ：由基于工业标准紧固件表的拉伸切口组成。Creo Parametric 提供选取的紧固件的工业标准孔图表以及螺纹或间隙直径，也可以创建自己的孔图表。注意，对于"标准"孔，系统会自动创建螺纹注释。

5.3.1 操作步骤精讲

1. 创建长方体

利用拉伸命令，创建一个 100×50×20 的长方体，如图 5-52 所示。

2. 创建简单孔

（1）单击"模型"功能区"工程"面板上的"孔"按钮 ，打开"孔"操控板，如图 5-53 所示。

（2）选取长方体的上表面来放置孔，被选取的表面加亮显示，并预显孔的位置和大小，如图 5-54 所示。通过拖动孔的控制手柄，可以调整孔的位置和大小。

图 5-52 拉伸实体

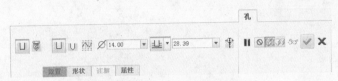

图 5-53 "孔"操控板

（3）拖动控制手柄到合适的位置后，系统显示空的中心到参考边的距离，通过双击该尺寸值便可以对其进行修改。设置孔中心到边 1、2 的距离都为 20，孔直径为 15，如图 5-55 所示。

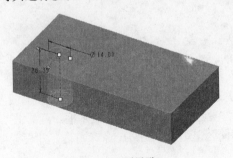

图 5-54 预显孔

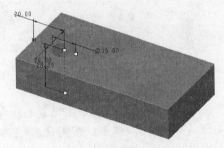

图 5-55 设置孔的尺寸

（4）通过"放置"按钮的下滑面板同样可以设置孔的放置平面、位置和大小。

（5）单击"放置"选项下面的文本框后，选取拉伸实体的上表面作为孔的放置平面；单击"反向"按钮改变孔的创建方向；单击"偏移参考"选项下的文本框，选取拉伸实体的一条参考边，被选取的边的名称及孔中心到该边的距离均显示在下面的文本框中，单击距离值文本框，变为可编辑状态，此时可以改变距离值；再单击"偏移参考"选项下的第二行文本框，按住 Ctrl 键的同时，在绘图区选取另外一条参考边，具体设置如图 5-56 所示。

（6）设置完孔的各项参数之后，单击"形状"按钮，在弹出的如图 5-57 所示的下滑面板中显示了当前孔的形状。

（7）在操控板中单击"完成"按钮 ，完成孔操作，效果如图 5-58 所示。

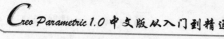

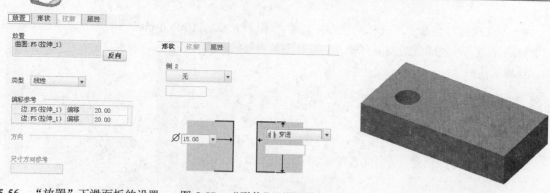

图 5-56 "放置"下滑面板的设置   图 5-57 "形状"下滑面板   图 5-58 简单孔效果

3. 创建草绘孔

（1）单击"模型"功能区"工程"面板上的"孔"按钮 ，打开"孔"操控板，如图 5-59 所示。

（2）单击 按钮，再单击"草绘"按钮 ，系统进入草图绘制环境。绘制如图 5-60 所示的旋转截面，然后单击"确定"按钮 ，退出草图绘制环境。

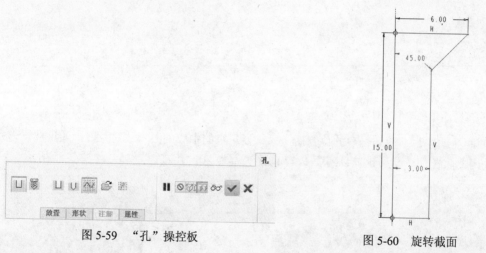

图 5-59 "孔"操控板   图 5-60 旋转截面

（3）单击"放置"按钮，单击"放置"选项下面的文本框后，仍选取拉伸实体的上表面放置孔；单击"偏移参考"选项下的文本框，选取拉伸实体边作为参考边，单击距离值文本框。再单击"偏移参考"选项下第二行文本框，按住 Ctrl 键的同时，在绘图区单击选取另外一条参考边，并设置偏距，孔的尺寸设置如图 5-61 所示。

（4）单击"完成"按钮 ，完成孔的绘制，效果如图 5-62 所示。

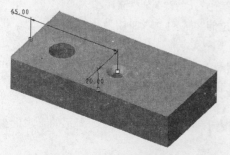

图 5-61 设置孔的尺寸

图 5-62 草绘孔效果

4．创建螺纹孔

（1）单击"模型"功能区"工程"面板上的"孔"按钮，打开"孔"操控板，如图 5-63 所示。在操控板上单击"标准孔"按钮。

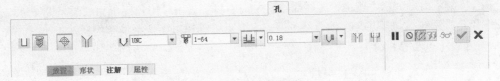

图 5-63 "孔"操控板

（2）操控板的设置为 ISO 标准、M10×1 螺钉、孔深 20 和"沉孔"，如图 5-64 所示。

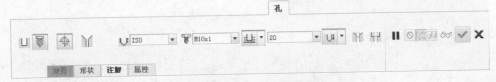

图 5-64 "孔"操控板的设置

（3）选取拉伸实体的上表面放置螺纹孔，选取如图 5-65 所示的边作为参考边，偏距为 20，如图 5-65 所示。

（4）设置完孔的各项参数之后，单击操控板的"形状"按钮，在弹出的如图 5-66 所示的下滑面板中显示了当前孔的形状。图中文本框显示的尺寸为可变尺寸，用户可以按照自己的要求设置。

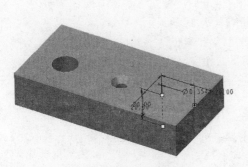

图 5-65 设置孔的尺寸

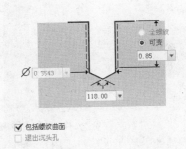

图 5-66 "形状"下滑面板

（5）单击操控板上的"注解"按钮，其下滑面板中给出了当前孔的基本信息，如图 5-67 所示。

（6）单击"完成"按钮，完成孔的绘制，效果如图 5-68 所示。

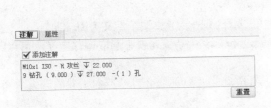

图 5-67 "注释"下滑面板

图 5-68 螺纹孔效果

5.3.2　操控板选项介绍

单击"模型"功能区"工程"面板上的"孔"按钮，系统打开"孔"操控板。

"孔"操控板由一些命令组成，这些命令从左向右排列，引导用户逐步完成整个设计过程。根据设计条件和孔类型的不同，某些选项会不可用。主要可以创建以下两种类型的孔。

1. 直孔（见图 5-69）

图 5-69　"直孔"操控板

"直孔"操控板包括以下元素。

☑　"孔轮廓"：指示要用于孔特征轮廓的几何类型，主要有"矩形"、"标准孔轮廓"和"草绘"3 种类型。其中"矩形"孔使用预定义的矩形，"标准孔轮廓"孔使用标准轮廓作为钻孔轮廓，而"草绘"孔允许创建新的孔轮廓草绘或浏览目录中所需的草绘。

☑　"直径"文本框：控制简单孔特征的直径。直径文本框中包含最近使用的直径值，输入创建孔特征的直径数值即可。

☑　"深度选项"下拉列表框：列出直孔的可能深度选项。

❖　：在放置参考以指定深度值在第一方向钻孔。

❖　：在放置参考的两个方向上，以指定深度值的一半分别在各方向钻孔。

❖　：在第一方向钻孔，直到下一个曲面（在"组件"模式下不可用）。

❖　：在第一方向钻孔，直到选定的点、曲线、平面或曲面。

❖　：在第一方向钻孔，直到与所有曲面相交。

❖　：在第一方向钻孔，直到与选定曲面或平面相交（在"组件"模式下不可用）。

☑　"深度值"文本框：指示孔特征是延伸到指定的参考，还是延伸到用户定义的深度。

（1）"放置"下滑面板

用于选取和修改孔特征的位置与参考，如图 5-70 所示。

☑　放置列表框：指示孔特征放置参考的名称。主参考列表框只能包含一个孔特征参考。该工具处于活动状态时，用户可以选取新的放置参考。

☑　"反向"按钮：改变孔放置的方向。

☑　"类型"下拉列表框：指示孔特征使用偏移/偏移参考的方法。

☑　"偏移参考"列表框：指示在设计中放置孔特征的偏移参考。如果主放置参考是基准点，则该列表框不可用。该表有以下三列。

❖　第一列提供参考名称。

❖　第二列提供偏移参考类型的信息。偏移参考类型的定义如下：

对于线性参考类型，定义为"对齐"或"线性"；对于同轴参考类型，定义为"轴向"；对于直径和径向参考类型，则定义为"轴向"和"角度"。通过单击该列并从列表中选取偏移定义，可以改变线性参考类型的偏移参考定义。

❖　第三列提供参考偏移值。可以输入正值和负值，但负值会自动反向于孔的选定参考侧。偏移值列包含最近使用的值。

孔工具处于活动状态时，可以选取新参考以及修改参考类型和值。如果主放置参考改变，则仅当现有的偏移参考对于新的孔放置有效时，才能继续使用。

（2）"形状"下滑面板如图 5-71 所示。

"侧 2"下拉列表框：对于"简单"孔特征，可确定简单孔特征第二侧的深度选项的格式。所有"简单"孔深度选项均可用。默认情况下，"侧 2"下拉列表框深度选项为"无"。"侧 2"下拉列表框不可用于"草绘"孔。

对于"草绘"孔特征，当打开"形状"下滑面板时，在嵌入窗口中会显示草绘几何。可以在各参数下拉列表框中选择前面使用过的参数值或输入新的值。

（3）"属性"下滑面板。

用于获得孔特征的一般信息和参数信息，并可以重命名孔特征，如图 5-72 所示。标准孔的"属性"下滑面板比直孔的"属性"下滑面板多了一个参数表。

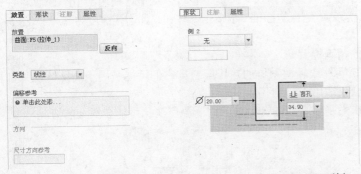

図 5-70　"放置"下滑面板　　　　図 5-71　"形状"下滑面板　　　　図 5-72　"属性"下滑面板

"属性"下滑面板中包含以下选项。

☑ "名称"文本框：允许通过编辑名称框来定制孔特征的名称。

☑ 🚹按钮：打开包含孔特征信息的嵌入式浏览器。

2. 标准孔▒（见图 5-73）

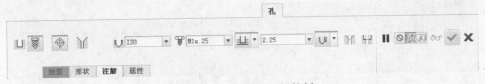

图 5-73　"标准孔"操控板

"标准孔"操控板包括以下元素。

☑ "螺纹类型"下拉列表框：列出可用的孔图表，其中包含螺纹类型/直径信息。初始会列出工业标准孔图表（UNC、UNF 和 ISO）。

☑ ▒下拉列表框：根据在"螺纹类型"下拉列表框中选取的孔图表，列出可用的螺纹尺寸。在下拉列表框中输入值，或拖动直径图柄让系统自动选取最接近的螺纹尺寸。默认情况下，选取列表中的第一个值，"螺纹尺寸"下拉列表框显示最近使用过的螺纹尺寸。

☑ "深度选项"下拉列表框与"深度值"文本框：与直孔类型类似，不再重复。

☑ ⊕按钮：指出孔特征是螺纹孔，还是间隙孔，即是否添加攻丝。如果标准孔使用"盲孔"深度选项，则不能清除螺纹选项。

☑ ▒按钮：指示其前尺寸值为钻孔的肩部深度。

☑ ▒按钮：指示其前尺寸值为钻孔的总体深度。

☑ ▒按钮：指示孔特征为埋头孔。

☑ 按钮：指示孔特征为沉头孔。

注意：不能使用两条边作为一个偏移参考来放置孔特征，也不能选取垂直于主参考的边，还不能选取定义"内部基准平面"的边，而应该创建一个异步基准平面。

（1）"形状"下滑面板，如图 5-74 所示。

☑ "包括螺纹曲面"复选框：创建螺纹曲面，以代表孔特征的内螺纹。

☑ "退出埋头孔"复选框：在孔特征的底面创建埋头孔。孔所在的曲面应垂直于当前的孔特征。

对于标准螺纹孔特征，可以定义如下螺纹特性。

"全螺纹"，创建贯通所有曲面的螺纹。此选项对于"可变"和"穿过下一个"孔以及在"组件"模式下均不可用。

"可变"，创建到达指定深度值的螺纹。可以输入一个值，也可以从最近使用的值中选取。

对于无螺纹的标准孔特征，可以定义孔配合的标准（不单击 按钮，且选孔深度为 ），如图 5-75 所示。

☑ 精密拟合：用于保证零件的精确位置，这些零件装配后必须无明显的运动。

☑ 中级拟合：适合于普通钢质零件或轻型钢材的热压配合。它们可能是用于高级铸铁外部构件的最紧密的配合。此配合仅适用于公制孔。

☑ 自由拟合：专用于精度要求不是很高的场合，或者用于温度变化可能会很大的情况。

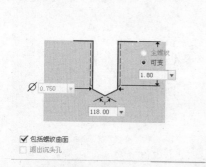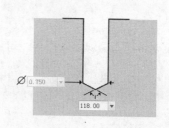

图 5-74 标准螺纹孔特征的"形状"下滑面板　　图 5-75 无螺纹标准孔特征的"形状"下滑面板

（2）"注解"下滑面板。

"注解"下滑面板仅适用于标准孔特征，如图 5-76 所示。该面板用于预览正在创建或重定义的标准孔特征的特征注解。螺纹注释在模型树和图形窗口中显示，而且在打开"注释"下滑面板时，还会出现在嵌入窗口中。

（3）"属性"下滑面板。

用于获得孔特征的一般信息和参数信息，并可以重命名孔特征，如图 5-77 所示。标准孔的"属性"下滑面板比直孔的多了一个参数表。

图 5-76 标准孔的"注释"下滑面板　　图 5-77 标准孔的"属性"下滑面板

3. 创建草绘孔

（1）单击"模型"功能区"工程"面板上的"孔"按钮，系统打开"孔"操控板，并显示"简单孔"的操控板，如图 5-78 所示。

图 5-78　"孔"操控板

（2）单击 ⊔ 按钮，创建直孔。系统会自动默认选取此选项。

（3）从操控板上选取"草绘"选项，系统显示"草绘"孔选项。

（4）在操控板中进行下列操作之一：

☑　单击 按钮，系统打开 OPEN SECTION 对话框（见图 5-79），可以选取现有草绘（.sec）文件。

☑　单击 按钮，进入草图绘制环境，可以创建一个新草绘剖面（草绘轮廓）。在空窗口中草绘并标注草绘剖面。单击"确定"按钮 ✔，系统完成草绘剖面创建并退出草图绘制环境（注意：草绘时要有旋转轴即中心线，它的要求与旋转命令相似）。

（5）如果需要重新定位孔，可将主放置句柄拖到新的位置，或将其捕捉至参考。必要时，可以从"放置"下滑面板的放置"类型"下拉列表框中选取新类型，以此来更改孔的放置类型。

（6）将次放置（偏移）参考句柄拖到相应参考上，以约束孔。

（7）如果要将孔与偏移参考对齐，可从"偏移参考"列表框（在"放置"下滑面板中）中选取该偏移参考，并将"偏移"改为"对齐"，如图 5-80 所示。

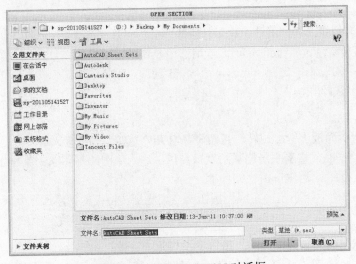

图 5-79　OPEN SECTION 对话框

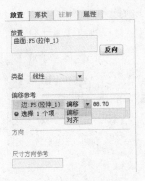

图 5-80　设置对齐方式

> 注意：这只适用于使用"线性"放置类型的孔。
> 孔直径和深度由草绘驱动，"形状"下滑面板仅显示草绘剖面。

5.3.3　实例——活塞

首先利用旋转命令创建活塞的实体特征，然后利用去除材料的方法形成活塞顶部凹坑，并切割出活塞的内部孔及活塞孔，最后加工活塞的群部特征。绘制流程如图 5-81 所示。

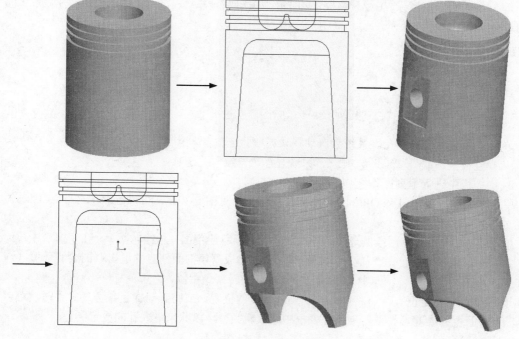

图 5-81　绘制流程

操作步骤：（光盘\动画演示\第 5 章\活塞.avi）

1．创建文件

单击快速访问工具栏中的"新建"按钮，弹出"新建"对话框。在"类型"选项组中选中"零件"单选按钮，在"名称"文本框输入零件名称 huosai.prt。取消选中"使用默认模板"复选框，单击"确定"按钮，弹出"新文件选项"对话框，选择 mmns_part_solid 选项。单击"确定"按钮，创建新的零件文件。

2．创建活塞主体

（1）单击"模型"功能区"形状"面板上的"旋转"按钮，打开"旋转"操控板。

（2）选择 FRONT 平面作为草绘平面，接受系统提供的默认参考，进入草图绘制环境。草绘如图 5-82 所示的截面，单击"确定"按钮，退出草图绘制环境。

（3）在操控板中输入旋转角度为 360°，单击"完成"按钮，完成旋转特征的创建。

3．创建活塞凹坑

（1）单击"模型"功能区"形状"面板上的"旋转"按钮，打开"旋转"操控板。

（2）选择 FRONT 平面作为草绘平面，接受系统提供的默认参考线，绘制如图 5-83 所示的截面，然后单击"确定"按钮，退出草图绘制环境。

（3）单击操控板中的"去除材料"按钮，单击"完成"按钮，生成顶部的凹坑，如图 5-84 所示。

4．创建隔热槽、气环槽、油环槽

（1）单击"模型"功能区"形状"面板上的"旋转"按钮，打开"旋转"操控板。

（2）选择 FRONT 平面作为草绘平面，接受系统提供的默认参考线。草绘隔热槽、气环槽及油环槽的截面，如图 5-85 所示。单击"确定"按钮✔，退出草图绘制环境。

（3）在操控板中输入旋转角度为 360°，并单击"去除材料"按钮◢，然后单击"完成"按钮✔，完成特征创建，如图 5-86 所示。

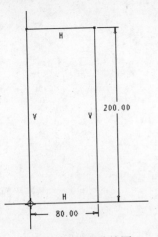

图 5-82　截面草绘图

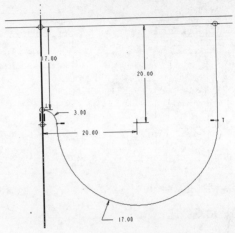

图 5-83　凹坑草绘图

图 5-84　活塞凹坑

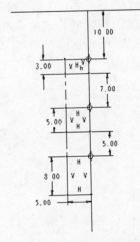

图 5-85　槽截面草绘图

图 5-86　槽实体图

5．创建活塞内部孔

（1）单击"模型"功能区"形状"面板上的"旋转"按钮◈，打开"旋转"操控板。

（2）选择 FRONT 平面作为草绘平面，接受系统提供的默认参考线，进入草图绘制环境。绘制如图 5-87 所示的截面，单击"确定"按钮✔，退出草图绘制环境。

（3）在操控板中输入旋转角度 360°，单击"去除材料"按钮◢，单击"完成"✔按钮，完成实体创建。

6．倒圆角

（1）单击"模型"功能区"工程"面板上的"圆角"按钮➘，打开"倒圆角"操控板。

（2）在操控板的输入圆角半径为 20，选择活塞内部的圆形边线作为参考。单击"完成"按钮✔，生成圆角特征，如图 5-88 所示。

7. 创建基准面

（1）单击"模型"功能区"基准"面板上的"平面"按钮，打开"基准平面"对话框，如图5-89所示。

（2）选择RIGHT平面作为参考，将平移量修改为30，单击"确定"按钮，生成基准平面。

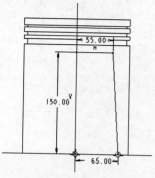

图5-87　活塞孔草绘图

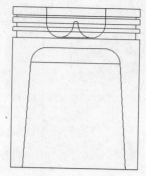

图5-88　倒圆角

图5-89　"基准平面"对话框

8. 创建活塞销座

（1）单击"模型"功能区"形状"面板上的"拉伸"按钮，打开"拉伸"操控板。

（2）选择上步创建的基准平面作为草绘平面，接受系统提供的默认参考线，进入草图绘制环境。绘制如图5-90所示的截面，单击"确定"按钮，退出草图绘制环境。

（3）在操控板中选择拉伸形式为"到下一平面"，单击"完成"按钮，完成特征创建，实体效果如图5-91所示。

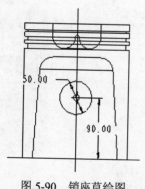

图5-90　销座草绘图

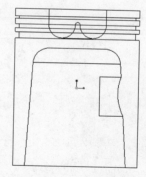

图5-91　实体图

9. 重复步骤7和8，在另一侧创建基准特征

10. 创建活塞孔

（1）单击"模型"功能区"工程"面板上的"孔"按钮，打开"孔"操控板。

（2）单击"放置"按钮，选择RIGHT平面作为主参考，将参考类型定义为同轴，选择活塞销座的轴线作为次参考。

（3）选择孔的类型为"穿透"，孔的直径为30，如图5-92所示。单击"完成"按钮，完成孔特征的创建。

11. 活塞销孔倒角

（1）单击"模型"功能区"工程"面板上的"倒角"按钮，打开"倒角"操控板。

（2）选择销孔的两个端面作为倒角边，选择 D×D 的倒角方式，尺寸修改为 2。单击"完成"按钮 ✔，生成倒角特征。

12. 创建安装端面特征

（1）单击"模型"功能区"形状"面板上的"拉伸"按钮，打开"拉伸"操控板。

（2）选择 FRONT 平面作为草绘平面，接受系统提供的默认参考线，绘制 如图 5-93 所示的草图。单击"确定"按钮 ✔，退出草图绘制环境。

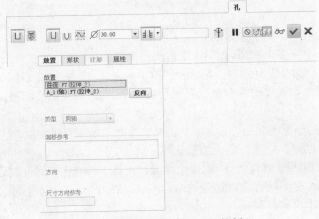

图 5-92 "孔"操控板

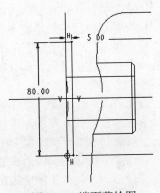

图 5-93 端面草绘图

（3）将拉伸类型选择为"对称"，拉伸深度为 100，单击"去除材料"按钮，单击"完成"按钮 ✔，生成安装端面，如图 5-94 所示。

13. 另一侧安装端面

采用同样的方法完成另一侧安装面的创建。

14. 切割活塞裙部

（1）单击"模型"功能区"形状"面板上的"拉伸"按钮，打开"拉伸"操控板。

（2）选择 FRONT 平面作为草绘平面，接受系统提供的默认参考线，绘制的截面如图 5-95 所示。单击"确定"按钮 ✔，退出草图绘制环境。

（3）在"拉伸"操控板的选项中，将深度都选择为"对称"，输入距离为 200。单击"去除材料"按钮，单击"完成"按钮 ✔，完成裙部草绘。

（4）采用同样的方法切割另一侧活塞裙部，如图 5-96 所示。

图 5-94 端面实体

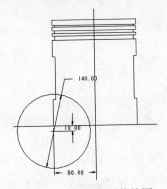
图 5-95 裙部截面草绘图

图 5-96 裙部实体图

15. 倒圆角特征

（1）单击"模型"功能区"工程"面板上的"圆角"按钮，打开"倒圆角"操控板。

（2）选择活塞销座与活塞体的交线作为倒角边，将圆角半径修改为 5。单击"完成"按钮，生成圆角特征，如图 5-81 所示。

5.4　建立抽壳特征

"壳"特征可以将实体内部掏空，只留一个特定壁厚的壳。

抽壳特征可用于指定要从壳移除的一个或多个曲面。如果未选取要移除的曲面，则会创建一个"封闭"壳，将零件的整个内部都掏空，且空心部分没有入口。在这种情况下，可在以后添加必要的切口或孔来获得特定的几何。如果反向厚度侧（如通过输入负值或在对话框中单击），则壳厚度将被添加到零件的外部。

定义壳时，也可选取要在其中指定不同厚度的曲面。可为每个此类曲面指定单独的厚度值。但是，无法为这些曲面输入负的厚度值或反向厚度侧。厚度侧由壳的默认厚度确定。

也可通过在"排除曲面"收集器中指定曲面来排除一个或多个曲面，使其不被壳化。此过程称作部分壳化。要排除多个曲面，请在按住 Ctrl 键的同时选取这些曲面。不过，Creo Parametric 不能壳化同在"排除曲面"收集器中指定的曲面相垂直的材料。

5.4.1　操作步骤精讲

创建壳特征的具体操作步骤如下：

1. 创建空心抽壳

（1）利用"拉伸"命令，创建一个 100×50×20 的长方体，如图 5-97 所示。

（2）单击"模型"功能区"工程"面板上的"抽壳"按钮，系统打开"壳"操控板，如图 5-98 所示。

图 5-97　创建长方体

图 5-98　"壳"操控板

（3）在操控板中输入抽壳厚度为 5，单击"完成"按钮，效果如图 5-99 所示。

2. 创建等距离抽壳

（1）删除前面创建的空心抽壳。

（2）单击"模型"功能区"工程"面板上的"抽壳"按钮，系统打开"壳"操控板。

（3）单击操控板上的"参考"按钮，弹出如图 5-100 所示的下滑面板。

（4）在"移除的曲面"收集器中单击从实体上选取要被移除的曲面，被选取的曲面加亮显示，如图 5-101 所示。

（5）在操控板中单击"完成"按钮✔，完成抽壳操作，效果如图 5-102 所示。

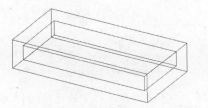

图 5-99　空心抽壳

图 5-100　"参考"下滑面板

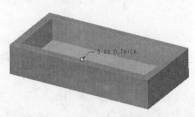

图 5-101　选取要被移除的曲面

图 5-102　抽壳

3．创建不等距离抽壳

（1）删除前面创建的等距离抽壳。

（2）单击"模型"功能区"工程"面板上的"抽壳"按钮◙，系统打开"壳"操控板。

（3）单击"非默认厚度"，按住 Ctrl 键，选取不同壁厚的曲面。被选取的曲面及其壁厚显示在下面的文本框中，如图 5-103 所示。

（4）修改其壁厚为 2、3、4 和 5。单击"完成"按钮✔，完成抽壳操作，效果如图 5-104 所示。

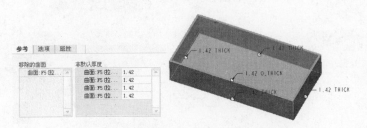

图 5-103　选取曲面

图 5-104　不等距离抽壳

5.4.2　操控板选项介绍

1．"壳"操控板

单击"模型"功能区"工程"面板上的"抽壳"按钮◙，系统打开如图 5-105 所示的"壳"操控板。"壳"操控板包括以下元素。

（1）"厚度"文本框：用来更改默认壳厚度值。可以输入新值，或从下拉列表中选取一个最近使用的值。

（2）╱按钮：用于反向壳的创建侧。

2．下滑面板

"壳"工具提供了下列下滑面板。

（1）"参考"下滑面板。

"参考"下滑面板包含用于"壳"特征中的参考列表框，如图 5-106 所示。

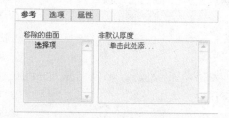

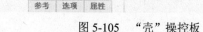

图 5-105 "壳"操控板　　　　　　　　图 5-106 "参考"下滑面板

- ☑ "移除的曲面"列表框：用来选取要移除的曲面。如果未选取任何曲面，则会创建一个"封闭"壳，将零件的整个内部都掏空，且空心部分没有入口。
- ☑ "非默认厚度"列表框：用来选取要在其中指定不同厚度的曲面。可为包括在此列表框中的每个曲面指定单独的厚度值。

（2）"选项"下滑面板。

"选项"下滑面板包含用于从"壳"特征中排除曲面的选项，如图 5-107 所示。

- ☑ "排除的曲面"列表框：用来选取一个或多个要从壳中排除的曲面。如果未选取任何要排除的曲面，则将壳作为整个零件。
- ☑ "细节"按钮：打开用来添加或移除曲面的"曲面集"对话框，如图 5-108 所示。

🔊 注意：通过"壳"用户界面访问"曲面集"对话框时不能选取面组曲面。

- ☑ "延伸内部曲面"单选按钮：在壳特征的内部曲面上形成一个盖。
- ☑ "延伸排除的曲面"单选按钮：在壳特征的排除曲面上形成一个盖。

（3）"属性"下滑面板。

"属性"下滑面板包含特征名称和用于访问特征信息的图标，如图 5-109 所示。

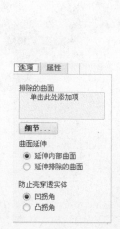

图 5-107 "选项"下滑面板　　　图 5-108 "曲面集"对话框　　　图 5-109 "属性"下滑面板

5.4.3 实例——电饭煲锅体

首先绘制锅体的截面草图，并通过旋转操作创建锅体，然后通过插入壳特征得到薄壁，最后通过拉伸切除在锅底创建锅底洞特征，最终形成模型。绘制流程如图 5-110 所示。

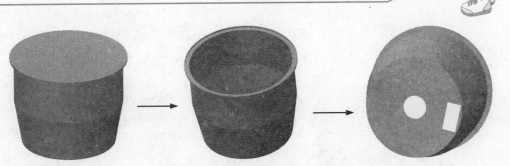

图 5-110　绘制流程

操作步骤：（光盘\动画演示\第 5 章\电饭煲锅体.avi）

1. 新建模型

单击快速访问工具栏中的"新建"按钮 🗋，系统打开"新建"对话框。在"类型"选项组中选中"零件"单选按钮，在"子类型"选项组中选中"实体"单选按钮，在"名称"文本框中输入零件名称 guoti.prt，其他选项接受系统默认设置。单击"确定"按钮，创建一个新的零件文件。

2. 旋转锅体实体

（1）单击"模型"功能区"形状"面板上的"旋转"按钮 ⊕，在打开的"旋转"操控板中依次单击"放置"→"定义"按钮，系统打开"草绘"对话框。选取基准平面 TOP 作为草绘平面，单击"草绘"按钮，进入草图绘制环境。

（2）单击"草绘"功能区"基准"面板上的"中心线"按钮 ⋮，绘制一条竖直中心线。单击"草绘"功能区"草绘"面板上的"线"按钮 ↗，绘制图 5-111 所示的截面并修改尺寸。单击"确定"按钮 ✓，退出草图绘制环境。

（3）在操控板中设置旋转方式为"指定" ⊥，设定旋转角度为 360°。

（4）单击操控板中的"完成"按钮 ✓，完成锅体实体的旋转，如图 5-112 所示。

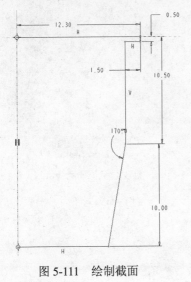

图 5-111　绘制截面

图 5-112　创建旋转体

3. 创建锅体壳特征

（1）单击"模型"功能区"工程"面板上的"抽壳"按钮 ▣，弹出"壳"操控板。

（2）选取如图 5-113 所示的旋转体上表面，选定的曲面将从零件上去除。

（3）在操控板中设定壁厚为 0.2，单击操控板中的"完成"按钮✔，完成锅体壳特征的创建，如图 5-114 所示。

图 5-113　预览特征

图 5-114　创建抽壳特征

4．切除锅底洞

（1）单击"模型"功能区"形状"面板上的"拉伸"按钮，在打开的"拉伸"操控板中依次单击"放置"→"定义"按钮，系统打开"草绘"对话框。选取锅体内表面的底面作为草绘平面，单击"草绘"按钮，进入草图绘制环境。

（2）单击"草绘"功能区"草绘"面板上的"线"按钮和"圆心和点"按钮○，绘制如图 5-115 所示的草图并修改尺寸。

（3）在操控板中设置拉伸方式为"盲孔"，然后单击"去除材料"按钮。

（4）单击操控板中的"完成"按钮✔，完成锅底洞特征的创建，如图 5-116 所示。

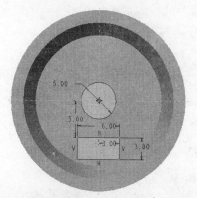

图 5-115　绘制草图

图 5-116　锅底洞特征

注意：在选择抽壳平面的时候，如果要选择两个或两个以上的平面，按住 Ctrl 键，然后选择需要删除的平面就可以完成平面的选择。

5.5　建立筋特征

筋特征是连接到实体曲面的薄翼或腹板伸出项。筋通常用来加固设计中的零件，防止出现不需要的折弯。利用筋工具可以快速开发简单的或复杂的筋特征。

5.5.1　轮廓筋的创建步骤

创建轮廓筋特征的具体操作步骤如下：

（1）利用"拉伸"命令在 FRONT 基准面上创建如图 5-117 所示的模型，使其两侧对称。

图 5-117　原始模型

（2）单击"模型"功能区"工程"面板上的"轮廓筋"按钮，系统打开"轮廓筋"操控板，如图 5-118 所示。

（3）单击操控板上的"参考"按钮，弹出如图 5-119 所示的下滑面板。

图 5-118　"轮廓筋"操控板

图 5-119　"参考"下滑面板

（4）单击"定义"按钮，在弹出的"草绘"对话框中单击"平面"选项，然后选取 FRONT 作为草绘平面，进入草图绘制环境。

（5）单击"显示"工具栏中的"草绘视图"按钮，使 FRONT 基准平面正视于界面，绘制图 5-120 所示的截面。单击"确定"按钮，退出草图绘制环境。

（6）此时，筋方向如图 5-121 所示。单击"参考"下滑面板中的"反向"按钮，效果如图 5-122 所示。

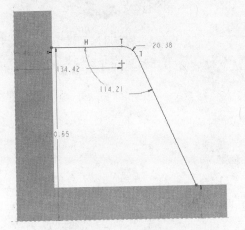

图 5-120　草绘截面

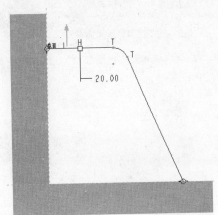

图 5-121　系统默认筋方向

（7）单击操控板上的按钮，设置筋的厚度。单击"完成"按钮，完成筋特征的创建，效果如图 5-123 所示。

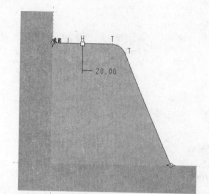

图 5-122　调整方向

图 5-123　筋特征

5.5.2　轨迹筋创建步骤

创建轨迹筋特征的具体操作步骤如下：

（1）利用"拉伸"命令在 FRONT 基准面上创建图 5-124 所示的模型。

（2）单击"模型"功能区"基准"面板上的"平面"按钮，弹出"基准平面"对话框，创建与 TOP 偏移的基准面如图 5-125 所示。

图 5-124　原始模型

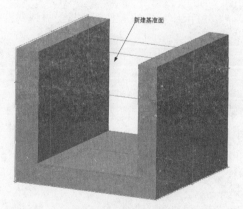

图 5-125　创建基准平面

（3）单击"模型"功能区"工程"面板上的"轨迹筋"按钮，系统打开"轨迹筋"操控板，如图 5-126 所示。

图 5-126　"轨迹筋"操控板

（4）单击操控板上的"放置"按钮，弹出"放置"下滑面板。

（5）单击"定义"按钮，在弹出的"草绘"对话框中单击"平面"选项，然后选取第 2 步创建的 DATM1 作为草绘平面，进入草图绘制环境。

（6）绘制如图 5-127 所示的截面，注意绘制的截面要与实体相交。单击"确定"按钮 ✔，退出草图绘制环境。

（7）在操控板上的 文本框中输入厚度为 20，然后单击控制区的"预览"按钮 ∞，进行特征预览，如图 5-128 所示。

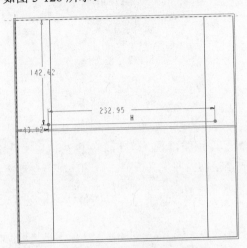

图 5-127　绘制截面

图 5-128　预览特征

（8）单击控制区的 ▶ 按钮，即可回到零件模型，继续对模型进行修改。单击"添加拔模"按钮 ⚐，并单击控制区的"预览"按钮 ∞，进行特征预览，如图 5-129 所示。

（9）单击控制区的 ▶ 按钮即可回到零件模型，继续对模型进行修改。单击"在内部边上添加倒圆角"按钮 ⚑，单击"形状"按钮，打开"形状"下滑面板，更改为图 5-130 所示的尺寸。单击控制区的"预览"按钮 ∞，进行特征预览，如图 5-131 所示。

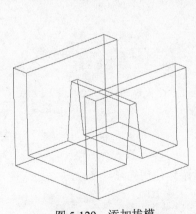

图 5-129　添加拔模

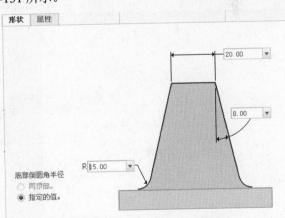

图 5-130　"形状"下滑面板

（10）单击控制区的 ▶ 按钮，即可回到零件模型，继续对模型进行修改，然后单击"在暴露边上添加倒圆角"按钮 ⚐。

（11）单击"完成"按钮 ✔，完成轨迹筋特征的创建，效果如图 5-132 所示。

图 5-131　预览圆角特征

图 5-132　轨迹筋

5.5.3　操控板选项介绍

在任意情况下，指定筋的草绘后，即对草绘的有效性进行检查，如果有效，则将其放置在列表框中。参考列表框一次只接受一个有效的筋草绘。指定"筋"特征的有效草绘后，在图形窗口中会出现预览几何。可在图形窗口、对话框或在这两者的组合中直接操纵并定义模型。预览几何会自动更新，以反映所做的任何修改。

1. "轮廓筋"操控板

单击"模型"功能区"工程"面板上的"轮廓筋"按钮🔲，系统打开如图 5-133 所示的"轮廓筋"操控板。

"轮廓筋"操控板包括以下元素。

（1）"厚度"文本框：用来控制筋特征的材料厚度，其中包含最近使用的尺寸值。

（2）🔲按钮：用来切换筋特征的厚度侧。单击该按钮，可以从一侧循环到另一侧，然后关于草绘平面对称。

2. "轨迹筋"操控板

单击"模型"功能区"工程"面板上的"轨迹筋"按钮🔲，系统打开如图 5-134 所示的"轨迹筋"操控板。

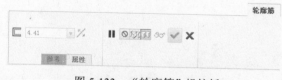

图 5-133　"轮廓筋"操控板

图 5-134　"轨迹筋"操控板

"轨迹筋"操控板包括以下元素。

（1）🔲按钮：用来切换轨迹筋特征的拉伸方向。

（2）🔲4.60🔲按钮：控制筋特征的材料厚度。文本框中包含最近使用的尺寸值。

（3）🔲按钮：添加拔模特征。

（4）🔲按钮：在筋内部边上添加倒圆角。

（5）🔲按钮：在筋的暴露边上添加圆角边。

3. 下滑面板

"筋"工具提供了下列下滑面板。

（1）"参考"下滑面板：包含有关筋特征参考的信息并允许对其进行修改，如图 5-135 所示。

☑　"草绘"列表框：包含为筋特征选定的有效草绘特征参考。可以使用快捷菜单（指针位于列表框中）中的"移除"命令来移除草绘参考。草绘列表框每次只能包含一个筋特征草绘。

☑　"反向"按钮：可用来切换筋特征草绘的材料方向。单击该按钮可以改变方向箭头的指向。

（2）"形状"下滑面板：包含有关筋特征的形状和参数，如图 5-136 所示。

（3）"属性"下滑面板：可用来获取筋特征的信息并允许重命名筋特征，如图 5-137 所示。

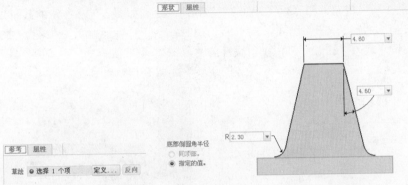

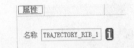

图 5-135　"参考"下滑面板　　　　图 5-136　"形状"下滑面板　　　　图 5-137　"属性"下滑面板

5.5.4　实例——电饭煲底座实体

首先绘制底座的截面草图，并通过旋转操作创建底座，拉伸插座口；然后创建底座的壳，拉伸小突台和连线口；最后创建加强筋并通过阵列得到所有加强筋，拉伸底脚并阵列，最终形成模型。绘制流程如图 5-138 所示。

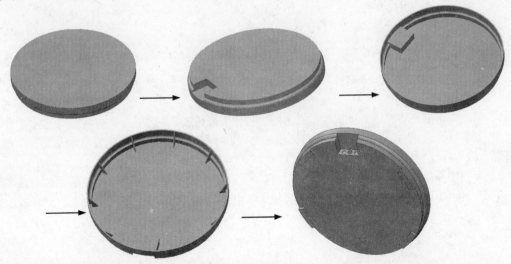

图 5-138　绘制流程

操作步骤：（光盘\动画演示\第 5 章\电饭煲底座实体.avi）

1. 新建模型

单击快速访问工具栏中的"新建"按钮，系统打开"新建"对话框。在"类型"选项组中选中"零件"单选按钮，在"子类型"选项组中选中"实体"单选按钮，在"名称"文本框中输入零件名称 dizuoshiti.prt，其他选项接受系统默认设置。单击"确定"按钮，创建一个新的零件文件。

2．旋转底座基体

（1）单击"模型"功能区"形状"面板上的"旋转"按钮 ，在打开的"旋转"操控中依次单击 "放置"→"定义"按钮，系统打开"草绘"对话框。选取 TOP 基准平面作为草绘平面，单击"草绘"按钮，进入草图绘制环境。

（2）单击"草绘"功能区"基准"面板上的"中心线"按钮 ，绘制一条竖直中心线。单击"草绘"功能区"草绘"面板上的"线"按钮 和"3 点相切端"按钮 ，绘制如图 5-139 所示的截面并修改尺寸。单击"确定"按钮 ，退出草图绘制环境。

（3）在操控板中设置旋转方式为"盲孔" ，设定旋转角度为 360°。

（4）单击操控板中的"完成"按钮 ，完成底座基体的旋转，如图 5-140 所示。

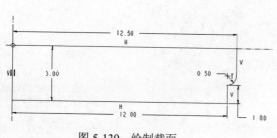

图 5-139　绘制截面

图 5-140　创建旋转体

3．创建偏移基准平面

（1）单击"模型"功能区"基准"面板上的"平面"按钮 ，弹出"基准平面"对话框。

（2）选择 RIGHT 基准平面作为偏移平面，设置偏移类型为约束，偏移值为 13，效果如图 5-141 所示。如果偏移方向是相反方向，输入负值即可。

（3）单击"基准平面"对话框中的"确定"按钮。

注意：在绘图区和"模型树"选项卡中添加了基准平面 DTM1。系统按一定顺序命名基准平面，第一个为 DTM1。

4．拉伸插座口

（1）单击"模型"功能区"形状"面板上的"拉伸"按钮 ，在"拉伸"操控板中依次单击"放置"→"定义"按钮，系统打开"草绘"对话框。选取刚刚创建的基准平面作为草绘平面，单击"草绘"按钮，进入草图绘制环境。

（2）单击"草绘"功能区"草绘"面板上的"矩形"按钮 ，绘制图 5-142 所示的截面并修改尺寸。单击"确定"按钮 ，退出草图绘制环境。

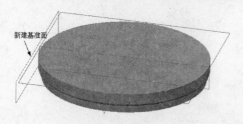

图 5-141　创建基准平面

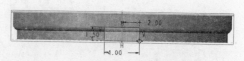

图 5-142　绘制截面

（3）在操控板中设置拉伸方式为"盲孔" ，设定拉伸深度值为 4，然后单击"去除材料"按钮 。

（4）单击操控板中的"完成"按钮 ✓，完成插座口特征的创建，如图 5-143 所示。

5. 创建底座壳特征

（1）单击"模型"功能区"工程"面板上的"抽壳"按钮 ⬚，弹出"壳"操控板。

（2）选择如图 5-144 所示的旋转体上表面，选定的曲面将从零件上去掉。

图 5-143 插座口

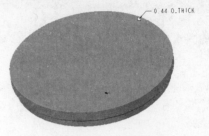

图 5-144 选择平面

（3）在操控板中设定壁厚值为 0.2，单击操控板中的"完成"按钮 ✓，完成底座壳特征的创建，如图 5-145 所示。

6. 拉伸小突台

（1）单击"模型"功能区"形状"面板上的"拉伸"按钮 ⬚，在打开的"拉伸"操控板中依次单击"放置"→"定义"按钮，系统打开"草绘"对话框。选取如图 5-146 所示的平面作为草绘平面，单击"草绘"按钮，进入草图绘制环境。

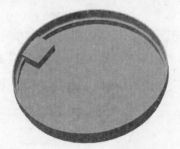

图 5-145 抽壳特征

图 5-146 选择草绘平面

（2）单击"草绘"功能区"草绘"面板上的"圆心和点"按钮 ○，绘制图 5-147 所示的圆。

（3）在操控板中设置拉伸方式为"盲孔" ⬚，设定拉伸深度值为 0.5。单击操控板中的"完成"按钮 ✓，完成小凸台特征的创建，如图 5-148 所示。

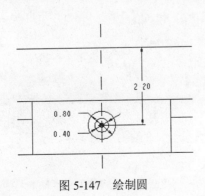

图 5-147 绘制圆

图 5-148 创建小凸台

Note

7. 拉伸连线口

（1）单击"模型"功能区"形状"面板上的"拉伸"按钮 📄，在打开的"拉伸"操控板中依次单击"放置"→"定义"按钮，系统打开"草绘"对话框。选取图 5-148 所示的平面作为草绘平面，单击"草绘"按钮，进入草绘环境。

（2）单击"草绘"功能区"草绘"面板上的"矩形"按钮 □，绘制如图 5-149 所示的矩形。

（3）在操控板中设置拉伸方式为"盲孔" 📙，设定拉伸深度值为 0.5，然后单击"去除材料"按钮 ✂，如图 5-150 所示。单击操控板中的"完成"按钮 ✔，完成连线口特征的创建。

8. 创建加强筋

（1）单击"模型"功能区"工程"面板上的"轮廓筋"按钮 ⬀，在打开的"轮廓筋"操控板中依次单击"参考"→"定义"按钮。选取 TOP 基准平面作为草绘平面，单击"草绘"按钮，进入草图绘制环境。

（2）单击"草绘"功能区"草绘"面板上的"线"按钮 ⬈，绘制一条从上端内壁到下端内壁的直线并修改尺寸，如图 5-151 所示。单击"确定"按钮 ✔，退出草图绘制环境。

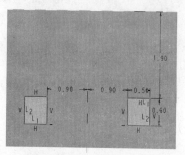

图 5-149　绘制矩形

图 5-150　生成特征

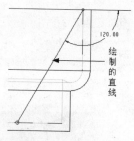

图 5-151　绘制直线

（3）在操控板中设定筋厚度值为 0.2，然后单击操控板中的"参考"→"反向"按钮，调整筋的拉伸方向，如图 5-152 所示。

（4）单击操控板中的"完成"按钮 ✔，完成加强筋特征的创建。

9. 阵列加强筋

（1）在"模型树"选项卡中选择前面创建的筋特征。

（2）单击"模型"功能区"编辑"面板上的"阵列"按钮 ▦，打开"阵列"操控板，如图 5-153 所示。设置阵列类型为轴，在模型中选取轴 A_1。在操控板中设定阵列个数为 10，尺寸值为 36，如图 5-154 所示。

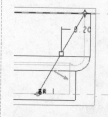

图 5-152　材料方向

图 5-153　"阵列"操控板

（3）单击操控板中的"完成"按钮 ✔，完成阵列加强筋特征的创建，如图 5-155 所示。

10. 拉伸底脚

（1）单击"模型"功能区"形状"面板上的"拉伸"按钮 📄，在打开的"拉伸"操控板中依次单击"放置"→"定义"按钮，系统打开"草绘"对话框。选取如图 5-156 所示的平面作为草绘平面，单击"草绘"按钮，进入草图绘制环境。

（2）单击"草绘"功能区"草绘"面板上的"线"按钮✓、"圆心和点"按钮◯以及镜像按钮⑩，绘制如图 5-157 所示的草图并修改尺寸。

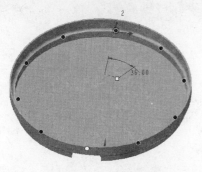

图 5-154 阵列位置

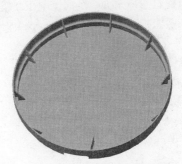

图 5-155 加强筋

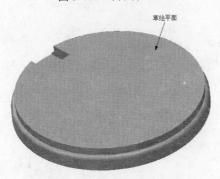

图 5-156 选择草绘平面

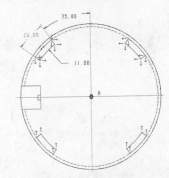

图 5-157 绘制草图

（3）在操控板中设置拉伸方式为"盲孔"⊥，设定拉伸深度值为 0.50。单击操控板中的"完成"按钮✓，完成底脚特征的创建，如图 5-158 所示。

图 5-158 创建底脚

5.6 建立拔模特征

拔模特征将向单独曲面或一系列曲面中添加一个介于-30°和+30°之间的拔模角度。仅当曲面是由列表圆柱面或平面形成时，才可拔模。曲面边的边界周围有圆角时不能拔模，不过，可以先拔模，然后再对边进行圆角过渡。

对于拔模，系统使用以下术语。

（1）拔模曲面：要拔模的模型的曲面。

（2）拔模枢轴：曲面围绕其旋转的拔模曲面上的线或曲线（也称作中立曲线）。

可以通过选取平面（在此情况下，拔模曲面围绕它们与此平面的交线旋转）或选取拔模曲面上的单个曲线链来定义拔模枢轴。

（3）拖动方向（也称作拔模方向）：用于测量拔模角度的方向，通常为模具开模的方向。

可以通过选取平面（在这种情况下，拖动方向垂直于此平面）、直边、基准轴或坐标系的轴来定义它。

（4）拔模角度：拔模方向与生成的拔模曲面之间的角度。

如果拔模曲面被分割，则可以为拔模曲面的每侧定义两个独立的角度。拔模角度必须在－30°～+30°之间。

5.6.1 操作步骤精讲

操作步骤如下：

（1）利用"拉伸"命令创建一个 100×50×20 的长方体，如图 5-159 所示。

（2）单击"模型"功能区"工程"面板上的"拔模"按钮，弹出"拔模"操控板，如图 5-160 所示。

图 5-159 创建长方体

图 5-160 "拔模"操控板

（3）单击拔模枢轴后的收集器，然后在模型中选取如图 5-161 所示的平面定义拔模枢轴。

（4）单击拖动方向后的收集器，然后在模型中选取如图 5-162 所示的平面定义拔模角度的测量方向。此时会出现一个箭头指示测量方向，可以单击按钮，改变拖动方向。

图 5-161 定义拔模枢轴的平面

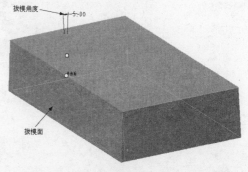

图 5-162 定义拔模角度的测量方向平面

（5）在按钮后的文本框中输入拔模角度 10，单击该文本框后的按钮，可以使拔模角度反向。

（6）单击操控板上的"参考"按钮，在弹出的下滑面板中单击的"拔模曲面"收集器后，在模型上选取定义拔模枢轴的平面另一侧的平行平面作为拔模曲面。

（7）单击"完成"按钮 ✔，完成拔模特征的创建，效果如图 5-163 所示。

图 5-163　拔模特征

5.6.2　操控板选项介绍

拔模曲面可以按拔模曲面上的拔模枢轴或不同的曲线进行分割，如与面组或草绘曲线的交线。如果使用不在拔模曲面上的草绘分割，系统会以垂直于草绘平面的方向将其投影到拔模曲面上。如果拔模曲面被分割，则可以：

☑　为拔模曲面的每一侧指定两个独立的拔模角度。

☑　指定一个拔模角度，第二侧以相反方向拔模。

☑　仅拔模曲面的一侧（两侧均可），另一侧仍位于中性位置。

1．"拔模"操控板

单击"模型"功能区"工程"面板上的"拔模"按钮 ，系统打开如图 5-164 所示的"拔模"操控板。

图 5-164　"拔模"操控板

"拔模"操控板包括以下元素。

☑　"拔模枢轴"列表框：用来指定拔模曲面上的中性直线或曲线，即曲面绕其旋转的直线或曲线。单击列表框可将其激活。最多可以选取两个平面或曲线链。要选取第二枢轴，必须先用分割对象分割拔模曲面。

☑　"拖动方向"列表框：用来指定测量拔模角所用的方向。单击列表框可将其激活。可以选取平面、直边或基准轴、两点（如基准点或模型顶点）或坐标系。

☑　"反转拖动方向"按钮 ：用来反转拖动方向（由黄色箭头指示）。

对于具有独立拔模侧的"分割拔模"，该对话框包含第二"角度"组合框和"反转角度"图标，以控制第二侧的拔模角度。

2．下滑面板

"拔模"工具提供了下列下滑面板。

（1）"参考"下滑面板：包含在拔模特征和分割选项中使用的参考列表框，如图 5-165 所示。

（2）"分割"下滑面板：包含分割选项，如图 5-166 所示。

图 5-165　"参考"下滑面板　　　　　　　　　图 5-166　"分割"下滑面板

（3）"角度"下滑面板：包含拔模角度值及其位置的列表，如图 5-167 所示。

（4）"选项"下滑面板：包含定义拔模几何的选项，如图 5-168 所示。

（5）"属性"下滑面板：包含特征名称和用于访问特征信息的图标，如图 5-169 所示。

图 5-167　"角度"下滑面板　　　　图 5-168　"选项"下滑面板　　图 5-169　"属性"下滑面板

5.7　综合实例——机座

首先创建机座的底座和立板，然后在立板上创建凸台孔，再在底座上创建沉头孔，创建底座与立板之间的加强肋，最后在需要的边缘创建倒角及圆角特征。绘制流程如图 5-170 所示。

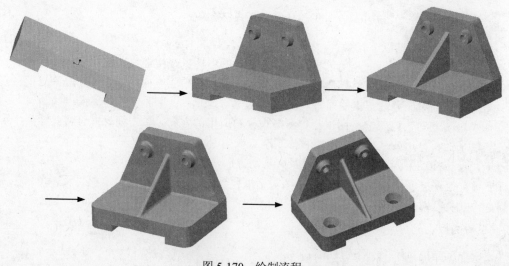

图 5-170　绘制流程

操作步骤：（光盘\动画演示\第 5 章\机座.avi）

5.7.1 创建底座

1. 新建文件

单击快速访问工具栏中的"新建"按钮，弹出"新建"对话框。在"类型"选项组中选中"零件"单选按钮，在"名称"文本框内输入零件名称 jizuo.prt。单击"确定"按钮，弹出"新文件选项"对话框，选择 mmns_part_solid 选项。单击"确定"按钮，进入草图绘制环境。

2. 拉伸实体

（1）单击"模型"功能区"形状"面板上的"拉伸"按钮，弹出"拉伸"操控板。

（2）单击"放置"→"定义"按钮，系统打开"草绘"对话框。选择 FRONT 为草绘平面，其他选项为系统默认。单击"草绘"按钮，进入草图绘制环境。

（3）绘制如图 5-171 所示的草绘截面，然后单击"确定"按钮，退出草图绘制环境。

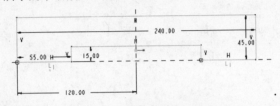

图 5-171 底座的草绘截面

（4）在操控板中单击"盲孔"按钮，在其后的文本框中输入拉伸值为 160，如图 5-172 所示，然后单击"完成"按钮，完成拉伸特征的创建，底座的效果如图 5-173 所示。

图 5-172 输入拉深深度值　　　　　　　图 5-173 底座效果图

5.7.2 创建立板

1. 创建基准平面

（1）单击"模型"功能区"基准"面板上的"平面"按钮，弹出"基准平面"对话框，如图 5-174 所示。

（2）选择 FRONT 平面，在"平移"文本框中输入偏移值为 160。单击"确定"按钮，创建 DTM1 基准平面。

2. 创建拉伸体

（1）单击"模型"功能区"形状"面板上的"拉伸"按钮，弹出"拉伸"操控板。

（2）依次单击"放置"→"定义"按钮，弹出"草绘"对话框。在该对话框中选定面 DTM1 为绘图平面，其他选项为系统默认，如图 5-175 所示；单击"草绘"按钮，进入草图绘制环境。

（3）系统打开"参考"对话框，选择参考为系统默认，即直接单击"关闭"按钮，进入草图绘制环境。

（4）绘制如图 5-176 所示的草图，单击"确定"按钮✓，退出草图绘制环境。

在草绘过程中，注意各种技巧的使用。在本例中，截面特征轴对称，可以采用镜像的功能创建，而底边同已创建的模型边重合，单击"草绘"功能区"草绘"面板上的"投影"按钮▢。

（5）在操控板中单击"盲孔"按钮▨，在其后的文本框中输入拉伸值为 30，然后单击"反向"按钮↗，单击"完成"按钮✓，完成拉伸特征，立板的绘制效果如图 5-177 所示。

图 5-174 "基准平面"对话框

图 5-175 "草绘"对话框

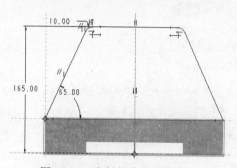

图 5-176 立板的草绘截面图

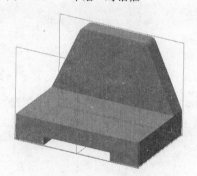

图 5-177 立板效果图

5.7.3 创建凸台

（1）单击"模型"功能区"形状"面板上的"拉伸"按钮，弹出"拉伸"操控板。

（2）依次单击"放置"→"定义"按钮，系统打开"草绘"对话框。选择立板前面为绘图平面，其他选项为系统默。单击"草绘"按钮，进入草图绘制环境。

（3）绘制如图 5-178 所示的草绘截面，单击"确定"按钮✓，退出草图绘制环境。

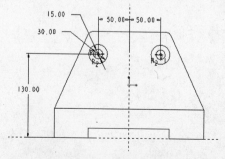

图 5-178 凸台的草绘截面

（4）在操控板中单击"盲孔"按钮▨，在其后的文本框中输入拉伸值为 15。单击"完成"✓按钮，完成凸台绘制，如图 5-179 所示。

图 5-179 凸台及凸台孔完成图

5.7.4 创建肋板特征

（1）单击"模型"功能区"工程"面板上的"轮廓筋"按钮，弹出"轮廓筋"操控板。

（2）依次单击"参考"→"定义"，选择 RIGHT 平面作为草绘平面，绘制如图 5-180 所示的筋特征截面。单击"确定"按钮，退出草图绘制环境。

（3）在操控板中输入厚度为 10，单击"完成"按钮，完成筋特征的创建，如图 5-181 所示。

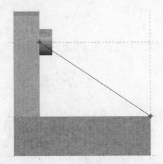

图 5-180 筋截面草绘图

图 5-181 筋特征

5.7.5 创建圆角

1. 基座底座圆角

（1）单击"模型"功能区"工程"面板上的"倒圆角"按钮，弹出"倒圆角"操控板。

（2）选取需要倒圆角的边线，如图 5-182 所示。

（3）在操控板中输入半径值为 20，单击"完成"按钮，完成倒圆角特征的创建，如图 5-183 所示。

图 5-182 选择倒圆角线

图 5-183 选择倒圆角线

2．肋板与立板交线圆角

（1）单击"模型"功能区"工程"面板上的"倒圆角"按钮 🖎，弹出"倒圆角"操控板。

（2）按住 Ctrl 键依次选定肋板与立板相交的三条边，如图 5-184 所示。

（3）在操控板中输入半径值为 5，单击"完成"按钮 ✅，完成肋板与立板交线圆角，如图 5-185 所示。

图 5-184　选择倒角边　　　　　　　　　　　图 5-185　肋板与立板交线圆角

3．肋板圆角

（1）单击"模型"功能区"工程"面板上的"倒圆角"按钮 🖎，弹出"倒圆角"操控板。

（2）选取需要倒圆角的两条边，如图 5-186 所示。

（3）在操控板中输入半径值为 5，单击"完成"按钮 ✅，完成肋板圆角，如图 5-187 所示。

图 5-186　选择倒角边　　　　　　　　　　　图 5-187　肋板圆角图

4．三角筋和立板与底座交线圆角

（1）单击"模型"功能区"工程"面板上的"倒圆角"按钮 🖎，弹出"倒圆角"操控板。

（2）选定三角筋和立板与底座交线作为倒圆角的边，如图 5-188 所示。

（3）在操控板中输入半径值为 5，单击"完成"按钮 ✅，完成三角筋和立板与底座一侧交线圆角，效果如图 5-189 所示。

图 5-188　选择倒角边　　　　　　　　　　　图 5-189　三角筋和立板与底座交线圆角

5. 凸台与立板交线圆角

（1）单击"模型"功能区"工程"面板上的"倒圆角"按钮 ，弹出"倒圆角"操控板。

（2）选定凸台与立板交线作为倒圆角的边，如图 5-190 所示。

（3）在操控板中输入半径值为 5，单击"完成"按钮 ，完成凸台与立板交线圆角，如图 5-191 所示。

图 5-190 选择倒角边

图 5-191 凸台与立板交线圆角

5.7.6 创建圆孔与沉孔

1. 创建孔特征

（1）单击"模型"功能区"工程"面板上的"孔"按钮 ，弹出"孔"操控板。

（2）选择"放置"按钮，弹出"放置"下滑面板。按 Ctrl 键，选取立板平面和凸台的轴线，完成孔的定位。

（3）在操控板中输入孔的直径为 15，单击"完成"按钮 ，完成孔特征的创建。

（4）用相同的方法创建另一边的孔，如图 5-192 所示。

2. 创建沉头孔特征

（1）单击"模型"功能区"基准"面板上的"平面"按钮 ，弹出"基准平面"对话框。选择 FRONT 平面作为基准平面，输入偏移量为 40。单击"确定"按钮，完成新的基准面 DTM2 的创建。

（2）单击"模型"功能区"形状"面板上的"旋转"按钮 ，弹出"旋转"操控板。

（3）选择草绘平面为新建的 DTM2，草绘的旋转截面如图 5-193 所示。单击"确定"按钮 ，退出草图绘制环境。

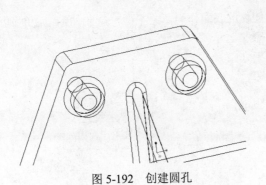

图 5-192 创建圆孔

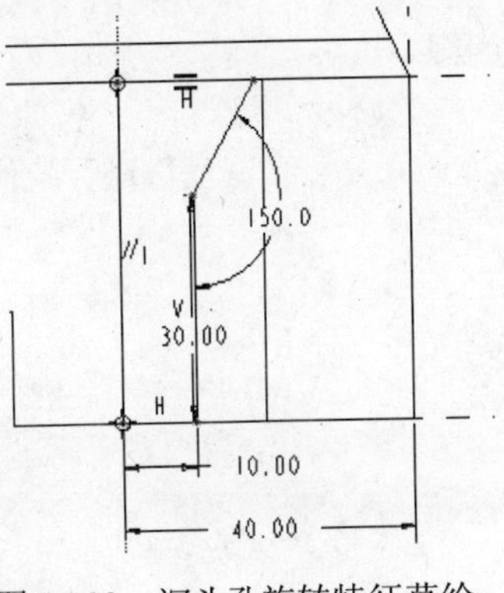

图 5-193 沉头孔旋转特征草绘

（4）在操控板中单击"去除材料"按钮 ，单击"完成"按钮 ，完成特征创建，如图 5-194

所示。

（5）重复步骤（2）～（4），在另一侧创建沉头孔，效果如图 5-195 所示。

图 5-194　创建一侧孔

图 5-195　创建另一侧孔

5.8　实践与练习

通过前面的学习，读者对本章知识也有了大体的了解。本节通过两个操作练习，使读者进一步掌握本章的知识要点。

1. 绘制如图 5-196 所示的手柄。

操作提示：

（1）拉伸杆。利用"拉伸"命令，选择基准平面 FRONT 作为草绘平面，绘制如图 5-197 所示的截面。选择"对称"选项，输入 6.00 作为可变深度值。

图 5-196　手柄

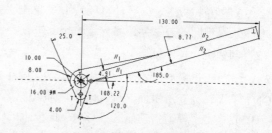

图 5-197　绘制草图

（2）拉伸配合环。利用"拉伸"命令，选择基准平面 FRONT 作为草绘平面，绘制如图 5-198 所示的圆。选择"对称"选项，输入深度为 12。

（3）拉伸杆尾。利用"拉伸"命令，选择拉伸体的底面作为草绘平面，绘制如图 5-199 所示的圆，以 10.0 为可变深度值进行拉伸。

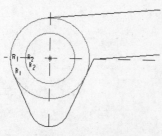

图 5-198　绘制草图

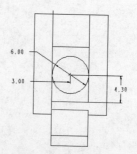

图 5-199　预览特征

（4）创建倒圆角特征。利用"倒圆角"命令，按住 Ctrl 键，在拉伸特征四周选择十三条边，如图 5-200 所示，然后输入 2.00 作为圆角的半径。

2．绘制如图 5-201 所示的阀体。

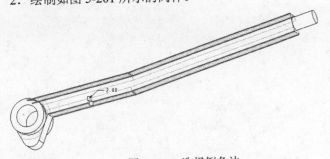

图 5-200　选择倒角边

图 5-201　阀体

操作提示：

（1）拉伸创建基体。利用"拉伸"命令，选择基准平面 FRONT 作为草绘平面，绘制如图 5-202 所示的截面图，输入可变深度值为 120。

（2）创建圆台。利用"拉伸"命令，选择基准面 RIGHT 作为草绘平面，绘制如图 5-203 所示的圆，输入可变深度值为 56。

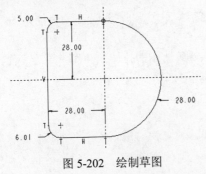

图 5-202　绘制草图

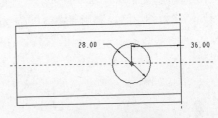

图 5-203　绘制草图

（3）创建凸台。利用"拉伸"命令，选择基准面 RIGHT 作为草绘平面，绘制如图 5-204 所示的草图，输入可变深度值为 56。注意，这次拉伸方向与上次不同。

（4）创建筋。利用"轮廓筋"命令，选择基准平面 TOP 作为草绘平面，绘制如图 5-205 所示的草图，输入 5.00 作为筋的厚度。

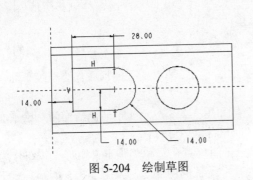

图 5-204　绘制草图

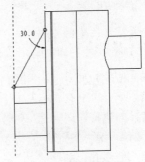

图 5-205　绘制草图

（5）创建孔。利用"旋转"命令，选择基准平面 TOP 作为草绘平面，绘制如图 5-206 所示的截面。输入旋转的变量角为360°，单击"切除材料"按钮⬛。

（6）创建孔 1。利用"孔"命令，选中操控板上"直孔"和"简单"按钮作为孔类型⬛，输入孔的直径 16.00。选择"到选定的"作为深度选项⬛。选择如图 5-207 所示的旋转切除的内表面，选择前面创建拉伸体的轴和顶面作为放置位置。

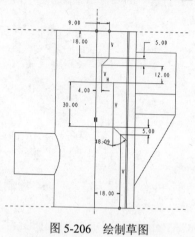

图 5-206　绘制草图

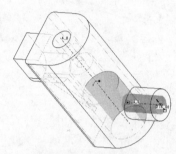

图 5-207　选择曲面

（7）创建基准轴。利用"轴"命令，在如图 5-208 所示的位置选择拉伸特征。

（8）创建孔 2。利用"孔"命令，创建"直孔"和"简单"类型孔，设置孔的直径为 16。选定如图 5-209 所示的旋转切除的内表面作为拉伸到的深度。

（9）创建拉伸切除。利用"拉伸"命令，选择如图 5-209 所示的拉伸顶面作为草绘平面，绘制如图 5-210 所示的圆弧。单击"切减材料"按钮⬛，输入深度为 20。

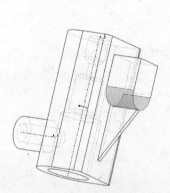

图 5-208　选择拉伸特征

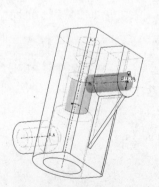

图 5-209　选择曲面

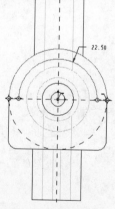

图 5-210　绘制草图

（10）创建拉伸特征。利用"拉伸"命令，选择如图 5-211 所示的拉伸顶面作为草绘平面，绘制如图 5-212 所示的矩形，输入可变深度为 40。

（11）创建拉伸切除 2。利用"拉伸"命令，选择如图 5-213 所示的拉伸侧面作为草绘平面，绘制如图 5-214 所示的矩形。选择"穿透"按钮⬛和"切除材料"按钮⬛。

（12）创建孔。利用"孔"命令，选中操控板上"简单直孔"和"预定义矩形"按钮作为孔类型⬛，输入孔的直径 10.0。选择"穿透"⬛。选择拉伸特征的两侧边，如图 5-215 所示。对于第一个定位尺寸，更改值为 12.0。对于第二个定位尺寸，更改值为 12.0。

（13）创建倒圆角。利用"倒圆角"命令，在拉伸特征的顶面选择四条边，如图 5-216 所示，输入圆角的半径为 12.0。

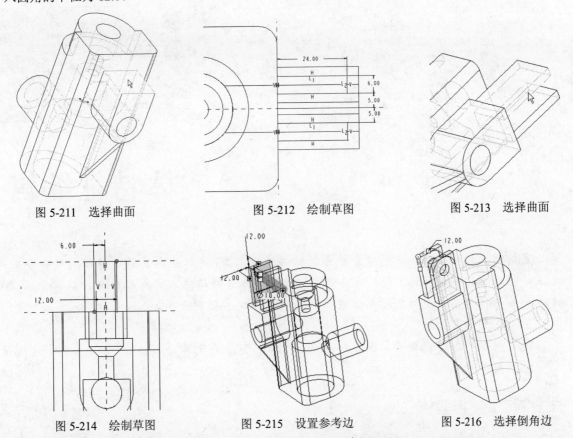

图 5-211 选择曲面   图 5-212 绘制草图   图 5-213 选择曲面

图 5-214 绘制草图   图 5-215 设置参考边   图 5-216 选择倒角边

（14）创建倒角。利用"倒角"命令，选择旋转切除体顶面的边，如图 5-217 所示，输入 1.00 作为倒角尺寸。以 2.00 作为倒角尺寸在旋转切除体顶面的边上建立倒角，如图 5-218 所示。

（15）创建圆角。利用"倒圆角"命令，以 2.00 作为圆角的半径对如图 5-219 所示的两个面进行倒圆角。完成后的模型如图 5-201 所示。

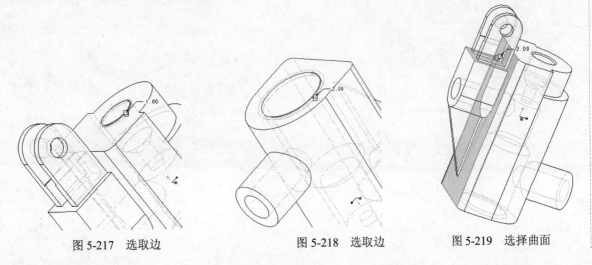

图 5-217 选取边   图 5-218 选取边   图 5-219 选择曲面

第6章

实体特征编辑

　　直接创建的特征往往不能完全符合我们的设计意图，这时就需要通过特征编辑命令来对建立的特征进行编辑操作，使之符合用户的要求。本章将讲述实体特征的各种编辑方法，通过本章的学习，读者能够熟练地掌握各种编辑命令及其使用方法。

- ☑ 复制和粘贴
- ☑ 特征的操作、删除、隐含和隐藏
- ☑ 镜像命令
- ☑ 缩放命令
- ☑ 阵列命令

任务驱动&项目案例

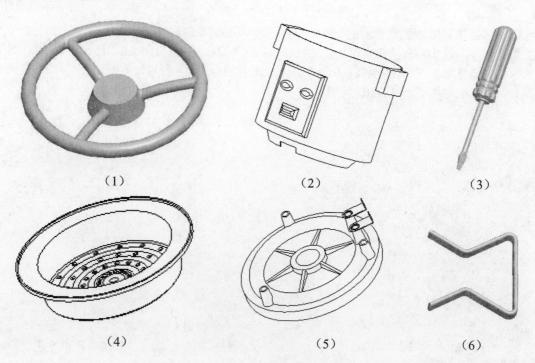

（1）　　　　　（2）　　　　　（3）

（4）　　　　　（5）　　　　　（6）

6.1 复制和粘贴

"复制"命令和"粘贴"命令操作的对象是特征生成的步骤，并非特征本身。也就是说，通过特征的生成步骤，可以生成不同尺寸的相同特征。

"复制"命令和"粘贴"命令可以用在不同的模型之间，也可以用在同一模型上。

操作步骤如下：

（1）利用"拉伸"命令，绘制一个长、宽、高分别为 100、100、30 的长方体，如图 6-1 所示。

（2）在长方体顶面放置一个直径为 10.00 的通孔，其定位尺寸都是 30.00，如图 6-2 所示。单击"孔"操控板中的"完成"按钮✔，生成此孔特征。

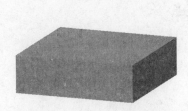

图 6-1 生成长方体特征

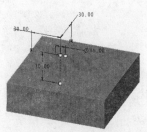

图 6-2 生成孔特征

（3）单击上一步生成的孔特征，孔特征加亮，表示此特征为选中状态。单击"模型"功能区"操作"面板下的"复制"按钮📋，然后单击"模型"功能区"操作"面板下的"粘贴"按钮📋，此时系统打开"孔"操控板，操控板中孔的直径、深度值及其他选项和复制选取的孔一样，如图 6-3 所示。

图 6-3 "孔"操控板

（4）单击长方体的顶面，将此孔特征的定位尺寸都设为 25.00，如图 6-4 所示。

（5）将孔特征的直径改为 25.00，孔深改为 20.00。单击"孔特征"操控板中的"完成"按钮✔，生成此孔特征，效果如图 6-5 所示。

（6）选中当前设计系统中的长方体，然后单击"模型"功能区"操作"面板下的"复制"按钮📋。在系统中新建一个"零件"设计环境，单击"模型"功能区"操作"面板下的"粘贴"按钮📋，系统打开"比例"对话框，如图 6-6 所示。

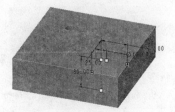

图 6-4 设置孔特征位置

图 6-5 生成复制孔

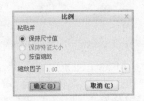

图 6-6 "比例"对话框

（7）单击"比例"对话框中的"确定"命令，系统打开"拉伸"操控板，其中的拉伸深度为 30.00，其他选项和复制选取的长方体一样，如图 6-7 所示。

（8）依次单击"放置"→"编辑"按钮，进入草图绘制环境，修改截面，如图 6-8 所示。

（9）单击"确定"按钮✔，退出草图绘制环境，生成 2D 草绘图并退出草绘环境。单击"拉伸特征"操控板中的"建造特征"按钮✔，生成此拉伸特征，如图 6-9 所示。

     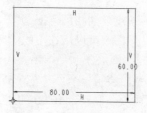   

图 6-7　"拉伸"操控板　　　　　图 6-8　绘制拉伸截面　　　图 6-9　生成拉伸特征

6.2　特征的操作

特征的操作包括复制、移动、重新排序和插入特征模式。

6.2.1　特征镜像

操作步骤如下：

（1）单击快速访问工具栏中的"打开"按钮☞，打开"文件打开"对话框，打开 tezhengjingxiang 文件，如图 6-10 所示。

（2）单击"模型"功能区"操作"面板下"特征操作"按钮，打开如图 6-11 所示的"特征"菜单管理器。

（3）在"特征"菜单管理器中选择"复制"→"完成"命令，弹出如图 6-12 所示的"复制特征"菜单。

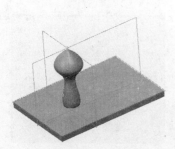

图 6-10　原始模型　　　图 6-11　"特征"菜单管理器　　　图 6-12　"复制特征"菜单管理器

（4）在"复制特征"菜单管理器中选择"选择"→"独立"命令，如图 6-13 所示。

（5）选择"完成"命令，弹出"选取特征"菜单管理器。在模型树中单击"旋转 1"，选取平板上的旋转特征，如图 6-14 所示。

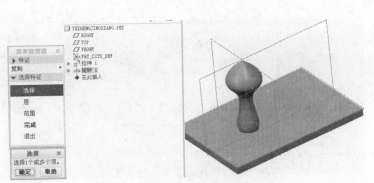

图 6-13 选取命令选项   图 6-14 选取特征

（6）选择完成以后，单击"选择"对话框上的"确定"按钮，然后选择"复制"菜单中的"完成"命令，弹出图 6-15 所示的"设置平面"菜单管理器。

（7）在"设置平面"菜单管理器中选择"产生基准"命令，弹出"产生基准"菜单管理器，如图 6-16 所示。选择"偏移"命令，在模型树或视图中选择 TOP 平面作为参考面。弹出图 6-17 所示的"偏移"菜单管理器。

图 6-15 "设置平面"菜单管理器   图 6-16 "产生基准"菜单管理器   图 6-17 "偏移"菜单管理器

（8）在"偏移"菜单管理器中选择"输入值"选项，弹出消息窗口，输入偏移为 60，如图 6-18 所示。单击"确定"按钮，在"产生基准"菜单管理器中选择"完成"命令。

图 6-18 消息输入窗口

（9）在弹出如图 6-19 所示的"特征"菜单管理器中选择"完成"命令，即可完成特征镜像操作，效果如图 6-20 所示。

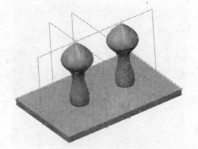

图 6-19 "特征"菜单管理器　　　　图 6-20 特征镜像

6.2.2 特征移动

特征的移动就是将特征从一个位置复制到另外一个位置。特征移动可以使特征在平面内平行移动，也可以使特征绕某一轴做旋转运动。

操作步骤如下：

（1）单击快速访问工具栏中的"打开"按钮，打开"文件打开"对话框，打开 tezhengyidong 文件，如图 6-21 所示。

图 6-21 原始文件

（2）单击"模型"功能区"操作"面板下的"特征操作"按钮，在弹出的"特征"菜单管理器中选择"复制"命令，弹出如图 6-22 所示的"复制特征"菜单管理器。

（3）在"复制特征"菜单管理器中选择"移动"→"完成"命令，弹出"选取特征"菜单管理器。

（4）在模型树中单击"拉伸 2"选取平板上的小方块，如图 6-23 所示。

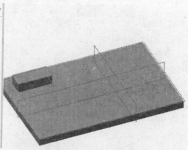

图 6-22 "复制特征"菜单管理器　　　　图 6-23 选取移动特征

（5）单击"选择"对话框上的"确定"按钮，然后选择"复制"菜单管理器中的"完成"命令，弹出图 6-24 所示的菜单管理器。

（6）依次选择"平移"→"平面"命令。在模型中选取 RIGHT 平面，然后选择菜单中的"确定"

选项,将平移方向设置为背离屏幕的方向。

(7)在消息输入窗口中输入偏移距离为80,然后单击"确定"按钮✓,弹出"移动特征"菜单管理器,如图6-25所示。

(8)在"移动特征"菜单管理器中选择"完成移动"命令,弹出如图6-26所示的"组可变尺寸"菜单管理器。

图6-24 "移动特征"菜单管理器　图6-25 "移动特征"菜单管理器　图6-26 "组可变尺寸"菜单管理器

(9)在"组可变尺寸"菜单管理器中选中Dim3复选框,此时模型中显示了被移动的特征可变尺寸,如图6-27所示。

(10)单击"组可变尺寸"中的"确定"按钮,在消息输入窗口中输入Dim3的新尺寸30,然后按Enter键,系统弹出如图6-28所示的"组元素"对话框。

(11)在"组元素"对话框中单击"确定"按钮,在"特征"菜单管理器中选择"完成"命令,完成特征平移操作,效果如图6-29所示。特征被移动了80mm,并且长度由70变为30。

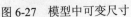

图6-27 模型中可变尺寸　　图6-28 "组元素"对话框　　图6-29 平移特征

(12)单击"模型"功能区"操作"面板下的"特征操作"按钮,在弹出的"特征"菜单管理器中选择"复制"命令。重复步骤(2)~(4),然后在如图6-30所示的菜单管理器中依次选择"旋转"→"坐标系"命令。

(13)在模型中选择系统自带的坐标系"PRT_CSYS_DEF",然后在菜单管理器中依次选择"Z轴"→"确定"命令,设置向上的方向为正向。

(14)在消息窗口中输入旋转角度为60,然后单击"确定"按钮✓。

(15)在"移动特征"菜单管理器中选择"完成移动"命令。

(16)在弹出的"组可变尺寸"菜单管理器中选中Dim2和Dim5复选框,改变模型到TOP平面的距离以及模型的宽度。

(17)在数值框中分别输入Dim2和Dim5的值为60。

(18)在"组元素"对话框中单击"确定"按钮,然后在"特征"菜单管理器中选择"完成"命令,完成特征旋转操作,效果如图6-31所示。特征被旋转了60°,并且宽度由30变为60。

图 6-30　旋转菜单设置

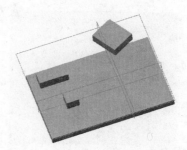

图 6-31　特征旋转

6.2.3　重新排序

特征的顺序是指特征出现在"模型树"中的序列。在排序的过程中，不能将子项特征排在父项特征的前面。同时，对现有特征重新排序，可以更改模型的外观。

操作步骤如下：

（1）单击快速访问工具栏中的"打开"按钮 ，打开"文件打开"对话框，打开 chongxinpaixu 文件，模型如图 6-32 所示。

（2）单击模型树上方的"设置"按钮，从其下拉菜单选择"树列"命令，弹出如图 6-33 所示的"模型树列"对话框。

（3）在"模型树列"对话框中的类型下面选择"特征#"选项，然后单击 按钮将"特征#"选项添加到"显示"列表中，如图 6-34 所示。

图 6-32　原始模型

图 6-33　"模型树列"对话框

图 6-34　添加显示选项

（4）单击"模型树列"对话框中的"确定"按钮，则在模型树中即显示特征的"特征#"属性，如图 6-35 所示。

（5）单击"模型"功能区"操作"面板下的"特征操作"按钮，在弹出的"特征"菜单管理器中选择"重新排序"命令，如图 6-36 所示。

（6）从模型树中选择需要重新排序的特征，这里单击"倒圆角"特征，然后单击"选择"对话框中的"确定"按钮完成选择，并再次单击"完成"按钮。

（7）弹出"重新排序"菜单管理器，如图 6-37 所示，选择"之前"→"选择"命令，在视图中选择"镜像 1"特征，将倒圆角 1 特征放置在镜像特征前。

还有一种更简单的重新排序方法：从"模型树"中选择一个或多个特征，然后通过鼠标拖动，将在特征列表中的所选特征拖动到新位置即可，如图 6-38 所示。这种方法没有重新排序提示，有时可能会引起错误。

图 6-35　显示"特征#"属性的模型树

图 6-36　"选取特征"菜单

图 6-37　"重新排序"菜单管理器

图 6-38　重新排序后的模型树

> **注意**：有些特征不能重新排序，例如 3D 注释的隐含特征。如果试图将一个子零件移动到比其父零件更高的位置，父零件将随子零件相应移动，且保持父/子关系。此外，如果将父零件移动到另一位置，子零件也将随父零件相应移动，以保持父/子关系。

6.2.4　插入特征模式

在进行零件设计的过程中，有时候建立了一个特征后需要在该特征或者几个特征之前先建立其他特征，这时就需要启用插入特征模式。

操作步骤如下：

（1）单击"模型"功能区"操作"面板下的"特征操作"按钮，在弹出的"特征"菜单管理器中选择"插入模式"命令，弹出如图 6-39 所示的"插入模式"菜单管理器。

（2）在"插入模式"菜单管理器中选择"激活"命令，然后从模型树中选择一个特征，则此插入定位符就会移动到该特征之后，如图 6-40 所示。同时，位于此插入定位符之后的特征在绘图区中暂时不显示。

（3）单击"特征"菜单管理器中的"完成"按钮即可完成操作，然后就可以在此插入定位符的当前位置进行新特征的建立。建立完成后，可以通过右键单击在此插入定位符，如果单击"取消"命令，则在此插入的定位符返回到默认位置。

还可以用鼠标左键选择在此插入定位符。按住鼠标左键并拖动指针到所需的位置，插入的定位符随着指针移动。释放鼠标左键，插入的定位符将置于新位置，并且保持当前视图的模型方向，模型不会复位到新位置。

图 6-39　"插入模式"菜单管理器

图 6-40　激活"插入模式"

6.2.5　实例——方向盘

首先绘制轮毂的截面曲线，创建轮毂特征，然后旋转曲线。方向盘的把手通过旋转创建。轮辐的创建需要先创建轮辐的轴线，然后扫描得到，接着创建倒圆角特征，将轮辐相关的特征组建成组，复制轮辐组得到最终的模型。绘制流程如图 6-41 所示。

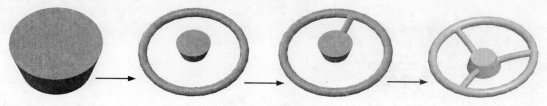

图 6-41　绘制流程

操作步骤：（光盘\动画演示\第 6 章\方向盘.avi）

1．新建文件

单击快速访问工具栏中的"新建"按钮，弹出"新建"对话框。在"类型"选项组中选中"零件"单选按钮，在"名称"文本框输入零件名称 fanxiangpan.prt。取消选中"使用默认模板"复选框，单击"确定"按钮，弹出"新文件选项"对话框，选择 mmns_part_solid 选项，单击"确定"按钮，创建新的零件文件。

2．创建轮毂特征

（1）单击"模型"功能区"形状"面板上的"旋转"按钮，打开"旋转"操控板。

（2）选择基准平面 RIGHT 作为草绘平面，绘制如图 6-42 所示的草图。单击"确定"按钮，退出草图绘制环境。

（3）在操控板上设置旋转方式为"变量"，输入"360"作为旋转的变量角度值，如图 6-43 所示。单击"完成"按钮，完成特征。

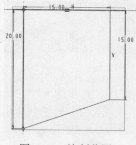

图 6-42　绘制草图

图 6-43　预览特征

3. 创建方向盘的把手

（1）单击"模型"功能区"形状"面板上的"旋转"按钮🕂，打开"旋转"操控板。

（2）选择"使用先前的"作为草图绘制平面，绘制如图 6-44 所示的草图。单击"确定"按钮✔，退出草图绘制环境。

（3）在操控板上设置旋转方式为"变量"🔛，输入"360"作为旋转的变量角度值，单击"完成"按钮✔，完成特征，如图 6-45 所示。

4. 创建轮幅曲线

（1）单击"模型"功能区"基准"面板上的"草绘"按钮🔲，在基准平面 RIGHT 上绘制如图 6-46 所示的草图。

（2）在草绘环境中，单击"草绘"功能区"设置"面板上的"参考"按钮🔲，弹出"参考"对话框，指定如图 6-46 所示的参考，圆和梯形斜边。

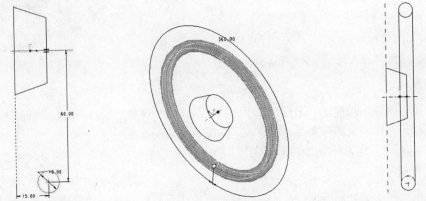

图 6-44　截面尺寸　　　　图 6-45　预览特征　　　　图 6-46　草绘环境和参考

（3）单击"草绘"功能区"草绘"面板上的"点"按钮✖，创建如图 6-47 所示的 3 个点。

（4）单击"草绘"功能区"草绘"面板上的"样条曲线"按钮〰，创建如图 6-48 所示的样条曲线图元。单击"确定"按钮✔，退出草图绘制环境。

5. 创建扫描辐条

（1）单击"模型"功能区"形状"面板上的"扫描"按钮🖊，弹出"扫描"操控板，如图 6-49 所示。

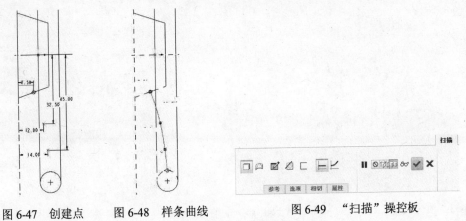

图 6-47　创建点　　　图 6-48　样条曲线　　　　图 6-49　"扫描"操控板

（2）选择上步创建的样条曲线为扫描轨迹，如图 6-50 所示。

（3）单击"创建截面"按钮，在草图绘制环境中创建如图 6-51 所示的圆图元。单击"确定"按钮，退出草图绘制环境。

（4）在"选项"下滑面板中选中"合并端"复选框，单击"完成"按钮，如图 6-52 所示。

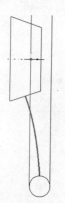 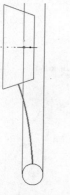 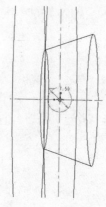 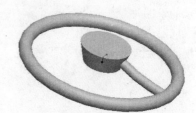

图 6-50　选取基准曲线　　　图 6-51　截面尺寸　　　图 6-52　生成特征

6．创建圆角特征

（1）单击"模型"功能区"工程"面板上的"倒圆角"按钮，打开"倒圆角"操控板。

（2）在扫描特征辐条的端面选择两条边，如图 6-53 所示。

（3）输入"2.5"作为圆角的半径。单击"确定"按钮。

7．创建轮辐特征组

（1）在模型树上选择基准曲线特征、扫描特征和圆角特征，单击"模型"功能区"操作"面板上的"组"按钮。

（2）在模型树上观察特征的更改，如图 6-54 所示。

8．复制辐条组

（1）单击"模型"功能区"操作"面板上的"特征操作"按钮，在弹出的"特征"菜单管理器中选择"复制"命令，如图 6-55 所示。

（2）在"复制特征"菜单中选择"移动"→"从属"→"完成"命令，如图 6-56 所示。

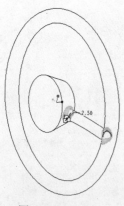   

图 6-53　边选取　　　图 6-54　组　　　图 6-55　选择"复制"命令　　　图 6-56　设置属性

（3）在模型树或工作区选择要复制的特征组，然后选择"完成"命令，如图 6-57 所示。

（4）在"移动特征"菜单管理器中选择"旋转"命令。

（5）选择"曲线/边/轴"命令，如图 6-58 所示，然后选择如图 6-59 所示的中心轴。

（6）如果需要，反转旋转方向箭头，使之如图 6-59 所示。选择"确定"命令，接受如图 6-60 所示的旋转方向。

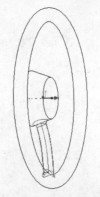

图 6-57　复制特征组　　图 6-58　选择"曲线/边/轴"命令　　图 6-59　选择中心轴　　图 6-60　确定旋转方向

（7）在消息输入窗口中输入"120"作为组旋转的角度值，如图 6-61 所示，单击"确定"按钮。

图 6-61　输入旋转角度值

（8）在"移动特征"菜单管理器中选择"完成移动"命令，完成旋转过程，如图 6-62 所示。

（9）在"组可变尺寸"菜单管理器中选择"完成"命令，如图 6-63 所示。

（10）在"特征定义"对话框中单击"确定"按钮，如图 6-64 所示。

（11）重复"特征复制"命令，创建第二个辐条的副本，如图 6-41 所示。

图 6-62　复制的特征　　　　图 6-63　确定尺寸　　　　图 6-64　完成复制

6.3　特征的删除

特征的删除就是将已经建立的特征从模型树和绘图区删除。

如果要删除该模型中的"镜像1"特征，可以在模型树上选择该特征，单击鼠标右键，弹出如图 6-65 所示的快捷菜单。

图 6-65　右键快捷菜单

从快捷菜单中选择"删除"命令，如果所选的特征没有子特征，则会弹出如图 6-66 所示的"删除"对话框，同时在模型树上和绘图区加亮显示该特征。单击"确定"按钮，即可删除该特征。

如果选择的特征（如本例中的"镜像 1"）存在子特征，则在选择"删除"命令后会出现如图 6-67 所示的"删除"对话框，同时该特征及所有的子特征都在模型树上和绘图区加亮显示该特征，如图 6-68 所示。单击"确定"按钮，即可删除该特征及其所有子特征；也可以单击"选项"按钮，在弹出的"子项处理"对话框中对子特征进行处理，如图 6-69 所示。

图 6-66　"删除"对话框 1

图 6-67　"删除"对话框 2

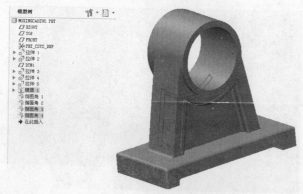

图 6-68　加亮显示所选特征

图 6-69　"子项处理"对话框

6.4　特征的隐含

隐含特征类似于将其从再生中暂时删除。不过，可以随时解除隐含（恢复）已隐含的特征。可以隐含零件上的特征来简化零件模型，并减少再生时间。

例如，当对轴肩的一端进行处理时，可能希望隐含轴肩另一端的特征。同样，当处理一个复杂组件时，可以隐含一些当前组件过程并不需要其详图的特征和元件。在设计过程中隐含某些特征具有多种作用，例如：

隐含其他区域的特征后可以更专注于当前工作区。

隐含当前不需要的特征可以使更新较少，从而加速了修改过程。

隐含特征可以使显示内容较少，从而加速了显示过程。

隐含特征可以起到暂时删除特征、尝试不同的设计迭代的作用。

隐含特征的操作步骤如下：

（1）从模型树中选择"拉伸 3"特征，单击鼠标右键，弹出如图 6-70 所示的快捷菜单。

（2）从快捷菜单中选择"隐含"命令，则弹出"隐含"对话框，同时选择的特征在模型树和图形区加亮显示，如图 6-71 所示。

图 6-70　右键快捷菜单

图 6-71　"隐含"对话框

（3）单击"隐含"对话框中的"确定"按钮，将选择的特征进行隐含，如图 6-72 所示。

一般情况下，模型树上是不显示被隐含的特征的。如果要显示隐含特征，可以从模型树选项卡中单击"设置"→"树过滤器"命令，打开"模型树项"对话框，如图 6-73 所示。

在"模型树项"对话框中的"显示"选项组下，选中"隐含的对象"复选框，单击"确定"按钮，这样隐含对象就将在模型树中列出，并带有一个项目符号，表示该特征被隐含，如图 6-74 所示。

图 6-72　隐含特征后的模型

如果要恢复隐含特征，可以在模型树中选取要恢复的一个或多个隐含特征，然后选择菜单栏中的"编辑"→"恢复"→"恢复上一个集"命令，则对象将显示在模型树中，并且不带项目符号，表示该特征已经取消隐含，同时在图形区显示该特征。

注意：与其他特征不同，基本特征不能隐含。如果对基本（第一个）特征不满意，可以重定义特征截面，或将其删除并重新开始。

图 6-73　"模型树项目"对话框

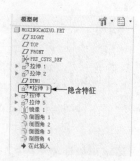

图 6-74　显示隐含特征

6.5　特征的隐藏

　　系统允许在当前进程中的任何时间即时隐藏和取消隐藏所选的模型图元。使用"隐藏"和"取消隐藏"命令可以节约设计时间。

　　使用"隐藏"命令无须将图元分配到某一层中并遮蔽整个层。可以隐藏和重新显示单个基准特征（如基准平面和基准轴），而无须同时隐藏或重新显示所有基准特征。下列项目类型可以即时隐藏：

　　（1）单个基准面（与同时隐藏或显示所有基准面相对）。

　　（2）基准轴。

　　（3）含有轴、平面和坐标系的特征。

　　（4）分析特征（点和坐标系）。

　　（5）基准点（整个阵列）。

　　（6）坐标系。

　　（7）基准曲线（整条曲线、不是单个曲线段）。

　　（8）面组（整个面组，而不是单个曲面）。

　　（9）组件元件。

　　如果要隐藏某一特征或者项目，可以用鼠标右键单击"模型树"或"绘图"区域中的某一项目或多个项目，即可弹出如图 6-75 所示的快捷菜单。

　　从快捷菜单选择"隐藏"命令，即可将该特征隐藏。隐藏某一项目时，系统将该项目从图形窗口中删除。隐藏的项目仍存在于"模型树"列表中，其图表以灰色显示，表示该项目处于隐藏状态，如图 6-76 所示。

　　如果要取消隐藏，可以在"图形"窗口或"模型树"中选择要隐藏的项目，然后右键单击，在弹出的快捷菜单中单击"隐藏"即可。取消隐藏某一项目时，其图标返回正常显示（不灰显），该项目在"图形"窗口中重新显示。

　　还可以使用"模型树"搜索功能（单击"工具"功能区"调查"面板上的"查找"按钮）。选取某一指定类型的所有项目（例如，某一组件内所有元件中的相同类型的全部特征），然后选择菜单栏中的"视图"→"可见性"→"隐藏"命令，将其隐藏。

　　当使用"模型树"手动隐藏项目或创建异步项目时，这些项目会自动添加到被称为"隐藏项目"的层（如果该层已存在）。如果该层不存在，系统将自动创建一个名为"隐藏项目"的层，并将隐藏项目添加到其中。该层始终被创建在"层树"列表的顶部。

图 6-75　右键快捷菜单

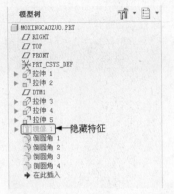

图 6-76　隐藏项目在模型树中的显示

6.6　镜像命令

系统提供了单独的"镜像"命令，不仅能够镜像实体上的某一些特征，还能够镜像整个实体。"镜像"工具允许复制镜像平面周围的曲面、曲线、阵列和基准特征。

可以用以下方法创建镜像。

（1）特征镜像：可以复制特征并创建包含模型所有特征几何的合并特征和选定的特征。

（2）几何镜像：允许镜像诸如基准、面组和曲面等几何项目，也可以通过在"模型树"中选取相应节点来镜像整个零件。

6.6.1　操作步骤精讲

操作步骤如下：

（1）单击快速访问工具栏中的"打开"按钮，打开"文件打开"对话框，打开 jingxiangshiti 文件，如图 6-77 所示。

（2）选取模型中所有的特征，然后单击"模型"功能区"编辑"面板上的"镜像"按钮，打开如图 6-78 所示的"镜像"操控板。

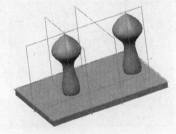

图 6-77　原始模型

图 6-78　"镜像"操控板

（3）单击"模型"功能区"基准"面板上的"平面"按钮，弹出"基准平面"对话框。选取 FRONT 平面作为参考面，并设置为偏移方式，使新建立的基准平面沿 FRONT 面向下偏移 60。单击"确定"按钮，完成基准面的创建。

（4）单击操控板上的"参考"按钮，弹出图 6-79 所示的下滑面板。此时的镜像平面默认为前一步新建的基准平面 DTM2。用户可以单击"镜像平面"下的收集器，然后在模型中选取镜像平面。

（5）单击操控板上的"选项"按钮，弹出如图 6-80 所示的下滑面板。该面板中的"从属副本"为系统默认选项。当选中该选项时，复制得到的特征是原特征的从属特征，当原特征改变时，复制特征也发生改变；当不选中该特征时，原特征的改变对复制特征不产生影响，效果如图 6-81 所示。

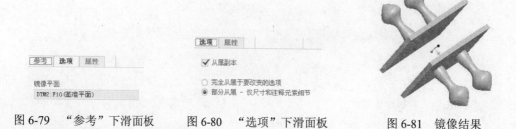

图 6-79　"参考"下滑面板　　　图 6-80　"选项"下滑面板　　　图 6-81　镜像结果

6.6.2　实例——电饭煲筒身

首先通过旋转得到电饭煲筒身的基体，通过插入壳特征得到薄壁，再拉伸切除插座口和面板孔；接着先将手柄拉伸为体，再在手柄上拉伸切除槽，通过镜像得到另一个手柄；然后拉伸操作板，并在操作板上拉伸出按钮和开关；最后创建倒圆角特征，最终形成模型。绘制流程如图 6-82 所示。

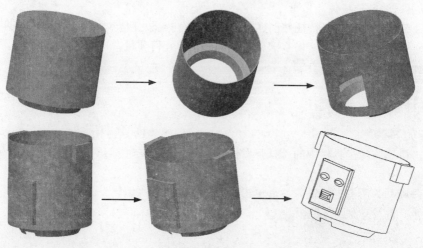

图 6-82　绘制流程

操作步骤：（光盘\动画演示\第 6 章\电饭煲筒身.avi）

1. 新建模型

单击快速访问工具栏中的"新建"按钮，系统打开"新建"对话框。在"类型"选项组中选中"零件"单选按钮，在"子类型"选项组中选中"实体"单选按钮，在"名称"文本框中输入零件名称 tongshen.prt，其他选项接受系统提供的默认设置。单击"确定"按钮，创建一个新的零件文件。

2. 旋转筒身基体

（1）单击"模型"功能区"形状"面板上的"旋转"按钮，在打开的"旋转"操控板中依次单击"放置"→"定义"按钮，系统打开"草绘"对话框。选取 TOP 基准平面作为草绘平面，单击

"草绘"按钮，进入草图绘制环境。

（2）单击"草绘"功能区"草绘"面板上的"线"按钮╱，绘制如图 6-83 所示的截面并修改尺寸。单击"确定"按钮✔，退出草图绘制环境。

（3）在操控板中设置拉伸方式为"盲孔"▥，设定旋转角度值为 360°。单击操控板中的"完成"按钮✔，完成筒身肌体特征的旋转，如图 6-84 所示。

3. 创建筒身壳特征

（1）单击"模型"功能区"工程"面板上的"抽壳"按钮▣，弹出"壳"操控板。

（2）选取如图 6-85 所示旋转体的上表面和下表面，选定的曲面将从零件上去除。

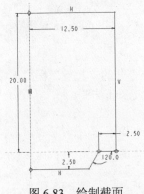

图 6-83　绘制截面

图 6-84　创建旋转体

图 6-85　选取表面

（3）在操控板中设定壁厚为 0.2，单击操控板中的"完成"按钮✔，完成筒身壳特征的创建，如图 6-86 所示。

4. 创建偏移基准平面

（1）单击"模型"功能区"基准"面板上的"平面"按钮▱，打开"基准平面"对话框。

（2）选取 RIGHT 基准平面作为偏移平面，设置约束类型为偏移，设定偏移值为 13，效果如图 6-87 所示。

（3）单击"基准平面"对话框中的"确定"按钮。

图 6-86　抽壳处理

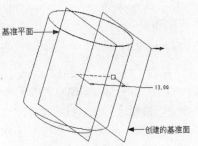

图 6-87　创建基准平面

5. 切除插座口

（1）单击"模型"功能区"形状"面板上的"拉伸"按钮▱，在打开的"拉伸"操控板中依次单击"放置"→"定义"按钮，系统打开"草绘"对话框。选取刚刚创建的基准平面作为草绘平面，单击"草绘"按钮，进入草图绘制环境。

（2）单击"草绘"功能区"草绘"面板上的"矩形"按钮▢，绘制如图 6-88 所示的截面并修改尺寸。单击"确定"按钮✔，退出草图绘制环境。

（3）在操控板中设置拉伸方式为"到选定的"🔄，选取图 6-89 所示旋转体的内表面，如图 6-90 所示。单击"拉伸"操控板中的"去除材料"按钮🗇，去除多余材料。单击"完成"按钮✔，完成插座口特征的切除，如图 6-90 所示。

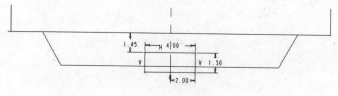

图 6-88　绘制截面

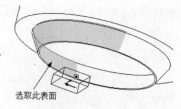

图 6-89　预览特征

6. 切除面板孔

（1）单击"模型"功能区"形状"面板上的"拉伸"按钮🗇，在打开的"拉伸"操控板中依次单击"放置"→"定义"按钮，系统打开"草绘"对话框。选取刚刚创建的基准平面作为草绘平面，单击"草绘"按钮，进入草图绘制环境。

（2）单击"草绘"功能区"草绘"面板上的"矩形"按钮🔲，绘制如图 6-91 所示的矩形并修改尺寸。单击"确定"按钮✔，退出草图绘制环境。

（3）在操控板中设置拉伸方式为"到选定的"🔄，选取如图 6-92 所示旋转体的内表面，然后单击操控板中的"去除材料"按钮🗇和"完成"按钮✔，完成面板孔特征的切除，如图 6-93 所示。

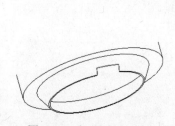

图 6-90　生成插座口特征

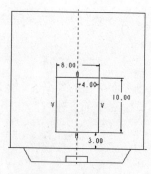

图 6-91　绘制矩形

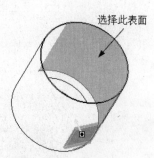

图 6-92　选取曲面

7. 创建偏移基准平面

（1）单击"模型"功能区"基准"面板上的"平面"按钮▱，打开"基准平面"对话框。

（2）选取 TOP 基准平面作为偏移平面，设置约束类型为偏移，给定偏移值为 14，结果如图 6-94 所示。单击"确定"按钮，创建基准平面 1。

（3）重复上述步骤，选取 TOP 基准平面作为偏移平面，给定偏移值为-14，如图 6-95 所示，单击"确定"按钮，创建基准平面 2。

8. 拉伸手柄

（1）单击"模型"功能区"形状"面板上的"拉伸"按钮🗇，在打开的"拉伸"操控板中依次单击"放置"→"定义"按钮，系统打开"草绘"对话框。选择刚刚创建的基准平面 Dim2 作为草绘平面，单击"草绘"按钮，进入草图绘制环境。

（2）单击"草绘"功能区"草绘"面板上的"矩形"按钮🔲，绘制如图 6-96 所示的矩形并修改尺寸。

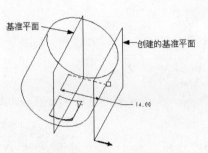

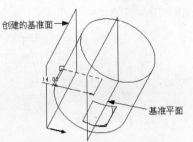

图 6-93　创建面板孔　　　图 6-94　偏移创建基准平面 1　　　图 6-95　偏移创建基准平面 2

（3）在操控板中设置拉伸方式为"到选定的"，选取如图 6-97 所示旋转体的外表面，单击"完成"按钮，完成手柄特征的创建。

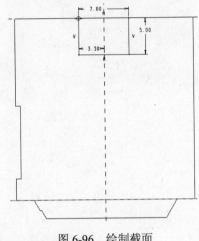

图 6-96　绘制截面

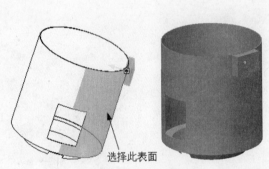

图 6-97　选取曲面

9. 切除手柄槽

（1）单击"模型"功能区"形状"面板上的"拉伸"按钮，在打开的"拉伸"操控板中依次单击"放置"→"定义"按钮，系统打开"草绘"对话框。选取如图 6-98 所示的拉伸特征侧面作为草绘平面，单击"草绘"按钮，进入草图绘制环境。

（2）单击"草绘"功能区"草绘"面板上的"圆心和点"按钮〇和"线"按钮，绘制如图 6-99 所示的截面。使用"偏移"按钮会使绘图变得简单，"偏移"功能从已有的特征边线创建草绘几何偏移。

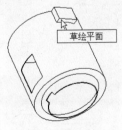

图 6-98　选取草绘平面

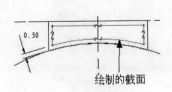

图 6-99　绘制截面

图 6-100　创建手柄槽

（3）在操控板中设置拉伸方式为"盲孔"，设定拉伸深度值为 3。单击"去除材料"按钮、"反向"按钮和"完成"按钮，完成手柄槽的切除，效果如图 6-100 所示。

10. 镜像手柄

（1）选择刚刚创建的拉伸和拉伸切除特征，在菜单栏中选择"编辑"→"组"命令，创建组特征。

（2）选择刚刚创建的组特征，单击"模型"功能区"编辑"面板上的"镜像"按钮，选取 TOP 基准平面作为镜像平面，如图 6-101 所示。

（3）单击操控板中的"完成"按钮，完成手柄的镜像，如图 6-102 所示。

11. 拉伸操作板

（1）单击"模型"功能区"形状"面板上的"拉伸"按钮，在打开的"拉伸"操控板中依次单击"放置"→"定义"按钮，系统打开"草绘"对话框。选取 Dim1 基准平面作为草绘平面，单击"草绘"按钮，进入草图绘制环境。

（2）单击"草绘"功能区"草绘"面板上的"矩形"按钮，绘制如图 6-103 所示的矩形并修改尺寸。

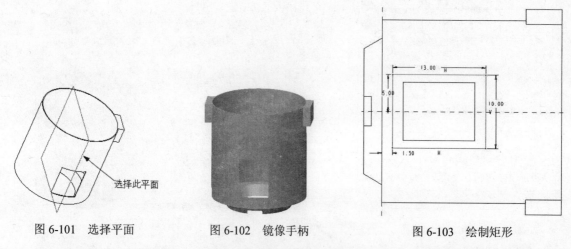

图 6-101　选择平面　　　图 6-102　镜像手柄　　　图 6-103　绘制矩形

（3）在操控板中设置拉伸方式为"到选定的"，选取如图 6-104 所示旋转体的外表面，单击"完成"按钮，完成操作板特征的创建，如图 6-105 所示。

12. 拉伸按钮

（1）单击"模型"功能区"形状"面板上的"拉伸"按钮，在打开的"拉伸"操控板中依次单击"放置"→"定义"按钮，系统打开"草绘"对话框。选取如图 6-106 所示拉伸特征的外表面作为草绘平面，单击"草绘"按钮，进入草图绘制环境。

图 6-104　选择曲面　　　图 6-105　拉伸操作板　　　图 6-106　选取草绘平面

（2）单击"草绘"功能区"草绘"面板上的"矩形"按钮和"轴端点椭圆"按钮，绘制如

Note

图 6-107 所示的草图。

（3）在操控板中设置拉伸方式为"盲孔" ，设定拉伸深度值为 0.5，单击"完成"按钮 ，完成按钮特征的创建，如图 6-108 所示。

13. 拉伸开关

（1）单击"模型"功能区"形状"面板上的"拉伸"按钮 ，在打开的"拉伸"操控板中依次单击"放置"→"定义"按钮，系统打开"草绘"对话框。选取刚刚创建的拉伸特征的外表面作为草绘平面，单击"草绘"按钮，进入草图绘制环境。

（2）单击"草绘"功能区"草绘"面板上的"矩形"按钮 ，绘制如图 6-109 所示的矩形并修改尺寸。

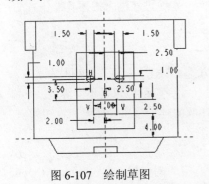

图 6-107 绘制草图

图 6-108 创建按钮

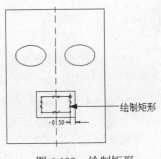

绘制矩形

图 6-109 绘制矩形

（3）在操控板中设置拉伸方式为"盲孔" ，设定拉伸深度值为 0.5，单击"完成"按钮 ，完成开关特征的创建，如图 6-110 所示。

14. 创建倒圆角特征

（1）单击"模型"功能区"工程"面板上的"倒圆角"按钮 ，打开"倒圆角"操控板。

（2）按住 Ctrl 键，选取如图 6-111 所示的边，在操控板中设置圆角半径为 0.5，单击"完成"按钮 ，完成倒圆角特征的创建，最终生成的实体如图 6-82 所示。

图 6-110 创建开关特征

图 6-111 选取倒圆角边

6.7 阵 列 命 令

特征阵列就是按照一定的排列方式复制特征。在创建阵列时，通过改变某些指定尺寸，可以创建选定特征的实例，结果将得到一个特征阵列。

特征阵列有尺寸、方向、轴和填充 4 种类型，这里只讲述前三种比较常用的阵列方式。其中尺寸和方向两种类型阵列结果为矩形阵列，而轴类型阵列结果为圆形阵列。阵列有如下优点：

（1）创建阵列是重新生成特征的快捷方式。

（2）阵列是参数控制的。因此，通过改变阵列参数，如实例数、实例之间的间距和原始特征尺寸，可以修改阵列。

（3）修改阵列比分别修改特征更为有效。在阵列中改变原始特征尺寸时，Pro/ENGINEER 自动更新整个阵列。

（4）对包含在一个阵列中的多个特征同时执行操作比操作单独特征更为方便和高效。例如，可以方便地隐含阵列或将其添加到层。

阵列有尺寸类型、参考类型、轴类型、填充类型 4 种类型，下面分别通过实例来讲述其操作方法。

6.7.1　尺寸阵列

尺寸阵列是通过选择特征的定位尺寸来改变阵列参数的阵列方式。创建"尺寸"阵列时，选取特征尺寸，并指定这些尺寸的增量变化以及阵列中的特征实例数。"尺寸"阵列可以是单向阵列（如孔的线性阵列），也可以是双向阵列（如孔的矩形阵列）。换句话说，双向阵列将实例放置在行和列中。根据所选取的要更改的尺寸，阵列可以是线性的或角度的。

操作步骤如下：

（1）单击快速访问工具栏中的"打开"按钮，打开"文件打开"对话框，打开 chicunzhenlie 文件，如图 6-112 所示。

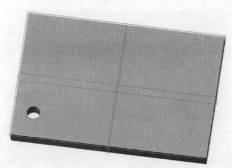

图 6-112　原始模型

（2）在模型树中单击"拉伸 2"选取孔特征，然后单击"模型"功能区"编辑"面板上的"阵列"按钮，打开"阵列"操控板。在阵列类型下拉列表框中选择"尺寸"类型，系统弹出尺寸类型阵列操控板，如图 6-113 所示。此时，模型上将显示此特征的相关参数，如图 6-114 所示。

图 6-113　尺寸类型"阵列"操控板

（3）在阵列操控板上单击"1"后面的收集器，在模型中选择水平尺寸 120。

（4）在阵列操控板上单击"2"后面的收集器，在模型中选择水平尺寸 60。

（5）单击操控板上的"尺寸"按钮，弹出"尺寸"下滑面板，如图 6-115 所示。

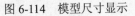

图 6-114 模型尺寸显示　　　　图 6-115 "尺寸"下滑面板

（6）单击"尺寸"下滑面板中"方向 1"下的尺寸值 120，使之处于可编辑状态，然后将其值改为 80。

（7）用同样的方法，将第 2 方向上的尺寸值改为 30。此时模型预显阵列特征如图 6-116 所示。

（8）从预显模型中可以看到，阵列方向不理想，需要将阵列特征反向。将"尺寸"下滑面板中"方向 1"下的尺寸值和"方向 2"下的尺寸值分别改为-80 和-30，然后单击"尺寸"按钮关闭"尺寸"下滑面板。

（9）在操控板中"1"后面的文本框中输入 4，使矩形阵列特征为 4 列。

（10）在操控板中"2"后面的文本框中输入 5，使矩形阵列特征为 5 行。

（11）单击"完成"按钮 ✔，完成阵列操作，如图 6-117 所示。

图 6-116 尺寸阵列预显　　　　图 6-117 尺寸阵列

6.7.2 方向阵列

方向阵列通过指定方向并使用拖动控制滑块设置阵列增长的方向和增量来创建自由形式阵列，即先指定特征的阵列方向，然后再指定尺寸值和行列数的阵列方式。方向阵列可以为单向或双向。

操作步骤如下：

（1）单击快速访问工具栏中的"打开"按钮 📂，打开"文件打开"对话框，打开 chicunzhenlie 文件。

（2）在模型树中单击"拉伸 2"选取孔特征，然后单击"模型"功能区"编辑"面板上的"阵列"按钮 ▦，打开"阵列"操控板。

（3）从阵列类型下拉列表框中选取阵列类型为"方向"类型，弹出方向类型阵列操控板，如图 6-118 所示。

Note

图 6-118　方向类型阵列操控板

（4）单击方向类型阵列操控板"1"后面的收集器，在模型中选择 RIGHT 平面，并在该收集器后的文本框中输入阵列数量3，在第二个文本框中输入阵列尺寸120。

（5）单击方向类型阵列操控板"2"后面的收集器，在模型中选择 TOP 平面，并在该收集器后的文本框中输入阵列数量3，在第二个文本框中输入阵列尺寸50。此时模型预显阵列特征如图 6-119 所示。

（6）由预显阵列可以看出，阵列在第二个方向上不符合要求。因此，单击方向类型阵列操控板"2"后面的 按钮，使阵列在第二个方向上反向。单击"完成"按钮 ，得到阵列，效果如图 6-120 所示。

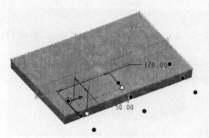

图 6-119　方向阵列预显

图 6-120　方向阵列

6.7.3　轴阵列

轴阵列就是特征绕旋转中心轴在圆周上进行阵列。圆周阵列第一个方向的尺寸用来定义圆周方向上的角度增量，第二个方向尺寸用来定义阵列径向增量。

操作步骤如下：

（1）单击快速访问工具栏中的"打开"按钮 ，打开"文件打开"对话框，打开 zhouzhenlie 文件，如图 6-121 所示。

（2）在模型树中单击"拉伸2"选取拉伸特征，然后单击"模型"功能区"编辑"面板上的"阵列"按钮 ，打开"阵列"操控板。

（3）从阵列类型下拉列表框中选取阵列类型为"轴"类型，弹出轴类型阵列操控板，如图 6-122 所示。

图 6-121　原始模型

图 6-122　轴类型"阵列"操控板

（4）单击轴类型"阵列"操控板"1"后面的收集器，然后在模型中选取轴"A2"，并在该收集器后的文本框中输入阵列数量3，在第二个文本框中输入阵列尺寸120，表示在第一个方向上阵列数量为 3，阵列的角度为 120°。

（5）单击轴类型阵列操控板"2"后面的收集器，并在文本框中输入"3"，然后按 Enter 键，在第二个文本框变为可编辑状态后，输入阵列尺寸 100，表示在第二个方向上阵列数量为 3，阵列尺寸为 100。此时模型预显阵列特征如图 6-123 所示。

（6）单击"完成"按钮✓，得到阵列，效果如图 6-124 所示。

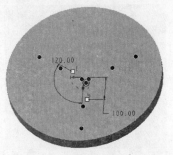

图 6-123 轴阵列预显

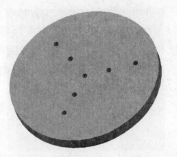

图 6-124 轴阵列

6.7.4 填充阵列

填充阵列是通过根据栅格、栅格方向和成员间的间距，从原点变换成员位置而创建的。草绘的区域和边界余量决定着将创建哪些成员，即创建中心位于草绘边界内的任何成员。边界余量不会改变成员的位置。

操作步骤如下：

（1）单击快速访问工具栏中的"打开"按钮📂，打开"文件打开"对话框，打开 tianchongzhenlie 文件，如图 6-125 所示。

（2）在模型树中单击"拉伸 2"选取拉伸特征，然后单击"模型"功能区"编辑"面板上的"阵列"按钮🔲，打开"阵列"操控板。

图 6-125 原始模型

（3）从阵列类型下拉列表框中选取阵列类型为"填充"类型，弹出填充"阵列"操控板，如图 6-126 所示。

图 6-126 填充"阵列"操控板

操控板各项的意义如下：

❶ 选取或草绘填充边界线。单击▦后的收集器，设置栅格类型，可以在操控板上▦的下拉列表框中选取，默认的栅格类型被设置为"方形"。

❷ 指定阵列成员间的间距值。可以在操控板上▦旁的框中输入一个新值，也可以在图形窗口中拖动控制滑块，或双击与"间距"相关的值并输入新值。

❸ 指定阵列成员中心与草绘边界间的最小距离。可以在操控板上▦旁的数值框中输入一个新值，

也可以在图形窗口中拖动控制滑块，或者双击与控制滑块相关的值并输入新值。使用负值可以使中心位于草绘的外面。

❹ 指定栅格绕原点的旋转角度。可以在操控板上✑旁的数值框中输入一个值，也可以在图形窗口中拖动控制滑块，或者双击与控制滑块相关的值并输入值。

❺ 指定圆形和螺旋形栅格的径向间隔。可以在操控板上✑旁的框中输入一个值，也可以在图形窗口中拖动控制滑块，或者双击与控制滑块相关的值并输入值。

（4）单击操控板上的"参考"按钮，弹出如图 6-127 所示的"参考"下滑面板。单击该下滑面板中的"定义"按钮，在弹出的"草绘"对话框中选取"拉伸 1"的圆面作为草绘平面。

图 6-127 "参考"下滑面板

（5）系统进入草绘器后，单击"草绘"功能区"草绘"面板上的"调色板"按钮🎨，在弹出的"草绘器调色板"对话框中选取正六边形，将其插入到图形中，如图 6-128 所示。单击"确定"按钮✔，退出草图绘制环境。

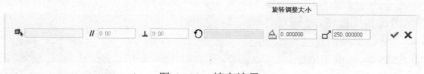

图 6-128 填充边界

（6）"阵列"操控板的设置如图 6-129 所示。

图 6-129 "阵列"操控板的设置

（7）阵列效果预显如图 6-130 所示。

（8）单击预显模型中特征所在位置的黑点，使之变为圆圈，如图 6-131 所示。单击"完成"按钮✔，阵列效果如图 6-132 所示。

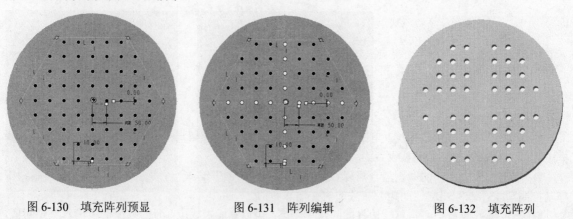

图 6-130 填充阵列预显　　　　图 6-131 阵列编辑　　　　图 6-132 填充阵列

6.7.5　实例——电饭煲蒸锅

首先绘制蒸锅的截面草图；然后通过旋转操作创建蒸锅实体；最后切除气孔并将其阵列得到多个气孔，最终形成模型。绘制流程如图 6-133 所示。

图 6-133　绘制流程

操作步骤：（光盘\动画演示\第 6 章\电饭煲蒸锅.avi）

1．新建模型

单击快速访问工具栏中的"新建"按钮 ，系统打开"新建"对话框。在"类型"选项组中选中"零件"单选按钮，在"子类型"选项组中选中"实体"单选按钮，在"名称"文本框中输入零件名称 zhengguo.prt，其他选项接受系统默认设置。单击"确定"按钮，创建一个新的零件文件。

2．旋转蒸锅实体

（1）单击"模型"功能区"形状"面板上的"旋转"按钮 ，在打开的"旋转"操控板中依次单击"放置"→"定义"按钮，系统打开"草绘"对话框。选取 TOP 基准平面作为草绘平面，单击"草绘"按钮，进入草图绘制环境。

（2）单击"草绘"功能区"草绘"面板上的"线"按钮 和"圆心和端点"按钮 ，绘制图 6-134 所示的截面并修改尺寸。单击"确定"按钮 ，退出草图绘制环境。

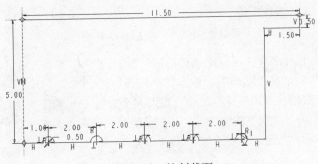

图 6-134　绘制截面

（3）在操控板中设置旋转方式为"指定" ，设定旋转角度为 360°。单击操控板中的"完成"按钮 ，完成蒸锅实体的旋转，如图 6-135 所示。

3．创建蒸锅壳特征

（1）单击"模型"功能区"工程"面板上的"抽壳"按钮 ，弹出"壳"操控板。

（2）选择如图 6-136 所示旋转体的上表面，选定的曲面将从零件上切除。

（3）在操控板中设定壁厚为 0.2，单击"完成"按钮 ，完成蒸锅壳特征的创建，如图 6-137 所示。

4．切除气孔

（1）单击"模型"功能区"形状"面板上的"拉伸"按钮 ，在打开的"拉伸"操控板中依次

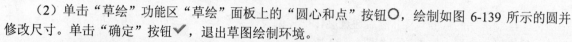

单击"放置"→"定义"按钮，系统打开"草绘"对话框。选取如图 6-138 所示抽壳的底面作为草绘平面，单击"草绘"按钮，进入草图绘制环境。

（2）单击"草绘"功能区"草绘"面板上的"圆心和点"按钮○，绘制如图 6-139 所示的圆并修改尺寸。单击"确定"按钮✔，退出草图绘制环境。

（3）在操控板中设置拉伸方式为"盲孔"⊞，然后单击"去除材料"按钮⊿。单击操控板中的"完成"按钮✔，完成气孔的切除。

图 6-135　旋转蒸锅实体

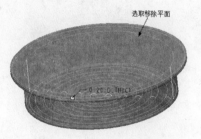

图 6-136　选择移除曲面

图 6-137　创建蒸锅壳

图 6-138　选取草绘平面

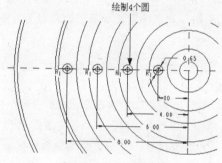

图 6-139　绘制圆

5. 阵列气孔

（1）在"模型树"选项卡中选择前面创建的筋特征。

（2）单击"模型"功能区"编辑"面板上的"阵列"按钮▦，打开"阵列"操控板。设置阵列类型为轴，在模型中选取轴 A_1，在操控板中设定阵列个数为 16，角度为 22.5°。

（3）单击操控板中的"完成"按钮✔，完成气孔特征的阵列，最终生成的实体如图 6-133 所示。

6.8　缩　放　命　令

利用缩放模型命令，可以按照用户的需求对整个零件造型进行指定比例的缩放操作。通过缩放模型命令，可以对特征尺寸缩小或放大一定比例。

操作步骤如下：

（1）单击快速访问工具栏中的"打开"按钮🖼，打开"文件打开"对话框，打开 suofang 文件，并双击该模型，使之显示当前模型的尺寸"300×50"，如图 6-140 所示。

（2）选择"模型"功能区"操作"面板下的"缩放模型"命令，在消息输入窗口中输入模型的缩放比例 2.5，如图 6-141 所示。

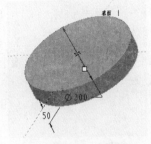

图 6-140　原模

图 6-141　输入缩放比例

（3）单击 按钮，系统弹出如图 6-142 所示的"确认"对话框。

（4）在该对话框中显示了缩放操作的相关提示信息，单击"是"按钮，即可完成特征缩放操作。完成后的模型尺寸处于不显示状态。

（5）再次双击模型，使之显示尺寸，则当前尺寸显示为"750×125"，说明模型被放大 2.5 倍，如图 6-143 所示。

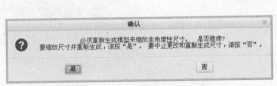

图 6-142　"确认"对话框

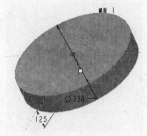

图 6-143　模型缩放

6.9　综合实例——锅体加热铁

首先通过旋转得到锅体加热铁的基体，创建并阵列加强筋；然后通过拉伸支脚创建支脚拔模面，并阵列其特征；最后通过拉伸得到导体接线体，对导体进行拔模，再镜像接线体，最终形成模型。绘制流程如图 6-144 所示。

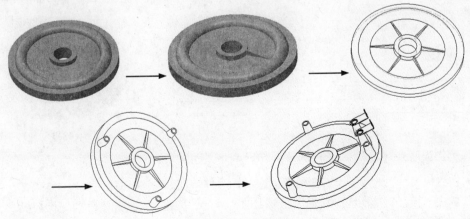

图 6-144　绘制流程

操作步骤：（光盘\动画演示\第 6 章\锅体加热铁.avi）

1. 新建模型

单击快速访问工具栏中的"新建"按钮 ，系统打开"新建"对话框。在"类型"选项组中选中"零件"单选按钮，在"子类型"选项组中选中"实体"单选按钮，在"名称"文本框中输入零件名称 guotijiaretie.prt，其他选项接受系统默认设置。单击"确定"按钮，创建一个新的零件文件。

2. 旋转加热铁基体

（1）单击"模型"功能区"形状"面板上的"旋转"按钮 ，在打开的"旋转"操控板中依次单击"放置"→"定义"按钮，系统打开"草绘"对话框。选择 TOP 基准平面作为草绘平面，单击"草绘"按钮，进入草图绘制环境。

（2）单击"草绘"功能区"草绘"面板上的"线"按钮 和"3 点相切端"按钮 ，绘制图 6-145 所示的截面并修改尺寸。单击"确定"按钮 ，退出草图绘制环境。

（3）在操控板中设置旋转方式为"指定" ，设定旋转角度为 360°，单击"完成"按钮 ，完成加热铁基体的创建，如图 6-146 所示。

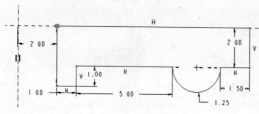
图 6-145 绘制截面

图 6-146 旋转加热铁基体

3. 创建加强筋

（1）单击"模型"功能区"工程"面板上的"轮廓筋"按钮 ，在打开的"轮廓筋"操控板中依次单击"参考"→"定义"按钮，系统打开"草绘"对话框。选择 TOP 基准平面作为草绘平面。

（2）单击"草绘"功能区"草绘"面板上的"线"按钮 ，绘制如图 6-147 所示的直线并修改尺寸。单击"确定"按钮 ，退出草图绘制环境。

（3）在操控板中设定筋厚度为 0.5，然后单击"完成"按钮 ，完成加强筋特征的创建，效果如图 6-148 所示。

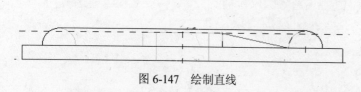
图 6-147 绘制直线

图 6-148 创建加强筋

4. 阵列加强筋

（1）在"模型树"选项卡中选择前面创建的加强筋特征。

（2）单击"模型"功能区"编辑"面板上的"阵列"按钮 ，打开"阵列"操控板。设置阵列类型为轴，在模型中选取轴 A_1 为参考，在操控板中设定阵列个数为 6，尺寸为 60。

（3）单击操控板中的"完成"按钮✔，完成加强筋特征的阵列，如图 6-149 所示。

5．拉伸支脚

（1）单击"模型"功能区"形状"面板上的"拉伸"按钮，在打开的"拉伸"操控板中依次单击"放置"→"定义"按钮，系统打开"草绘"对话框。选择旋转特征外表面的底面作为草绘平面，单击"草绘"按钮，进入草图绘制环境。

（2）单击"草绘"功能区"草绘"面板上的"圆心和点"按钮，绘制如图 6-150 所示的草图并修改尺寸。单击"确定"按钮✔，退出草图绘制环境。

（3）在操控板中设置拉伸方式为"盲孔"，设定拉伸深度为 3。单击操控板中的"完成"按钮✔，完成支脚特征的创建。

6．创建支脚拔模面

（1）单击"模型"功能区"工程"面板上的"拔模"按钮，打开"拔模"操控板。

（2）单击操控板中的"参考"按钮，在打开的"参考"下滑面板中单击"拔模曲面"列表框，在模型中选取拉伸特征的外圆柱面作为拔模曲面。

（3）单击"拔模枢轴"列表框，在模型中选取旋转特征外表面的底面作为拔模枢轴（或中性面）。在选择拔模枢轴时要注意，所选择的表面必须垂直于正在拔模的曲面，拔模枢轴定义旋转拔模曲面的旋转点，拔模枢轴曲面将保持它的形状和尺寸。

（4）选取"拖拉方向"列表框，拖动方向平面必须垂直于拔模表面。因为这个表面通常与拔模枢轴相同，自动使拖动方向平面与拔模枢轴相同，如图 6-151 所示。

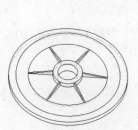

图 6-149　生成特征

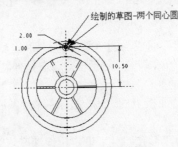

图 6-150　绘制草图

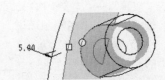

图 6-151　选取拔模枢轴和拖动方向

（5）在操控板中设定拔模角度值为 5.00，单击"完成"按钮✔，完成支脚拔模的创建。

（6）选取刚刚创建的拉伸特征和拔模特征，在菜单栏中选择"编辑"→"组"命令，创建组特征。

7．阵列支脚

（1）选取刚刚创建的组。

（2）单击"模型"功能区"编辑"面板上的"阵列"按钮，打开"阵列"操控板。设置阵列类型为轴，在模型中选取轴 A_1 为参考，在操控板中设定阵列个数为 3，尺寸为 120，如图 6-152 所示。

（3）单击操控板中的"完成"按钮✔，完成支脚特征的阵列。

8．拉伸导体

（1）单击"模型"功能区"形状"面板上的"拉伸"按钮，在打开的"拉伸"操控板中依次单击"放置"→"定义"按钮，系统打开"草绘"对话框。选择旋转特征外表面的底面作为草绘平面，单击"草绘"按钮，进入草图绘制环境。

（2）单击"草绘"功能区"草绘"面板上的"圆心和点"按钮，绘制如图 6-153 所示的草图并修改尺寸。单击"确定"按钮✔，退出草图绘制环境。

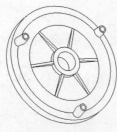

图 6-152　阵列

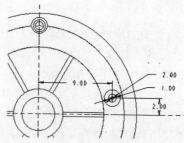

图 6-153　绘制草图

（3）在操控板中设置拉伸方式为"盲孔"，设定拉伸深度值为 4。单击操控板中的"完成"按钮✔，完成导体特征的创建。

9．创建导体拔模面

（1）单击"模型"功能区"工程"面板上的"拔模"按钮，打开"拔模"操控板。

（2）单击操控板中的"参考"按钮，在打开的"参考"下滑面板中单击"拔模曲面"列表框，选择拉伸特征的外圆柱面作为拔模曲面。

（3）单击"拔模枢轴"列表框，选择旋转特征外表面的底面作为拔模枢轴（或中性面）。

（4）单击"拖拉方向"列表框，拖动方向平面必须垂直于拔模表面。

（5）在操控板中设定拔模角度为 5，单击"完成"按钮✔，完成导体拔模面特征的创建。

10．拉伸接线体

（1）单击"模型"功能区"形状"面板上的"拉伸"按钮，在打开的"拉伸"操控板中依次单击"放置"→"定义"按钮，系统打开"草绘"对话框。选取拉伸特征端面作为草绘平面，单击"草绘"按钮，进入草图绘制环境。

（2）单击"草绘"功能区"草绘"面板上的"线"按钮和"圆心和点"按钮〇，绘制如图 6-154所示的草图并修改尺寸。

（3）在操控板中设置拉伸方式为"盲孔"，设定拉伸深度值为 0.1。单击操控板中的"完成"按钮✔，完成接线体特征的创建。

（4）重复"拉伸"命令，采用相同的方法，绘制图 6-155 所示的草图并修改尺寸。

（5）在操控板中设置拉伸方式为"盲孔"，设置拉伸深度为 1，单击"完成"按钮✔，完成一个接线体特征的创建。

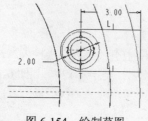

图 6-154　绘制草图

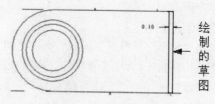

图 6-155　绘制草图

11．镜像接线体

（1）选择刚刚创建的 3 个拉伸特征和 1 个拔模特征，在菜单栏中选择"编辑"→"组"命令，创建组特征。

（2）选取刚刚创建的组，单击"模型"功能区"编辑"面板上的"镜像"按钮，选取 TOP 基准平面作为参考平面，如图 6-156 所示。

（3）单击操控板中的"完成"按钮，完成接线体特征的镜像，如图 6-157 所示。

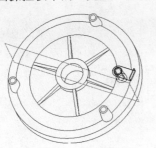

图 6-156 选择基准面

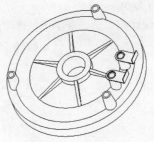

图 6-157 镜像特征

6.10 实践与练习

通过前面的学习，读者对本章知识也有了大体的了解。本节通过两个操作练习，使读者进一步掌握本章知识要点。

1．绘制图 6-158 所示的板簧。

操作提示：

（1）草绘扫描轨迹。绘制如图 6-159 所示的草图。

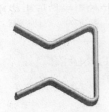

图 6-158 板簧

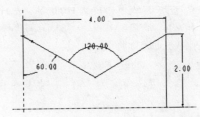

图 6-159 草绘图形

（2）扫描实体。利用"扫描"命令，绘制如图 6-160 所示的截面，生成实体如图 6-161 所示。

（3）镜像实体。利用"特征操作"命令，镜像实体，如图 6-162 所示。

（4）倒圆角修饰。利用"倒圆角"命令，选择板簧的 4 条边，修改圆角直径为 0.1，完成的实体如图 6-163 所示。

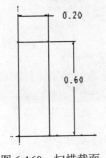

图 6-160 扫描截面

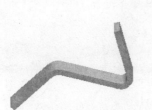

图 6-161 板簧实体

图 6-162 镜像特征

图 6-163 倒圆角后的图形

2. 绘制图 6-164 所示的螺丝刀。

操作提示：

（1）创建旋转体。利用"旋转"命令，选择 FRONT 平面作为草绘面绘制草图，如图 6-165 所示。设置旋转角度为 360°。

（2）拉伸切割实体。利用"拉伸"命令，选择 TOP 平面作为草绘面绘制草图，如图 6-166 所示。单击"切割"实体按钮 ⬦，设定拉伸深度为"全部贯穿" ⬦，效果如图 6-167 所示。

图 6-164 螺丝刀

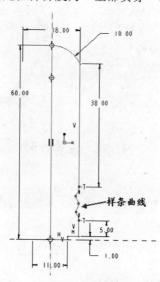

图 6-165 绘制草图

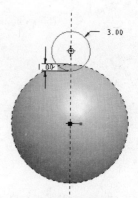

图 6-166 绘制草图

（3）阵列拉伸切割特征。利用"阵列"命令，选取阵列类型为"轴"阵列，然后选取中心轴，输入轴阵列个数为 8，将上步创建的切割特征进行阵列。

（4）旋转切割实体。利用"旋转"命令，选取 FRONT 面作为草绘面，绘制中心线和直线，如图 6-168 所示。单击"切割"按钮 ⬦，输入旋转角度为 360°，效果如图 6-169 所示。

图 6-167 拉伸切割实体

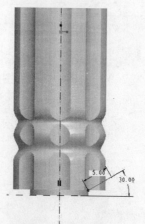

图 6-168 绘制草图

图 6-169 旋转切割实体

（5）拉伸实体。利用"拉伸"命令，选择 TOP 平面作为草绘面绘制圆，输入深度值为 40，如图 6-170 所示。

（6）旋转实体。利用"旋转"命令，选择 FRONT 平面作为草绘面，绘制中心线和螺丝刀刀头截面。设定旋转角度为 360°，如图 6-171 所示。

（7）拉伸切割实体。利用"拉伸"命令，选择 FRONT 平面作为草绘平面，绘制拉伸切割截面，如图 6-172 所示。单击"切割"按钮 ，设定拉伸深度为"双向" ，深度值为"10"，效果如图 6-173 所示。

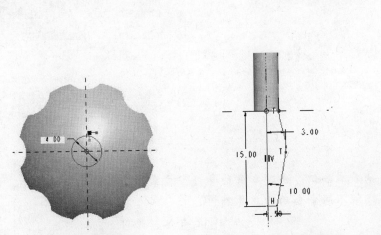

图 6-170　绘制草图　　　　　图 6-171　绘制刀头截面　　　　图 6-172　绘制草图

（8）镜像拉伸切割特征。使刚才绘制的拉伸切割特征呈选中的状态，利用"镜像"命令，选择镜像平面为 FRONT 面，效果如图 6-174 所示。

（9）倒圆角。利用"倒圆角"命令，对螺丝刀手柄部分进行倒圆角，倒圆角半径为"1"，效果如图 6-175 所示。

（10）参考阵列倒圆角特征。使刚才绘制的倒圆角特征呈选中的状态，利用"阵列"命令，选择阵列类型为"参考"阵列，效果如图 6-176 所示。

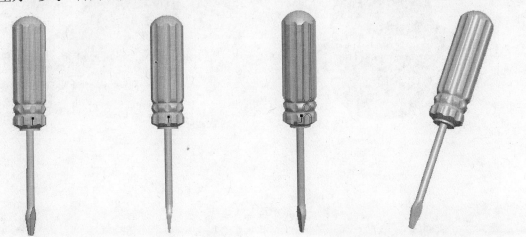

图 6-173　拉伸切割　　　图 6-174　镜像切割特征　　　图 6-175　倒圆角　　　图 6-176　参考阵列倒圆角特征

第 **7** 章

曲线概述

本章将介绍有关曲线的基本知识，通过本章的学习，应掌握曲线的相交、投影、包络、修剪和偏移等操作方法，了解不同命令的作用差别。

- ☑ 方法概述
- ☑ 相交、投影
- ☑ 包络、修剪
- ☑ 偏移

任务驱动&项目案例

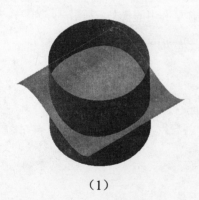

（1）

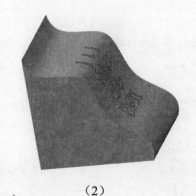

（2）

7.1 方 法 概 述

利用曲线可以创建所需要的曲面，而曲面可以创建实体特征。因此，掌握各种曲线的创建方法，对曲面、实体的快速建模至关重要。

在 Creo Parametric 中，能够创建的工具和命令很多，如基准曲线、草绘基准曲线等。利用编辑菜单下的偏移、相交、投影、包络等命令，可以创建一些特定条件下的曲线。利用"编辑"菜单下的修剪命令，可以对曲线进行修剪操作，从而获得符合设计要求的一段曲线。

7.2 相 交

利用相交命令可以在两个曲面的相交处生成曲线或者在相交曲线处生成曲线。

7.2.1 曲面相交成曲线

曲面相交是指在两个曲面的相交处生成曲线。

生成相交曲线的操作步骤如下：

（1）利用"拉伸"命令，创建如图 7-1 所示的曲面。

（2）选择其中的一个曲面，如图 7-2 所示，单击"模型"功能区"编辑"面板上的"相交"按钮，弹出如图 7-3 所示的"曲面相交"操控板。

图 7-1 创建曲面

图 7-2 选择曲面

（3）在操控板上单击"参考"按钮，打开"参考"下滑面板，按住 Ctrl 键，选择相交的另一个曲面，如图 7-4 所示。

图 7-3 "曲面相交"操控板

图 7-4 "参考"下滑面板

（4）单击操控板中的"完成"按钮，完成"相交"命令的操作。此时，在两个曲面的相交处创建一条曲线，如图 7-5 所示。

（5）在模型树中选中两个拉伸曲面，单击鼠标右键，在弹出的快捷菜单中选择"隐藏"命令，曲线如图 7-6 所示。

图 7-5　完成的相交效果

图 7-6　曲线

7.2.2　相交曲线生成曲线

利用相交命令也可以用两条基准曲线来创建一条曲线，所产生的曲线其实是由两个投影相交而成的。操作步骤如下：

1．草绘图形 1

（1）单击"模型"功能区"基准"面板上的"草绘"按钮，在"草绘"对话框中选择 TOP 基准平面作为草绘平面，选择 RIGHT 基准平面为右方向参考，如图 7-7 所示。单击"草绘"按钮，进入草图绘制环境。

（2）单击"草绘"功能区"草绘"面板上的"线"按钮、"3 点相切端"按钮和"圆形修剪"按钮，绘制的图形如图 7-8 所示。

（3）单击"确定"按钮，退出草图绘制环境。

2．草绘图形 2

（1）单击"模型"功能区"基准"面板上的"草绘"按钮，在"草绘"对话框中选择 RIGHT 基准平面作为草绘平面，在绘图区选择 TOP 基准平面为左方向参考，如图 7-9 所示。单击"草绘"按钮，进入草图绘制环境器。

图 7-7　"草绘"对话框

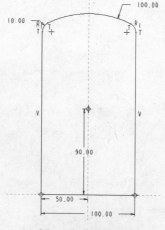

图 7-8　草绘图形 1

图 7-9　"草绘"对话框

（2）单击"草绘"功能区"草绘"面板上的"线"按钮和"3 点相切端"按钮，建立草绘曲线，如图 7-10 所示。

（3）单击"确定"按钮 ✔，退出草图绘制环境。

3．投影相交

（1）在模型树中选择草绘图形 1 和草绘图形 2。

（2）单击"模型"功能区"编辑"面板上的"相交"按钮 ，此时，系统自动将草绘图形 1 和草绘图形 2 隐藏，同时产生一个由两个投影相交而成的曲线，如图 7-11 所示。

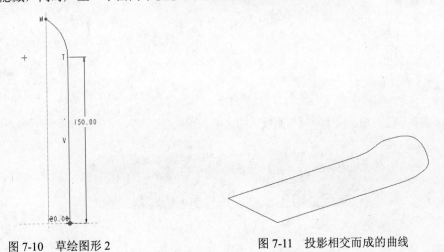

图 7-10　草绘图形 2　　　　　　　图 7-11　投影相交而成的曲线

7.3　投　　影

投影就是将一条曲线投影至一个曲面或者实体上的一个曲面。通常，可以使用投影的基准曲线来修剪曲面或绘出扫描轨迹的轮廓。如果曲线是通过在平面上草绘来创建的，那么可以对其阵列。

投影曲线的方法有以下两种。

投影草绘：创建草绘或将现有草绘复制到模型中，以进行投影。

投影链：选取要投影的曲线或链。

投影草绘的具体绘制步骤如下：

（1）利用"旋转"命令，创建如图 7-12 所示的曲面。

图 7-12　曲面

（2）单击"模型"功能区"编辑"面板上的"投影"按钮 ，弹出"投影曲线"操控板。

（3）打开"参考"下滑面板，在如图 7-13 所示的列表框中选择"投影草绘"选项，然后单击"定义"按钮。

（4）弹出"草绘"对话框，在绘图区选择 TOP 基准平面作为草绘平面，选择 RIGHT 基准平面为右方向参考，然后单击"草绘"按钮，进入草图绘制环境，如图 7-14 所示。

图 7-13 "参考"下滑面板   图 7-14 "草绘"对话框

（5）单击"草绘"功能区"草绘"面板上的"样条曲线"按钮～，草绘如图 7-15 所示的样条曲线。

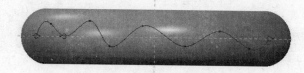

图 7-15 草绘样条曲线

（6）单击"确定"按钮✔，退出草图绘制环境。

（7）单击"投影曲线"操控板上的"曲面"，自动被激活后选择视图中的曲面。

（8）保持默认的"沿方向"选项，单击"方向参考收集器"，如图 7-16 所示。

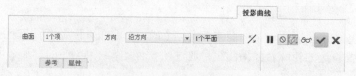

图 7-16 定义方向参考

（9）选择 TOP 基准平面作为投影平面，单击操控板中的"完成"按钮✔，创建的曲线如图 7-17 所示。

图 7-17 投影曲线

7.4 包　　络

"包络"命令，可以在指定的实体表面或者曲面面组上建立曲线，所建立的曲线一般被称为包络曲线。

　　创建包络曲线需要准备用来包络的曲线（包括草绘或者边界等）。包络曲线将在可能的情况下保留原曲线的长度，并且包络曲线的原点只能是能够投影到目标曲面上的参考点。

　　包络曲线的绘制步骤如下。

1. 创建一个用来包络的草绘

　　（1）利用"拉伸"命令，创建如图 7-18 所示的模型。

　　（2）单击"模型"功能区"基准"面板上的"平面"按钮 ⬜ ，选择 TOP 基准平面作为参考。单击"偏移"选项框，将偏移距离设置为 300（如图 7-19（a）所示），单击"确定"按钮。

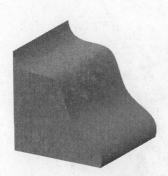

（a）　　　　　　　　　　　（b）

图 7-18　源文件中的模型

图 7-19　创建 DTM1 基准平面

　　（3）单击"模型"功能区"基准"面板上的"草绘"按钮 ，选择刚刚创建的 DTM1 基准平面作为草绘平面。

　　（4）单击"草绘"功能区"草绘"面板上的"文本"按钮 ，在弹出的"文本"对话框中输入所要包络的文字，如图 7-20 所示。

　　（5）单击"文本"对话框中的"确定"按钮，如图 7-21 所示。

　　（6）单击"确定"按钮 ✓，退出草图绘制环境，完成草绘图形的创建并退出草图绘制环境。创建的草绘如图 7-22 所示。

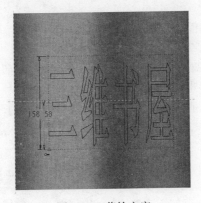

图 7-20　"文本"对话框

图 7-21　草绘文字

图 7-22　草绘的图形

2. 创建包络曲线

　　（1）在图形中选中刚刚创建的草绘特征。

（2）单击"模型"功能区"编辑"面板上的"包络"按钮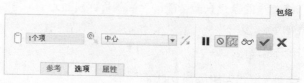，弹出如图 7-23 所示的"包络"操控板。

图 7-23　"包络"操控板

（3）系统自动在默认的方向上找到实体表面进行包络，如图 7-24 所示。

（4）单击操控板中的"完成"按钮✔，创建的包络曲线如图 7-25 所示，系统自动将原草绘特征隐藏。

图 7-24　包络预览

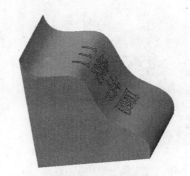

图 7-25　包络曲线

📖 说明：在选项下滑面板上有两个复选框，即"忽略相交曲面"和"在边界修复"复选框。前者用来定义单独的曲线是否被包络到相交曲面上，是否要忽略任何交集曲面；而后者用来定义修剪曲线中无法进行包络的部分，当曲线在目的对象上包络过大时，是否要修剪曲线。

7.5　修　　剪

修剪或分割是指通过在曲线与曲面、其他曲线或基准平面相交处修剪，或由修剪曲线来修剪该曲线。

要修剪面组或曲线时，请先选择要修剪的曲面或曲线，激活"修剪"工具，然后指定修剪对象，即可在创建或重定义期间指定和更改修剪对象。在修剪过程中，箭头将指定被修剪曲面或曲线中保留的部分。用于修剪曲线的特征可以是曲面、基准面、其他曲线和基准点。

可以使用修剪工具按钮或"编辑"下拉菜单中的"修剪"命令，来执行曲线的修剪操作。

操作步骤如下：

（1）利用"样条曲线"命令，绘制如图 7-26 所示的曲线。

（2）在模型树中选择要修剪的曲线。

（3）单击"模型"功能区"编辑"面板上的"修剪"按钮，弹出"修剪"操控板。

图 7-26　选择修剪的曲线

（4）选择修剪对象，修剪对象可以是曲线上的某个点，也可以是与曲线相交的平面、曲面、基准曲线等。选择 FRONT 基准平面作为修剪对象，图中箭头方向代表着曲线相对于修剪对象要保留的部分，如图 7-27 所示。

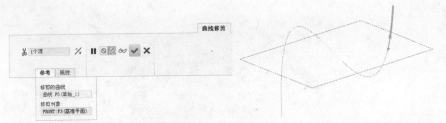

图 7-27　修剪曲线

（5）在操控板上单击"保留侧方向"按钮，更改保留曲线方向，如图 7-28 所示。
（6）单击操控板中的"完成"按钮，并完成曲线的修剪操作。修剪后的曲线如图 7-29 所示。

图 7-28　更改保留方向　　　　　　　　　图 7-29　修剪曲线

7.6　偏　　移

偏移是指使用已有的曲线进行偏移，进而得到新的曲线。偏移命令除了对曲线的偏移以外，还可以对曲面或面组进行偏移。前面我们介绍过曲面偏移的方法和操作，本节仅对曲线的"偏移"命令进行说明。

对曲线的偏移可以分为以下 3 种：沿曲面的曲线偏移、垂直于曲面的曲线偏移和从边界偏移。

当选择要偏移的参考曲线后，单击"模型"功能区"编辑"面板上的"偏移"按钮，弹出"偏移"操控板，如图 7-30 所示。

图 7-30　Offset 操控板

7.6.1　沿曲面的曲线偏移

默认的曲线偏移类型为"沿参考面偏移"，用户可以选择另外一种偏移类型，即"垂直于参考面偏移"。选择的偏移类型不同，所创建的偏移曲线也不同。

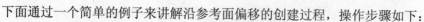

下面通过一个简单的例子来讲解沿参考面偏移的创建过程，操作步骤如下：

（1）利用"拉伸"命令创建曲面，如图 7-31 所示。

（2）选择要偏移的基准曲线。

图 7-31 曲面

（3）单击"模型"功能区"编辑"面板上的"偏移"按钮，此时弹出"偏移"操控板。

（4）在"偏移"操控板上接受默认的曲线偏移类型，即"沿参考面偏移"类型。

（5）在"偏移"操控板上单击"偏移方向"按钮，以使偏移方向切换到原始曲线的另一侧。

（6）在"偏移"操控板上激活"偏移距离"文本框，输入偏移的距离为 50。

（7）打开"参考"下滑面板，选择曲面为参考面组，如图 7-32 所示。

图 7-32 选择参考面组

（8）单击操控板中的"完成"按钮，创建的偏移曲线如图 7-33 所示。

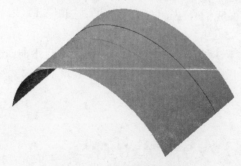

图 7-33 沿参考面偏移效果

7.6.2 垂直于参考面偏移

参考面偏移的操作步骤如下：

（1）利用"拉伸"命令创建曲面，如图 7-34 所示。

（2）选择要偏移的基准曲线。

图 7-34 曲面

（3）单击"模型"功能区"编辑"面板上的"偏移"按钮，此时弹出"偏移"操控板。

（4）选择曲线偏移类型为"垂直于参考面偏移"类型。

（5）在"偏移"操控板上单击"偏移方向"按钮，使偏移方向切换到原始曲线的另一侧。

（6）在"偏移"操控板的"偏移距离"文本框中输入偏移的距离为 20。

（7）打开"参考"下滑面板，选择曲面为参考面组，如图 7-35 所示。

图 7-35 垂直于参考面偏移操控板

（8）单击操控板中的"完成"按钮，创建的偏移曲线如图 7-36 所示。

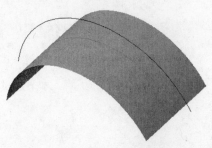

图 7-36 垂直于参考面偏移效果

7.6.3 从边界偏移

在同一个曲面上偏移某一条边界得到新的曲线，并通过"延伸"选项调整新曲线。方法是对一条边界进行偏移，使用鼠标右键在延伸选项中增加新的控制点，然后对控制点的参数进行适当的调整，以控制偏移曲线。

操作步骤如下：

（1）利用"拉伸"命令创建曲面。

（2）选择要偏移的边界曲线，如图 7-37 所示。

（3）单击"模型"功能区"编辑"面板上的"偏移"按钮，弹出"偏移"操控板。

（4）在"偏移"操控板上单击"偏移方向"按钮，使偏移方向切换到原始曲线的另一侧，如图 7-38 所示。

图 7-37　选择边界曲线

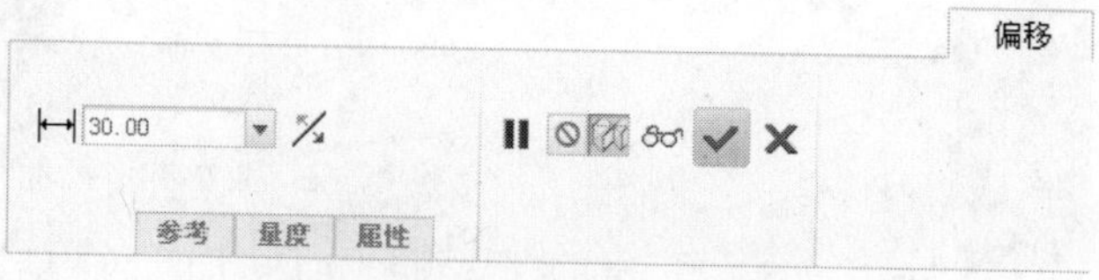

图 7-38　"边界偏移"操控板

（5）在"偏移"操控板输入偏移的距离为 30，边界偏移预览如图 7-39 所示。

（6）单击操控板中的"完成"按钮，创建的偏移曲线如图 7-40 所示。

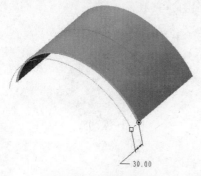

图 7-39　边界偏移预览

图 7-40　边界偏移

7.7　实践与练习

通过前面的学习，读者对本章知识也有了大体的了解。本节通过一个操作练习，使读者进一步掌握本章的知识要点。

绘制如图 7-41 所示的水果盘。

操作提示：

（1）草绘扫描轨迹。绘制如图 7-42 所示的草图。

图 7-41　水果盘

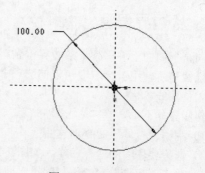

图 7-42　草绘图形

（2）扫描曲面。利用"扫描"命令，绘制如图 7-43 所示的截面，生成的曲面如图 7-44 所示。

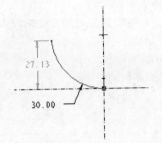

图 7-43 扫描截面

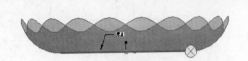

图 7-44 扫描曲面

（3）加厚曲面。利用"加厚"命令，加厚曲面，厚度为 2.5，如图 7-45 所示。

（4）拉伸底。利用"拉伸"命令，创建拉伸深度为 5，完成的实体如图 7-46 所示。

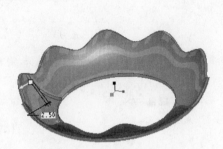

图 7-45 加厚特征

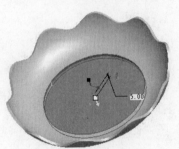

图 7-46 倒圆角

（5）创建孔。利用"孔"命令，创建直径为 10，完成的实体如图 7-47 所示。

（6）阵列孔。利用"阵列"命令，选择"填充"类型，设置间距为 20，到边界间距为 3，阵列效果如图 7-48 所示。

图 7-47 创建孔

图 7-48 阵列孔

第8章

曲面造型

本章将介绍曲面造型的基础知识，目的是让读者初步掌握简单曲面造型的基本绘制方法与技巧。

- ☑ 曲面设计概述
- ☑ 创建曲面
- ☑ 编辑曲面

任务驱动&项目案例

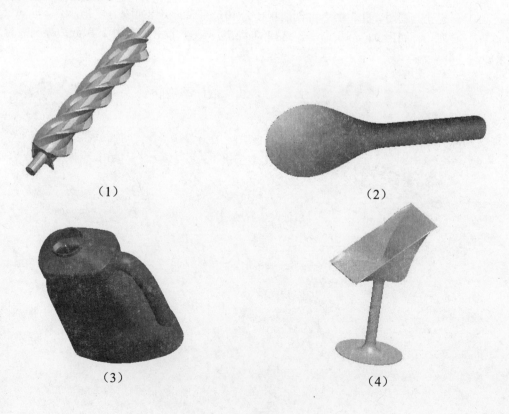

（1）

（2）

（3）

（4）

8.1 曲面设计概述

曲面特征主要用来创建复杂零件。曲面称为面就是说它没有厚度，这与实体特征中的薄壁特征不同，薄壁特征中的壁有一个厚度值。

虽然薄壁特征壁的厚度较薄，但其本质上与曲面不同，它是实体。在 Creo Parametric 1.0 中，首先通过各种方法建立单个的曲面，然后对曲面进行修剪、切削等编辑操作，完成以后将多个单独的曲面进行合并，合并成一个整体的曲面，并对其进行实体化，也就是将曲面加厚，使之变成实体，因为只有实体才能进行加工制作。本章将按照这个顺序，先讲述曲面的建立，然后介绍编辑操作，最后讲解实体化操作。

8.2 创 建 曲 面

拉伸曲面、旋转曲面、扫描曲面等操作可以参考实体的创建，本节主要介绍填充曲面和边界曲面的创建方法。

8.2.1 填充曲面

填充曲面是指平整的闭环边界截面（即在某一个平面的封闭截面），任何填充特征必须包括一个平整的封闭环草绘特征。填充特征用于生成平面，它需要通过对平面的边界作草绘，来实现对平面的定义。创建填充曲面，既可以选择已存在的平整的闭合基准曲线，也可以进入内部草绘器定义新的封闭截面。

操作步骤如下：

（1）单击"模型"功能区"曲面"面板上的"填充"按钮▨，打开如图 8-1 所示的"填充"操控板。

（2）在"填充"操控板上单击"参考"选项，打开"参考"下滑面板，如图 8-2 所示。

（3）在"参考"下滑面板上单击"定义"按钮，打开"草绘"对话框。

图 8-1 "填充"操控板　　　　　　　图 8-2 "参考"下滑面板

（4）选择 TOP 基准平面作为草绘平面，其他保持默认设置，单击"草绘"按钮。

（5）单击"显示"工具栏中的"草绘视图"按钮，使 FRONT 基准平面正视于界面。

（6）单击"草绘"功能区"草绘"面板上的"圆心和点"按钮○，绘制填充截面，效果如图 8-3所示。

（7）单击"确定"按钮✔，退出草图绘制环境。

（8）在"填充"操控板上单击"完成"按钮✔，完成填充曲面，效果如图 8-4 所示。

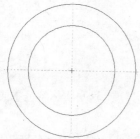

图 8-3　草绘填充截面

图 8-4　填充曲面

8.2.2　边界曲面

边界混合曲面是指利用边线作为边界混合而成的一类曲面。边界混合曲面是最常用的曲面建立方式，既可以由同一个方向上的边线混合曲面，也可以由两个方向上的边线混合曲面，可以以建立的参照曲线为依据，获得比较精确的曲面。需要注意的是，曲面不是绝对精确地通过参照曲线的，它只是在一定精度范围内通过参照曲线的拟合曲面。为了更精确地控制所要混合的曲面，可以加入影响曲线，也可以设置边界约束条件或者设置控制点等。为了曲面质量的需要，可能会重新拟合参照曲线。

1. 单向边界混合曲面

操作步骤如下：

（1）进入草图绘制环境，绘制如图 8-5 所示的曲线文件。

（2）单击"模型"功能区"曲面"面板上的"边界混合"按钮，打开"边界混合"操控板，如图 8-6 所示。

（3）在图形中选择曲线 1，然后按住 Ctrl 键依次选择曲线 2 和曲线 3。

（4）在"边界混合"操控板上单击"完成"按钮，完成边界混合曲面，效果如图 8-7 所示。

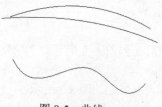

图 8-5　曲线

图 8-6　"边界混合"操控板

2. 双向边界混合曲面

双向边界混合曲面是由两个方向上的边线来混合曲面。依次定义曲线 1、曲线 2、曲线 3 为第一方向曲线，而曲线 4、曲线 5 为第二方向曲线。

操作步骤如下：

（1）进入草图绘制环境，绘制如图 8-8 所示的曲线。

图 8-7　创建的单向边界混合曲面

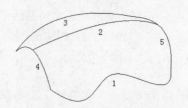

图 8-8　文件中的 5 条曲线

（2）单击"模型"功能区"曲面"面板上的"边界混合"按钮，打开"边界混合"操控板，此时"第一方向图元收集器"处于被激活状态。

（3）选择曲线 1，然后按住 Ctrl 键的同时依次选择曲线 2 和曲线 3。

（4）在"边界混合"操控板上单击"第二方向图元收集器"，然后结合 Ctrl 键选择曲线 4 和曲线 5，单击"完成"按钮，如图 8-9 所示。

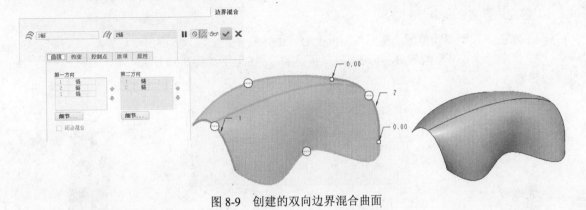

图 8-9　创建的双向边界混合曲面

8.2.3　实例——周铣刀

首先绘制弯管的铣刀截面，并将铣刀截面进行阵列，再将阵列的截面生成边界混合曲面，然后拉伸创建一个圆柱形曲面，最后合并成铣刀。绘制流程如图 8-10 所示。

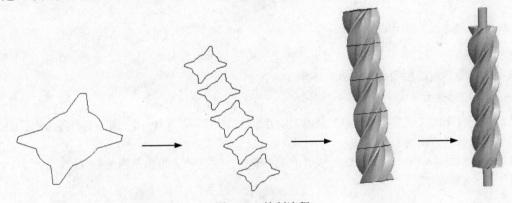

图 8-10　绘制流程

操作步骤：（光盘\动画演示\第 8 章\周铣刀.avi）

1．新建文件

单击快速访问工具栏中的"新建"按钮，系统打开"新建"对话框。在"类型"选项组中选中"零件"单选按钮，在"子类型"选项组中选中"实体"单选按钮，在"名称"文本框中输入零件名称 zhouxidao.prt，其他选项保持默认设置。单击"确定"按钮，创建一个新的零件文件。

2．绘制草图

（1）单击"模型"功能区"基准"面板上的"草绘"按钮，弹出"草绘"对话框。选取 FRONT 面作为草绘平面，RIGHT 面作为参考，参考方向向右。

（2）绘制如图 8-11 所示的草图，单击"确定"按钮，退出草图绘制环境。

3．阵列草绘特征

（1）选中刚绘制的草图，单击"模型"功能区"编辑"面板上的"阵列"按钮囲，弹出"阵列"操控板。

（2）将阵列的类型修改为"方向"阵列，选取 FRONT 面作为方向参考，输入阵列的个数为 6，阵列距离为 30，单击操控板中的"完成"按钮✔，完成阵列操作，效果如图 8-12 所示。

4．创建边界混合曲面

（1）单击"模型"功能区"曲面"面板上的"边界混合"按钮⬡，弹出"边界混合"操控板。

（2）依次选择 6 个草绘截面，系统即出现预览的边界曲面，如图 8-13 所示，单击操控板中的"完成"按钮✔。

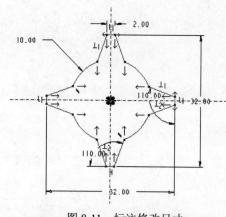

图 8-11　标注修改尺寸

图 8-12　阵列结果

图 8-13　边界混合

（3）在绘图区空白处单击鼠标右键，在弹出的快捷菜单中选择"控制点"命令，如图 8-14 所示，然后依次选取要对应的控制点，如图 8-15 所示。

5．绘制拉伸曲面

（1）单击"模型"功能区"基准"面板上的"草绘"按钮，选择 TOP 面作为草绘平面，RIGHT 面作为参考，参考方向向右。

（2）绘制如图 8-16 所示的直线，然后单击"确定"按钮✔，退出草图绘制环境。

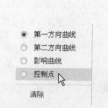

图 8-14　定义控制点

图 8-15　修改控制点

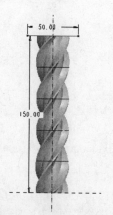

图 8-16　绘制直线

（3）选中刚绘制的草图，单击"模型"功能区"形状"面板上的"拉伸"按钮，弹出"拉伸"操控板。

（4）在"拉伸"操控板中单击"对称"按钮，设置拉伸距离为50，然后单击"完成"按钮，拉伸效果如图8-17所示。

6．绘制填充曲面

在模型树中选择"草绘 1"，单击"模型"功能区"曲面"面板上的"填充"按钮，系统即将草绘截面填充成曲面，如图8-18所示。

图 8-17　绘制拉伸曲面　　　　　图 8-18　绘制填充曲面

7．合并曲面

（1）选择填充曲面和边界曲面，单击"模型"功能区"编辑"面板上的"合并"按钮，弹出"合并"操控板，单击"完成"按钮。

（2）选择拉伸曲面和合并后的曲面，重复"合并"命令。在操控板中单击"反向"按钮调整方向，效果如图8-19所示。单击"完成"按钮，合并效果如图8-19所示。

8．绘制拉伸曲面

（1）单击"模型"功能区"形状"面板上的"拉伸"按钮，弹出"拉伸"操控板。

（2）选择FRONT面作为草绘平面，绘制直径为10的圆，如图8-20所示。单击"确定"按钮，退出草图绘制环境。

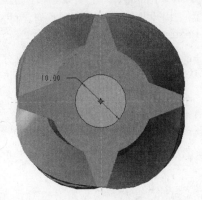

图 8-19　合并曲面　　　　　图 8-20　绘制草图

（3）在"拉伸"操控板中选择拉伸类型为曲面，再单击"选项"按钮，将两侧深度都设为"盲孔"，侧1为170，侧2为20，并选中"封闭端"复选框。单击"确认"按钮✓，拉伸效果如图8-21所示。

9. 合并曲面

（1）选择边界混合曲面和刚绘制的拉伸曲面。

（2）单击"模型"功能区"编辑"面板上的"合并"按钮，弹出"合并"操控板。

（3）单击"反向"按钮✗，调整方向，合并效果如图8-22所示。

图8-21 绘制拉伸曲面

图8-22 合并曲面

8.3 编 辑 曲 面

利用前面讲述的曲面的创建方法可以创建一些简单的曲面，下面将学习曲面的编辑方法，可以对曲面进行偏移、复制、修剪，还可以将多个曲面合并成面组，最后将曲面面组实体化，通过曲面来创建实体模型。

8.3.1 偏移曲面

偏移特征可以用于曲线特征，也可以用于曲面特征。曲面偏移也是一个很重要的曲面特征。使用偏移工具，通过将一个曲面、一条曲线偏移恒定或者可变距离，就可以创建一个新的偏移特征。可以使用此偏移曲面来构建几何或创建阵列几何，同时也可以使用偏移曲线构建组，以便以后构建曲面的曲线。曲面偏移包括以下3种类型。

（1）标准偏移：即偏移一个面组、曲面或者实体面，是具有拔模特征的偏移（斜偏移）。这类偏移包括在草绘内部的面组或曲面区，以及拔模侧曲面。还可以使用此选项来创建直的或相切侧曲面轮廓。

（2）展开偏移：在封闭面组或者实体草绘的选定面之间，创建一个连续体积块，当使用"草绘区域"选项时，将在开放面组或实体曲面的选定面之间，创建连续的体积块。此选项常用于在曲面上打上商标等标记。

（3）替换偏移：用面组或者基准平面替换实体面。

操作步骤如下：

（1）利用"拉伸"命令，绘制如图8-23所示的模型。

（2）选择曲面，如图8-24所示。

图 8-23　绘制模型　　　　　　　　　　图 8-24　选择曲面

（3）单击"模型"功能区"曲面"面板上的"偏移"按钮，打开"偏移"操控板，如图 8-25所示。

（4）默认情况下，曲面的偏移类型为"标准"模式，输入偏移的距离为 10。

（5）打开"选项"下滑面板，选择"垂直于曲面"选项，如图 8-26 所示。

图 8-25　"偏移"操控板　　　　　　　图 8-26　"选项"下滑面板

（6）在操控板上单击"完成"按钮，完成偏移曲面，如图 8-27 所示。

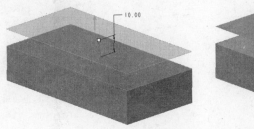

图 8-27　偏移效果

8.3.2　复制曲面

复制实体或者曲面上的面是将一个现有的曲面进行复制，产生新的曲面。

对实体或者曲面上的面进行复制时，"曲面：复制"操控板如图 8-28 所示。

（1）参考：欲复制的曲面。

（2）选项：复制选项，包括以下 3 个选项。

☑　按原样复制所有曲面：复制所选的所有曲面，此为默认选项。

☑　排除曲面并填充孔：复制所有的曲面后，用户可排除某些曲面，并可将曲面

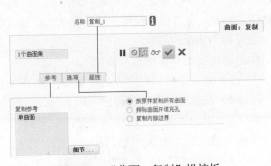

图 8-28　"曲面：复制"操控板

内部的孔洞自动填补上曲面。

☑ 复制内部边界：若用户仅需要复制原先所选的曲面中的部分曲面，则选中此单选按钮，选取所要曲面的边线，形成封闭的循环即可。

（3）属性：显示复制完成曲面的特性，包含曲面的名称及各项特征信息。

操作步骤如下：

（1）利用"拉伸"命令创建长方体，如图 8-29 所示。

（2）在模型中选择顶部的面，再按住 Ctrl 键，选择其余面，如图 8-30 所示。

图 8-29　原始模型

图 8-30　选择面

（3）按 Ctrl+C 键复制曲面，按 Ctrl+V 键粘贴曲面，打开如图 8-31 所示的"曲面：复制"操控板。

（4）在操控板上单击"完成"按钮✓（或者单击鼠标中键）即可产生新的曲面，如图 8-32 所示。

图 8-31　"曲面：复制"操控板

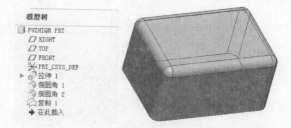
图 8-32　复制产生的新曲面

8.3.3　镜像曲面

镜像工具将以平面为参照来创建特征的副本，参照可以是基准平面、平直的实体表面或者曲面。镜像工具常用于复制镜像平面周围的曲面、曲线和轴。此外，镜像工具还可以用来创建零件的副本。对于一个选定的曲面或者面组，可以使用镜像的方式在某一平面（镜像平面）的另一侧产生一个对称的曲面或者面组。

镜像曲面的具体操作步骤如下：

（1）利用"拉伸"命令创建如图 8-33 所示的曲面。

（2）在模型树中选择曲面，则其以红色显示。

（3）单击"模型"功能区"曲面"面板上的"镜像"按钮，打开"镜像"操控板，如图 8-34 所示。

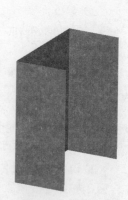
图 8-33　原始曲面

（4）选择 RIGHT 基准平面为镜像平面。

（5）在"镜像"操控板上单击"完成"按钮✓，创建的镜像曲面如图 8-35 所示。

图 8-34 "镜像"操控板

图 8-35 创建镜像曲面

8.3.4 修剪曲面

修剪工具用于剪切或者分割面组或者曲线，从面组或曲线中移除材料，以创建特定形状的面组或曲线。

曲面修剪的方式主要有以下两种。

（1）以相交面作为分割面来进行修剪。当使用曲面作为修剪另一曲面的参照时，可以用一定的厚度修剪，需要使用薄修剪模式，如图 8-36 所示。

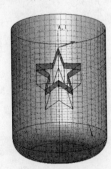

（a）原始的两个相交曲面　　　　（b）修剪过程　　　　（c）修剪后的效果

图 8-36 以相交面作为分割面修剪

（2）以曲面上的曲线作为分割线来进行修剪。

选择要修剪的曲面组后，就可以单击"修剪"工具按钮或者从菜单栏中选择"编辑"→"修剪"命令，打开"修剪"操控板。下面简单介绍一下"修剪"操控板中的两个下滑面板。

（1）"参考"下滑面板。

在该下滑面板中有"修剪的面组"收集器和"修剪对象"收集器，选择的对象均会收集在相应的收集器中，在收集器中单击即可将其激活；若右击收集器，在弹出的快捷菜单中选择"移除"命令，即可删除不需要的对象。

（2）"选项"下滑面板。

当修剪对象为曲线时，不需要使用该下滑面板；当修剪对象为相交面时，可以打开该下滑面板，指定是否保留修剪曲面、是否定义薄修剪等。若要定义薄修剪，则可以选中"薄修剪"选项，输入薄修剪的厚度，并可以指定排除曲面（不进行薄修剪的曲面）。

操作步骤如下：

（1）利用"拉伸"命令创建如图 8-37 所示的曲面。

（2）选择圆柱曲面为要修剪的曲面。

（3）单击"模型"功能区"编辑"面板上的"修剪"按钮，弹出"修剪"操控板。

（4）在"修剪"操控板上单击"保留侧方向"按钮。

（5）在"选项"下滑面板上选中"薄修剪"复选框，并在其后输入数值，如图 8-38 所示。也可以拖动图柄，以控制薄修剪的程度（不同的"薄修剪"数值将导致不同程度的修剪），如图 8-39 所示。

图 8-37 源文件图形

图 8-38 "选项"下滑面板

说明：如果只是选择曲线进行修剪，那么"修剪"操控板上只有"参考"和"属性"两个卷标；如果使用曲面作为修剪对象，则只有"薄修剪"选项可用。

（6）单击操控板中的"完成"按钮，完成曲面的修剪操作，修剪后的曲线如图 8-40 所示。

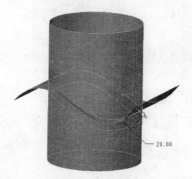

图 8-39 修剪预览

图 8-40 曲面薄修剪

8.3.5 延伸曲面

延伸工具用于延伸曲面，选择曲面的边界将曲面延伸，延伸的模式有面和沿曲面两种。

1. 至平面

"至平面"模式是将曲面延伸到指定的平面。

操作步骤如下：

（1）选择要延伸曲面的边线。

（2）单击"模型"功能区"曲面"面板上的"延伸"按钮，打开"曲面延伸：曲面延伸"操控板。

（3）单击"到平面"按钮，如图 8-41 所示。

（4）单击"参照平面"选项框，选择 RIGHT 基准平面，如图 8-42 所示。

（5）在操控板上单击"完成"按钮 ✓，完成曲面的延伸，效果如图 8-43 所示。

图 8-41 选择"列平面"模式

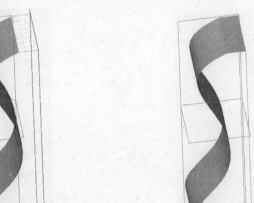
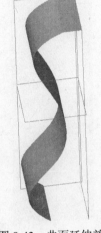

图 8-42 选择要延伸的曲面 图 8-43 曲面延伸效果

2. 沿曲面

以沿曲面方法延伸曲面有 3 种方式，即相同、相切和逼近方式，其中前两种方式在设计中较为常用。

（1）相同：创建相同类型作为原始曲面，即通过选定的边界，以相同类型来延伸原始曲面，所述的原始曲面可以是平面、圆柱面、圆锥面或者样条曲面。根据延伸的方向，将以指定距离并经过其选定边界延伸原始曲面，或以指定距离对其进行修剪，如图 8-44 所示。

（2）相切：创建与原始曲面相切的直纹曲面，如图 8-45 所示。

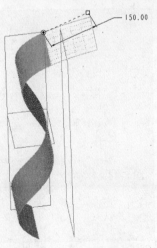
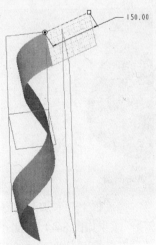

图 8-44 相同方式 图 8-45 相切方式

（3）逼近：以逼近选定边界的方式来创建边界混合曲面。

另外，可以通过"量度"下滑面板来增加一些测量点，并设置这些测量点的距离类型和距离值，从而创建一些复杂的延伸曲面，如图 8-46 所示。

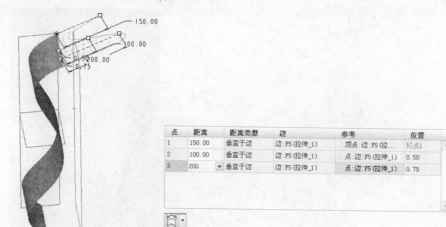

点	距离	距离类型	边	参考	位置
1	150.00	垂直于边	边:F5 (拉伸_1)	顶点:边:F5 (拉...	终点1
2	100.00	垂直于边	边:F5 (拉伸_1)	点:边:F5 (拉伸_1)	0.50
3	200	垂直于边	边:F5 (拉伸_1)	点:边:F5 (拉伸_1)	0.75

图 8-46　具有多测量值的延伸曲面

8.3.6　曲面加厚

加厚特征用于将曲面或面组特征生成实体薄壁，或者移除薄壁材料，可以由曲面直接创建实体。因此，加厚特征可以用于创建复杂的薄实体特征，以提供比实体建模更复杂的曲面造型。

操作步骤如下：

（1）利用"旋转"命令创建如图 8-47 所示的曲面。

（2）在视图中选择旋转曲面。

（3）单击"模型"功能区"曲面"面板上的"加厚"按钮，打开"加厚"操控板，如图 8-48 所示。

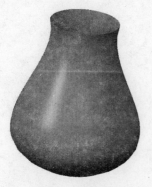

图 8-47　原始曲面　　　　　　　图 8-48　"加厚"操控板

（4）在"加厚"操控板上输入加厚的厚度为 5.12。打开"选项"下滑面板，从下拉列表中选择"垂直于曲面"选项，效果如图 8-49 所示。

（5）若在"选项"下滑面板的下拉列表中选择"自动拟合"选项，效果如图 8-50 所示。

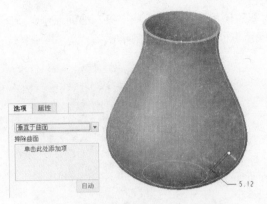

图 8-49 选择"垂直于曲面"选项

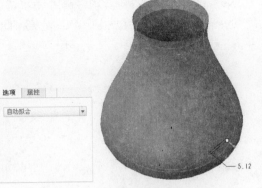

图 8-50 选择"自动拟合"选项

（6）若在"选项"下滑面板的下拉列表中选择"控制拟合"选项，效果如图 8-51 所示。

（7）在"加厚"操控板上单击"完成"按钮 ✓，加厚的效果如图 8-52 所示。

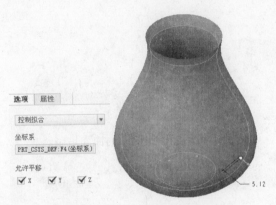

图 8-51 选择"控制拟合"选项

图 8-52 创建的加厚特征

8.3.7 合并曲面

合并工具用于通过相交或连接的方式来合并两个面组。它所生成的面组将是一个单独的面组，即使删除合并特征，原始面组依然保留。合并面组有以下两种模式。

（1）相交模式：两个曲面有交线但没有共同的边界线，合并两个相交的面组，然后创建一个由两个相交面组的修剪部分所组成的面组。

（2）连接模式：合并两个相邻面组，其中一个面组的一个侧边必须在另一个面组上。

两个曲面邻接时，即一个曲面的某边界线恰好是另一个曲面的边界时，多采用连接方式来合并这两个曲面。

操作步骤如下：

（1）利用"拉伸"命令创建如图 8-53 所示的曲面。

（2）在视图中选择所有曲面。

（3）单击"模型"功能区"曲面"面板上的"合并"按钮 ⬠，打开"合并"操控板。

（4）打开"选项"下滑面板，可以看到默认的选项为"相交"，如图 8-54 所示，接受该默认设置。

（5）在"合并"操控板上分别单击"第一曲面面组的保留侧"按钮 ✕ 和"第二曲面面组的保留侧"按钮 ✕。此操作具有曲面修剪的效果，此时两个保留侧的方向如图 8-55 所示。

图 8-53 曲面　　　图 8-54 指定合并方式　　　图 8-55 定义保留面

（6）在操控板中单击"完成"按钮 ✔，合并后的曲面面组如图 8-56 所示。

注意：如果选择保留侧的方向不同，得到的合并效果也不同，如图 8-57 所示。

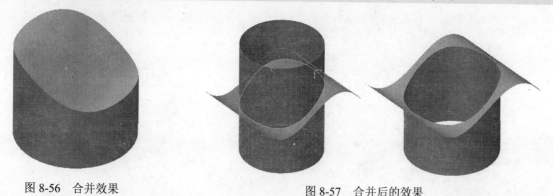

图 8-56 合并效果　　　　　图 8-57 合并后的效果

8.3.8 曲面实体化

实体化特征将使用预定的曲面特征或面组，对实体进行修改，将曲面直接创建为实体，其中包括添加、删除或替换实体材料命令符。实体化特征可以充分利用曲面造型的灵活性，实现复杂的几何建模。它有以下 3 种类型。

（1）伸出项实体：使用曲面或面组作为边界来添加实体材料。

（2）口实体：使用曲面或面组作为边界来移除实体材料。

（3）替换/曲面修补：使用曲面或面组替换指定的曲面部分。需要注意的是，只有当选定的曲面或面组边界位于实体几何上时才可用。伸出项选项其实是此选项的一个特例，可以用此选项来代替。

操作步骤如下：

（1）利用"扫描"命令创建如图 8-58 所示的曲面。

（2）选中扫描曲面，因为此时曲面不是封闭的，故"实体化"菜单命令不可用，呈灰色显示状态。

（3）在图形窗口中选中扫描曲面，单击鼠标右键，在弹出的菜单中选择"编辑定义"命令，重新编辑扫描曲面，将其属性改为"封闭端"。

（4）再选中扫描曲面，单击"模型"功能区"编辑"面板上的"实体化"按钮 ⬚，系统弹出"实体化"操控板，如图 8-59 所示。

（5）单击操控板中的"完成"按钮 ✔，将曲面实体化，生成的模型如图 8-60 所示。

图 8-58　原始模型　　　　图 8-59　"实体化"操控板　　　　图 8-60　框架方式显示模型

Note

8.3.9　实例——饭勺

首先绘制旋转曲面，然后绘制勺柄，再将勺柄部分修剪，并用边界混合命令将勺子和勺柄连接，最后将勺柄倒圆角并加厚。绘制流程如图 8-61 所示。

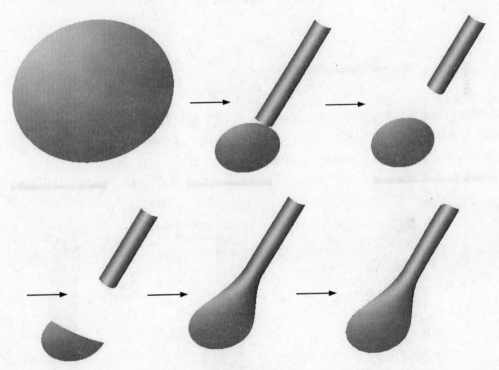

图 8-61　绘制流程

操作步骤：（光盘\动画演示\第 8 章\饭勺.avi）

1．新建文件

单击快速访问工具栏中的"新建"按钮 □，系统打开"新建"对话框。在"类型"选项组中选中"零件"单选按钮，在"子类型"选项组中选中"实体"单选按钮，在"名称"文本框中输入零件名称 fanshao.prt，其他选项采用系统提供的默认设置。单击"确定"按钮，创建一个新的零件文件。

2．绘制旋转曲面

（1）单击"模型"功能区"形状"面板上的"旋转"按钮 ，弹出"旋转"操控板。

（2）选择 FRONT 面作为草绘平面，绘制如图 8-62 所示草图。单击"确定"按钮 ✔，退出草图绘制环境。

（3）在弹出的选项操控板中将角度设为360°，单击操控板中的"完成"按钮✔，如图8-63所示。

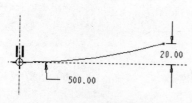

图 8-62　绘制草图

图 8-63　旋转曲面

3. 绘制变截面扫描曲面

（1）单击"模型"功能区"基准"面板上的"草绘"按钮✎，选择 FRONT 面作为草绘平面绘制如图8-64所示的草图，单击"确定"按钮✔，退出草图绘制环境。

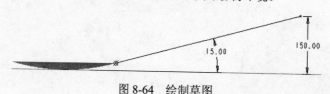

图 8-64　绘制草图

（2）单击"模型"功能区"形状"面板上的"扫描"按钮✎，弹出"扫描"操控板。

（3）选择刚才绘制的草图作为原点轨迹线，在变截面扫描操控板中单击"草绘"按钮✎，进入截面的绘制，绘制如图8-65所示的截面。单击"确定"按钮✔，退出草图绘制环境。

（4）系统出现预览，如图8-66所示。单击操控板中的"完成"按钮✔，效果如图8-67所示。

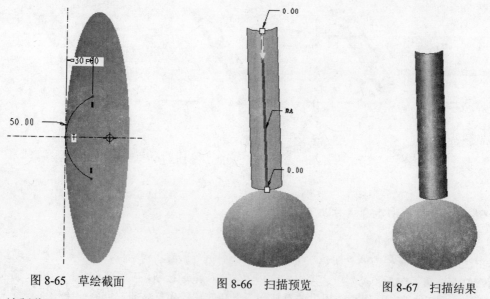

图 8-65　草绘截面　　　　图 8-66　扫描预览　　　　图 8-67　扫描结果

4. 绘制草图

（1）单击"模型"功能区"基准"面板上的"草绘"按钮✎，弹出"草绘"对话框，选择 TOP 面作为草绘平面，RIGHT 面作为参考，参考方向向右。

（2）绘制如图8-68所示的草图。单击"确定"按钮✔，退出草图绘制环境。

5. 投影曲线

（1）单击"模型"功能区"编辑"面板上的"投影"按钮 ，弹出"投影"操控板。

（2）选择刚绘制的草图作为投影草绘，选择勺柄作为投影曲面、TOP 面作为投影方向平面，系统即生成预览投影曲线，如图 8-69 所示。单击操控板中的"完成"按钮 。

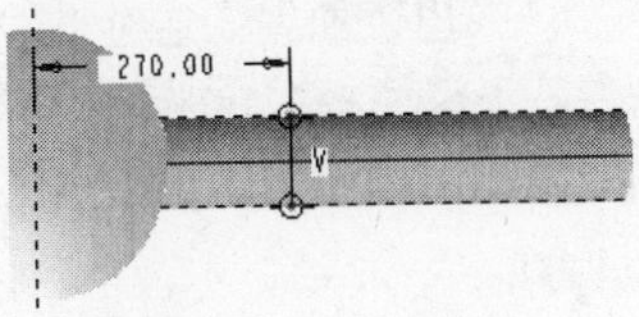

图 8-68　绘制草图

图 8-69　投影曲线

6. 修剪曲面

（1）选取勺柄曲面，单击"模型"功能区"编辑"面板上的"修剪"按钮 ，弹出"修剪"操控板。

（2）选取投影曲线作为修剪工具，如图 8-70 所示。单击操控板中的"完成"按钮 完成修剪，效果如图 8-71 所示。

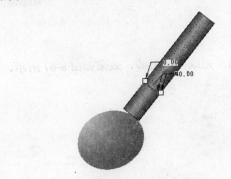

图 8-70　选取修剪曲线

图 8-71　修剪结果

7. 创建基准平面

（1）单击"模型"功能区"基准"面板上的"平面"按钮 ，系统弹出"基准平面"对话框，如图 8-72 所示。

（2）选择 RIGHT 面作为参考，输入偏移距离为 30mm。单击"确定"按钮，完成基准平面 DTM1 的创建，如图 8-73 所示。

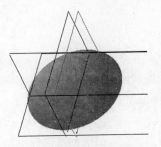

图 8-72　"基准平面"对话框

图 8-73　创建基准平面结果

8. 修剪曲面

（1）选择旋转曲面作为要修剪的曲面，单击"模型"功能区"编辑"面板上的"修剪"按钮，弹出"修剪"操控板。

（2）选择刚绘制的基准平面作为修剪工具，如图 8-74 所示。单击操控板中的"确认"按钮，完成修剪，效果如图 8-75 所示。

9. 绘制基准曲线 1

（1）单击"模型"功能区"基准"面板上的"曲线"按钮，弹出"曲线：通过点"操控板。

（2）选择如图 8-76 所示的点作为曲线通过点，在"末端条件"下滑面板中定义起点和终点的终止条件为"相切"，如图 8-77 所示，使绘制的曲线与相连接的曲线在端点处相切。单击"完成"按钮，效果如图 8-78 所示。

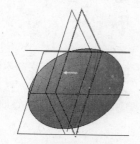
图 8-74　选取平面作为修剪工具

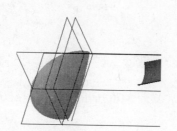
图 8-75　修剪效果

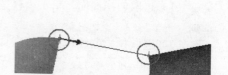
图 8-76　选取曲线通过点

图 8-77　定义相切条件

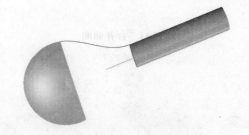
图 8-78　绘制曲线

（3）重复"基准曲线"命令，选择如图 8-79 所示的点作为曲线通过点，再定义相切条件，使绘制的曲线与相连接的曲线在端点处相切，如图 8-80 所示。

图 8-79　选取曲线通过点

图 8-80　定义相切条件

10. 边界混合曲面

（1）单击"模型"功能区"曲面"面板上的"边界混合"按钮，弹出"边界混合"操控板。

（2）依次选择两个方向曲线，如图 8-81 所示，约束方向 1 两边界条件为相切。单击操控板中的"完成"按钮，完成曲面的创建，效果如图 8-82 所示。

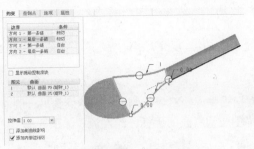

图 8-81　定义相切条件　　　　　　　　　　图 8-82　边界混合曲面

11．合并曲面

（1）选择 3 个曲面，单击"模型"功能区"编辑"面板上的"合并"按钮 ，弹出"合并"操控板。

（2）单击操控板中的"完成"按钮 完成合并，效果如图 8-83 所示。

12．加厚曲面

（1）选择曲面后，单击"模型"功能区"编辑"面板上的"加厚"按钮 ，弹出"加厚"操控板。

（2）输入加厚厚度为 1mm，单击操控板中的"完成"按钮 完成加厚，如图 8-84 所示。

图 8-83　合并曲面　　　　　　　　　　　　图 8-84　加厚曲面

13．倒圆角

（1）单击"模型"功能区"工程"面板上的"倒圆角"按钮 ，弹出"倒圆角"操控板。

（2）选择如图 8-85 所示的要倒圆角的边，输入倒圆角半径 R=50mm。单击操控板中的"完成"按钮 完成倒圆角，效果如图 8-86 所示。

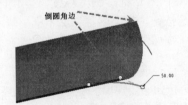

图 8-85　要倒圆角的边　　　　　　　　　　图 8-86　倒圆角效果

（3）重复"倒圆角"操作，选择如图 8-87 所示的要倒圆角的边，输入倒圆角半径 R=0.4mm，单击操控板中的"完成"按钮 完成倒圆角，效果如图 8-88 所示。

图 8-87　要倒圆角的边　　　　　　　　　　图 8-88　倒圆角效果

8.4 综合实例——塑料壶

首先绘制塑料壶的主干曲线，然后通过截面扫描生成塑料壶的侧面，并镜像到另一侧，再将左右的曲面封闭起来，并生成上面的曲面，最后扫描生成塑料壶的手柄。绘制流程如图 8-89 所示。

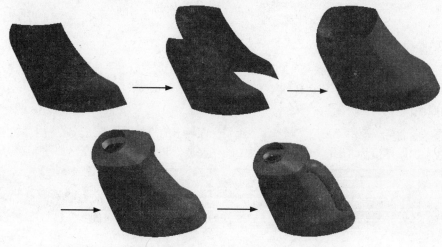

图 8-89 绘制流程

操作步骤：（光盘\动画演示\第 8 章\塑料壶.avi）

8.4.1 创建曲线

1. 新建文件

单击快速访问工具栏中的"新建"按钮，打开"新建"对话框。在"类型"选项组中选中"零件"单选按钮，在"子类型"选项组中选中"实体"单选按钮，在"名称"文本框中输入零件名称 suliaohu.prt，其他选项采用系统提供的默认设置。单击"确定"按钮，创建一个新的零件文件。

2. 绘制轨迹 1

（1）单击"模型"功能区"基准"面板上的"草绘"按钮，弹出"草绘"对话框。选择 FRONT 面作为草绘平面，RIGHT 面作为参考，参考方向向右。

（2）单击"草绘"功能区"草绘"面板上的"线"按钮，绘制如图 8-90 所示的草图。单击"确定"按钮，退出草图绘制环境。

3. 创建基准平面

（1）单击"模型"功能区"基准"面板上的"平面"按钮，弹出"基准平面"对话框。

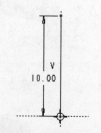

图 8-90 绘制轨迹 1

（2）选择 FRONT 面作为参考，输入偏移距离为 1.63mm。单击"确定"按钮，完成基准平面 DTM1 的创建。再用同样的方法创建 DTM2，偏移距离为 1.75。

4．绘制轨迹 2

（1）单击"模型"功能区"基准"面板上的"草绘"按钮，弹出"草绘"对话框。选择 DTM1 平面作为草绘平面，RIGHT 面作为参考，参考方向向右。

（2）单击"草绘"功能区"草绘"面板上的"线"按钮 和"3 点相切端"按钮 ，绘制如图 8-91 所示的草图。单击"确定"按钮 ，退出草图绘制环境。

5．绘制轨迹 3

（1）单击"模型"功能区"基准"面板上的"草绘"按钮，弹出"草绘"对话框，选择 DTM2 平面作为草绘平面，RIGHT 面作为参考，参考方向向右。

（2）单击"草绘"功能区"草绘"面板上的"线"按钮 和"3 点相切端"按钮 ，绘制如图 8-92 所示的草图。单击"确定"按钮 ，退出草图绘制环境。

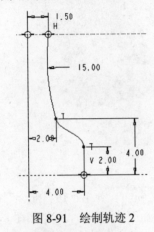

图 8-91　绘制轨迹 2

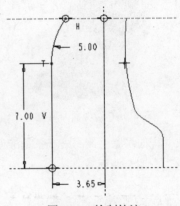

图 8-92　绘制轨迹 3

8.4.2　创建主体曲面

1．绘制变截面扫描曲面

（1）单击"模型"功能区"形状"面板上的"扫描"按钮 ，弹出"扫描"操控板。

（2）选择刚绘制的轨迹 1 作为原点轨迹线，轨迹 2 和轨迹 3 作为额外轨迹线。

（3）在操控板中单击"变截面扫描"按钮 和"绘制截面"按钮 ，绘制扫描截面，如图 8-93 所示。绘制完毕后，单击"确定"按钮 ，退出草图绘制环境。

（4）单击操控板中的"完成"按钮 ，生成变截面扫描曲面，如图 8-94 所示。

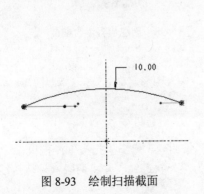

图 8-93　绘制扫描截面

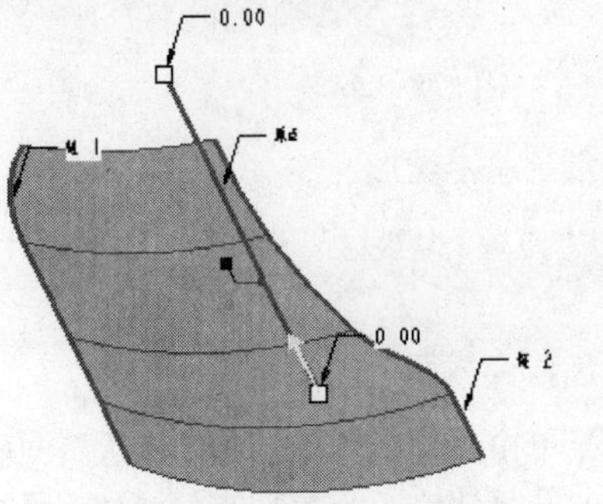

图 8-94　绘制变截面扫描曲面

2．镜像曲面特征

（1）选中刚绘制的曲面，单击"模型"功能区"编辑"面板上的"镜像"按钮，弹出"镜像"操控板。

（2）选择 FRONT 面作为镜像平面，在"选项"下滑面板中取消选中"从属副本"复选框。单击操控板中的"完成"按钮，镜像效果如图 8-95 所示。

3．绘制基准曲线

（1）单击"模型"功能区"基准"面板上的"曲线"按钮，弹出"曲线：通过点"操控板。选取要经过的点，并定义端点相切条件，效果如图 8-96 所示。

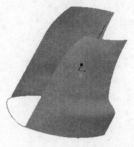

图 8-95　镜像曲面特征　　　　图 8-96　绘制基准曲线

（2）依同样的步骤绘制另外一条基准曲线，如图 8-97 所示。

4．创建边界混合曲面

（1）单击"模型"功能区"曲面"面板上的"边界混合"按钮，弹出"边界混合"操控板。

（2）选择刚才绘制的两条基准曲线，再切换到第二方向选取曲面的两条边，效果如图 8-98 所示，单击"完成"按钮。

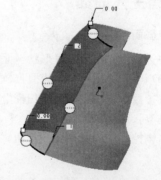

图 8-97　绘制另一条基准曲线　　　　图 8-98　创建边界混合曲面

5．创建基准图形

单击"模型"功能区"基准"面板下的"图形"按钮，输入图形名称 g，绘制基准图形，如图 8-99 所示。

6．创建变截面扫描曲面

（1）单击"模型"功能区"形状"面板上的"扫描"按钮，弹出"扫描"操控板。

（2）选择轨迹 1 作为原点轨迹线，两曲面的边界作为额外轨迹线，并将两条额外轨迹线设为相切轨迹线，如图 8-100 所示。

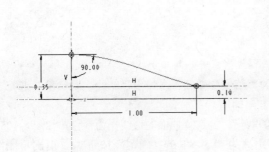

图 8-99 创建基准图形

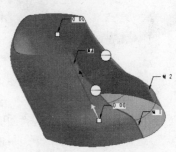

图 8-100 选取变截面扫描轨迹线

（3）在"变截面扫描"操控板中单击"草绘"按钮，绘制圆锥曲线作为扫描截面。单击"工具"功能区"模型意图"面板上的"关系"按钮 $d=$ ，在弹出的关系编辑器中输入方程 sd7=evalgraph("g",trajpar*1)，其中 sd7 是截面圆锥曲线的 rho 的尺寸标记，如图 8-101 所示。绘制完毕后，单击"确定"按钮，退出草图绘制环境。

（4）单击操控板中的"完成"按钮，生成变截面扫描曲面，如图 8-102 所示。

图 8-101 采用方程控制

图 8-102 变截面扫描结果

7. 合并曲面

（1）依次选择所有曲面，单击"模型"功能区"编辑"面板上的"合并"按钮，弹出"合并"操控板。

（2）单击操控板中的"完成"按钮，曲面合并效果如图 8-103 所示。

8. 创建基准平面

（1）单击"模型"功能区"基准"面板上的"平面"按钮，弹出"基准平面"对话框。

（2）选择 TOP 面作为参考，输入偏移距离为 10.375mm，如图 8-104 所示，单击"确定"按钮，完成基准平面 DTM3 的创建。

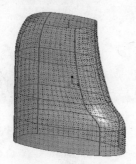

图 8-103 合并曲面

图 8-104 创建基准曲面

8.4.3　创建上部曲面

1.　绘制草图

（1）单击"模型"功能区"基准"面板上的"草绘"按钮，弹出"草绘"对话框。选择 DTM3 平面作为草绘平面，RIGHT 面作为参考，参考方向向右。

（2）单击"偏移"按钮，选择偏移类型为"链"，并选择曲面的边线作为参考，如图 8-105 所示。

（3）在弹出的"偏移"对话框中输入偏移距离为 0.5，单击"确定"按钮，退出草图绘制环境，效果如图 8-106 所示。

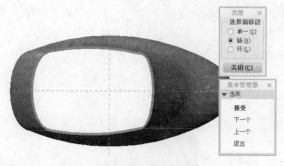

图 8-105　偏移参照

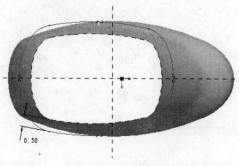

图 8-106　偏移距离

2.　绘制边界混合曲面

（1）单击"模型"功能区"曲面"面板上的"边界混合"按钮，弹出"边界混合"操控板。

（2）选择刚才绘制的曲线和曲面的边线，单击操控板中的"完成"按钮，效果如图 8-107 所示。

3.　创建基准平面 DTM4

（1）单击"模型"功能区"基准"面板上的"平面"按钮，弹出"基准平面"对话框。

（2）选择 TOP 面作为参考，输入偏移距离为 11.5mm，如图 8-108 所示，单击"确定"按钮，完成基准平面 DTM4 的创建。

4.　延伸曲面

（1）选择曲面的整个边，单击"模型"功能区"编辑"面板上的"延伸"按钮，弹出"延伸曲面"操控板。

（2）将延伸的类型设为"延伸到面"，选择刚创建的 DTM4 作为延伸终止面。单击操控板中的"完成"按钮，效果如图 8-109 所示。

图 8-107　创建边界混合曲面

图 8-108　创建基准平面

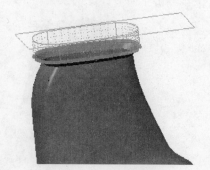

图 8-109　延伸曲面

5.　创建基准平面 DTM5

（1）单击"模型"功能区"基准"面板上的"平面"按钮 □，弹出"基准平面"对话框。

（2）选择 DTM4 平面作为参考，输入偏移距离为 1mm，如图 8-110 所示。单击"确定"按钮，完成基准平面 DTM5 的创建。

6.　绘制草图

（1）单击"模型"功能区"基准"面板上的"草绘"按钮，选择 DTM5 平面作为草绘平面，RIGHT 面作为参考，参考方向向右。

（2）绘制圆，如图 8-111 所示。单击"确定"按钮 ✔，退出草图绘制环境。

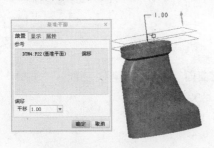

图 8-110　创建基准平面

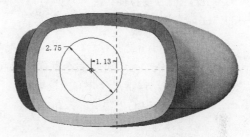

图 8-111　绘制圆

7.　创建基准点

（1）单击"模型"功能区"基准"面板下的"点"按钮 ✕，弹出"基准点"对话框。

（2）创建 4 个基准点，基准点比例分别为 0.25、0.75、0.25、0.75，效果如图 8-112 所示。

8.　创建边界混合曲面

（1）单击"模型"功能区"曲面"面板上的"边界混合"按钮 ◰，弹出"边界混合"操控板。

（2）选择刚才绘制的圆和曲面的边线，然后单击鼠标右键，在弹出的快捷菜单中选择"控制点"命令，依次选取对应点，效果如图 8-113 所示。

9.　拉伸曲面

（1）将第 6 步绘制的圆选中，单击"模型"功能区"形状"面板上的"拉伸"按钮 ◰，弹出"拉伸"操控板。

（2）在操控板中输入拉伸距离为 0.375，单击"完成"按钮 ✔，如图 8-114 所示。

图 8-112　创建基准点

图 8-113　创建边界混合曲面

图 8-114　拉伸曲面

10.　合并曲面

（1）按住 Ctrl 键，选取所有的面组，单击"模型"功能区"编辑"面板上的"合并"按钮 ◰，弹出"合并"操控板。

（2）单击操控板中的"完成"按钮✔，合并效果如图 8-115 所示。

11．创建拉伸曲面

（1）单击"模型"功能区"形状"面板上的"拉伸"按钮，弹出"拉伸"操控板。

（2）选择 FRONT 平面作为草绘平面，绘制直线，如图 8-116 所示。单击"确定"按钮✔，退出草图绘制环。

（3）在操控板设置拉伸距离为双向对称，深度为 8，单击操控板中的"完成"按钮✔，如图 8-117 所示。

12．合并曲面

（1）按住 Ctrl 键，选择先前整个曲面面组和刚绘制的曲面，单击"模型"功能区"编辑"面板上的"合并"按钮，弹出"合并"操控板。

（2）单击操控板中的"完成"按钮✔，合并效果如图 8-118 所示。

图 8-115　合并曲面

图 8-116　绘制直线

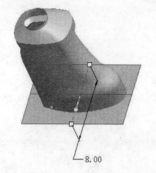

图 8-117　拉伸曲面

图 8-118　合并曲面

8.4.4　创建手柄

1．创建基准点

（1）单击"模型"功能区"基准"面板下的"点"按钮，弹出"基准点"对话框。

（2）选择圆弧面作为参考，TOP 面和 FRONT 面作为偏移参照面，输入偏移距离分别为 11mm 和 0mm。单击"确定"按钮，如图 8-119 所示。

（3）重复"基准点"命令，选择曲面的边作为参考，输入比例为 0.5，如图 8-120 所示。

图 8-119　创建基准点

图 8-120　创建基准点 PNT5

2. 创建基准曲线

（1）单击"模型"功能区"基准"面板上的"曲线"按钮～，并选择"经过点"→"完成"命令。

（2）选取刚才创建的基准点 PNT4 作为起始点，基准点 PNT5 作为终点，创建一条基准曲线，并设置起始点的相切条件为"垂直"于曲面，终点相切条件为"相切"于曲面，效果如图 8-121 所示。

3. 创建变截面扫描曲面

（1）单击"模型"功能区"形状"面板上的"扫描"按钮，弹出"扫描"操控板。

（2）选择刚绘制的基准曲线作为原点轨迹线，并单击操控板中的"草绘"按钮，绘制 D 形截面，如图 8-122 所示。单击"完成"按钮，完成的变截面扫描曲面如图 8-123 所示。

图 8-121　创建基准曲线　　　图 8-122　绘制扫描截面　　　图 8-123　创建的变截面扫描曲面

4. 延伸曲面

（1）选中刚才绘制的变截面扫描曲面的边，单击"模型"功能区"编辑"面板上的"延伸"按钮，弹出"延伸"操控板。

（2）将延伸类型设为"延伸到平面"，并选择 RIGHT 面作为延伸终止面。单击操控板中的"完成"按钮，效果如图 8-124 所示。

5. 合并曲面

（1）选择要合并的两个曲面，单击"模型"功能区"编辑"面板上的"合并"按钮，弹出"合并"操控板。

（2）单击操控板中的"完成"按钮，系统即将两个曲面合并成一个面组，效果如图 8-125 所示。

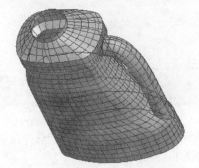

图 8-124　延伸曲面　　　　　　图 8-125　合并曲面

6. 创建倒圆角特征

（1）单击"模型"功能区"工程"面板上的"倒圆角"按钮，弹出"倒圆角"操控板。

（2）选取曲面的交线，输入倒圆角半径为 0.2。单击操控板中的"确认"按钮，倒圆角效果如图 8-126 所示。

7. 加厚曲面

选取整个曲面特征，单击"模型"功能区"编辑"面板上的"加厚"按钮，输入加厚厚度为 0.1mm。单击操控板中的"完成"按钮，效果如图 8-127 所示。

图 8-126　倒圆角

图 8-127　加厚曲面

8.5　实践与练习

通过前面的学习，读者对本章知识也有了大体的了解。本节通过两个操作练习，使读者进一步掌握本章的知识要点。

1．绘制如图 8-128 所示的牙膏壳。

操作提示：

（1）创建直线。绘制直线，如图 8-129 所示。

（2）创建基准平面。利用"平面"命令，选择 TOP 基准平面，输入偏移距离为 90。

（3）创建圆。利用"草绘"命令，选择第（2）步创建的基准平面为草绘平面，绘制圆，如图 8-130 所示。

图 8-128　牙膏壳

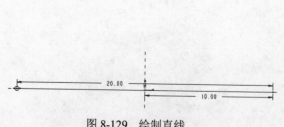
图 8-129　绘制直线

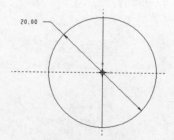
图 8-130　绘制圆

（4）创建点。利用"点"命令，选择第（3）步绘制的圆，输入偏移距离为 0.5，创建两个圆的象限点，如图 8-131 所示。

（5）创建直线。利用"曲线"命令，创建直线，如图 8-132 所示。

（6）创建曲面。利用"边界混合"命令，创建如图 8-133 所示的边界曲面。

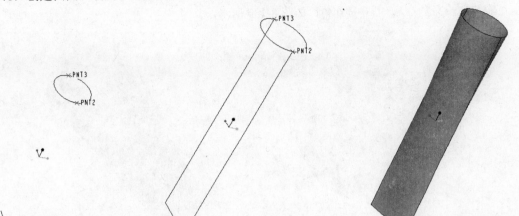

图 8-131　创建点　　　　　　　图 8-132　创建直线　　　　　　图 8-133　边界曲面

（7）创建圆锥。利用"伸出项"命令，选择"平行"→"规则截面"→"草绘截面"→"完成"选项。进入草图绘制环境，绘制第一截面草图，如图 8-134 所示；绘制第二截面草图，如图 8-135 所示。输入截面深度为 3，如图 8-136 所示。

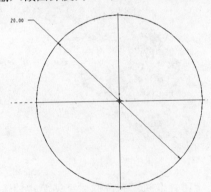

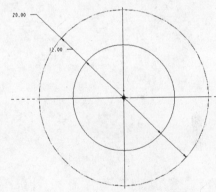

图 8-134　第一截面草图　　　　　　　　　　图 8-135　第二截面草图

（8）抽壳。隐藏边界曲面，利用"抽壳"命令，选择圆锥的上下两表面为移除面，如图 8-137 所示。

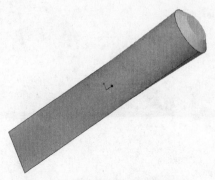

图 8-136　创建圆锥　　　　　　　　　图 8-137　抽壳处理

（9）拉伸操作。利用"拉伸"命令，选择圆锥体的上表面为草绘平面，绘制草图，如图 8-138 所示。输入拉伸深度为 1，创建拉伸体，如图 8-139 所示。

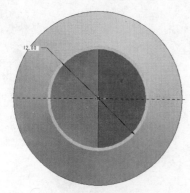

图 8-138　绘制草图

图 8-139　创建拉伸体

（10）拉伸操作。利用"拉伸"命令，选择第（9）步创建的拉伸体上表面为草绘平面，绘制草图，如图 8-140 所示。输入拉伸深度为 12，创建拉伸体，如图 8-141 所示。

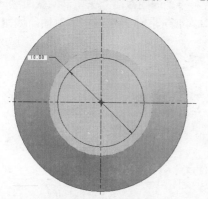

图 8-140　绘制草图

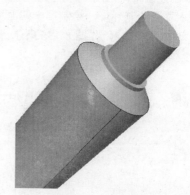

图 8-141　创建拉伸

（11）创建孔。利用"孔"命令，按住 Ctrl 键，选择第（10）步创建的拉伸体上表面和轴线为孔放置位置。输入孔直径为 6，深度为 20，如图 8-142 所示。

（12）创建螺纹。利用"螺旋扫描"命令，选择 FRONT 基准平面为扫描轨迹草绘平面绘制轨迹线，如图 8-143 所示。绘制螺纹扫描截面草图，如图 8-144 所示。输入节距为 1.5，如图 8-145 所示。

图 8-142　创建孔

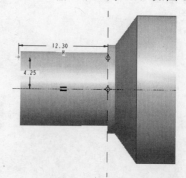

图 8-143　绘制轨迹线

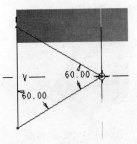

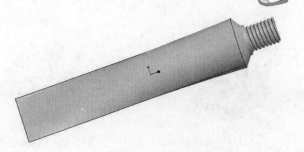

图 8-144 扫描截面草图　　　　　　　　　　　　图 8-145 创建螺纹

2．绘制如图 8-146 所示的椅子。

操作提示：

（1）创建基准平面。利用"平面"命令，将 TOP 平面进行偏移，偏移距离分别为 25、28 和 29。

（2）草绘椅子轮廓线。选择基准平面 DIM1 作为草绘平面，绘制如图 8-147 所示的草图 1；选择 DIM2 基准平面作为草绘平面，绘制如图 8-148 所示的草图 2；选择 DIM3 基准平面作为草绘平面，绘制如图 8-149 所示的草图 3。

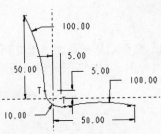

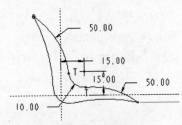

图 8-146 椅子　　　　　　　图 8-147 绘制草图 1　　　　　　　图 8-148 绘制草图 2

（3）镜向椅子轮廓线。框选绘制的 3 个草图，利用"镜像"命令，选择 TOP 基准平面作为参考平面。

（4）创建边界混合曲面作为椅子边界。利用"边界混合"命令，选择图 8-149 所示的 3 条基准曲线；选择图 8-150 和图 8-151 所示的基准曲线，创建边界混合曲面 2 和 3 的特征。

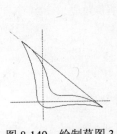

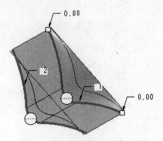

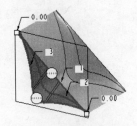

图 8-149 绘制草图 3　　　　图 8-150 选择基准曲线 1　　　　图 8-151 选择基准曲线 2

（5）合并椅子边界。按住 Ctrl 键，选择如图 8-152 所示边界混合曲面 1 和边界混合曲面 2，利用"合并"命令，将曲面合并在一起。按住 Ctrl 键，选取如图 8-153 所示的曲面合并 1 和边界混合曲面 3，利用"合并"命令，完成椅子边界的合并。

（6）加厚椅子边界。选取如图 8-154 所示的曲面合并 2。利用"加厚"命令，输入厚度为 1.00，完成加厚特征的创建。

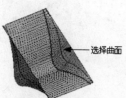

图 8-152 选择曲面 1

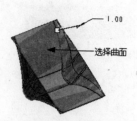

图 8-153 选择曲面 2

图 8-154 选择曲面 3

（7）旋转形成椅子腿。利用"旋转"命令，选择 TOP 基准平面作为草绘平面，绘制如图 8-155 所示的草图，设定旋转角度为 360°，效果如图 8-156 所示。

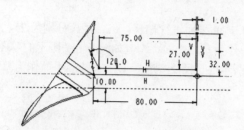

图 8-155 绘制草图

图 8-156 生成的特征

（8）创建倒圆角特征。利用"倒圆角"命令，选择如图 8-157 所示旋转特征底面上的圆环边，设定圆角半径值为 10。采用同样的方法选取如图 8-158 所示的旋转特征顶面上的圆环边，设定圆角半径值为 15，创建倒圆角特征。

图 8-157 选择倒角边

图 8-158 选择倒角边

第9章

高级曲面特征

对于较规则的曲面来说，可以应用前面章节介绍的方式进行迅速而且方便的创建，但对于复杂的曲面来说，单单使用这些创建方式，就显得比较困难，这就要求我们必须掌握模块化成形方式，也就是高级功能。

本章将介绍 Creo Parametric 1.0 各种高级曲面的使用方式，极具方便性的模块化成形方式，这些特征针对特殊造型曲面或是实体所定义的高级功能。通过本章的学习，读者将初步掌握 Creo Parametric 1.0 高级曲面的绘制方法与技巧。

- ☑ 圆锥曲面与 N 侧曲面片
- ☑ 将切面混合到曲面
- ☑ 自由造型曲面

- ☑ 环形折弯与骨架折弯
- ☑ 展平面组与展平面组变形

任务驱动&项目案例

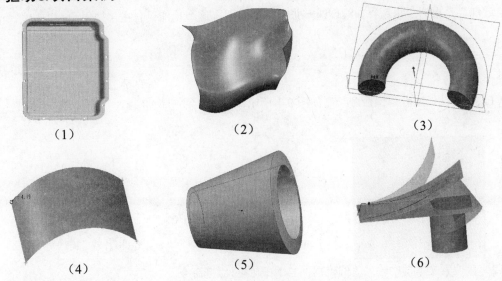

| （1） | （2） | （3） |
| （4） | （5） | （6） |

9.1 圆锥曲面与 N 侧曲面片

圆锥曲面和 N 侧曲面片命令有以下 3 个生成曲面的功能选项。

1. 圆锥曲面

圆锥曲面就是指以圆锥曲线扫描形成的曲面,而圆锥曲面的截面为圆锥线。其中,输入圆锥 RHO 参数值,该值必须在 0.05～0.95 之间。根据其圆锥参数值,曲面的截面可以是表 9.1 列出的类型之一。

表 9.1 曲线类型和 RHO 值的关系

曲 线 类 型	RHO 值
椭圆	0.05<参数<0.5
抛物线	参数=0.5
双曲线	0.5<参数<0.95

2. N 侧曲面片

N 侧曲面片是利用多线段的方式产生一缝合曲面,最重要的是设定 N 的参数值为 4 个以上(即 N≥5),并以此限制方式设定其参数值产生曲面。N 侧曲面片的形状由修补到一起的边界几何来决定。对某些边界来说,N 侧曲面片可能会生成具有不合乎要求的形状和特性的几何。例如,在以下情况可能出现不良几何形状:

(1)边界有拐点;

(2)边界段间的角度非常大(大于 160°)或者非常小(小于 20°);

(3)边界由很长和很短的段组成。

若 N 侧曲面不能创建令人满意的几何形状,则可以用较少的边界创建一系列 N 侧曲面片,或者使用"混合曲面"功能。

3. 逼近混合

逼近混合是根据一组边界曲线创建一张混合的曲面,这个功能包含在"边界混合"特征功能中。

9.1.1 圆锥曲面

操作步骤如下:

(1)利用曲线或者草图命令绘制如图 9-1 所示图形(3 条空间曲线)。

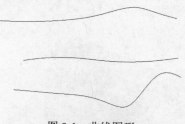

图 9-1 曲线图形

(2)在搜索文本框中输入"圆锥曲面与 N 侧曲面片"命令。

（3）在弹出的如图 9-2 所示的"边界选项"菜单管理器中选择"圆锥曲面"→"肩曲线"→"完成"命令，此时弹出"曲面：圆锥，肩曲线"对话框，如图 9-3 所示。

图 9-2　"边界选项"菜单管理器

图 9-3　"曲面：圆锥，肩曲线"对话框

（4）单击"确定"按钮，在弹出的"曲线选项"菜单管理器中选择"边界"→"曲线"命令，如图 9-4 所示。

（5）按住 Ctrl 键，在图形中选择两条曲线，如图 9-5 所示。

图 9-4　"曲线选项"菜单管理器

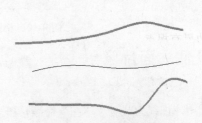

图 9-5　选择边界曲线

（6）在"曲线选项"菜单管理器中选择"肩曲线"→"曲线"命令，如图 9-6 所示。

（7）在图形中选择曲线，选择"曲线选项"菜单管理器中的"确认曲线"命令，如图 9-7 所示。

图 9-6　"曲线选项"菜单管理器

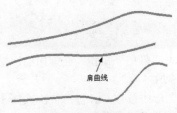

图 9-7　选择肩曲线

（8）在消息输入窗口中输入圆锥线参数为 0.5，并单击"确定"按钮☑️，如图 9-8 所示。

（9）在"曲面：圆锥，肩曲线"对话框中单击"确定"按钮，最终得到如图 9-9 所示的曲面。

图 9-8　消息输入窗口　　　　　　　　图 9-9　最终生成的曲面

说明：若第（3）步在"边界选项"菜单管理器中选择"圆锥曲面"→"相切曲线"→"完成"命令，以下的步骤完全相同，如图 9-10 所示，可以明显地看出肩曲线与相切曲线的差异性。

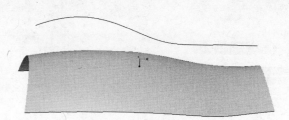

图 9-10　相切曲线生成的曲面

9.1.2　N 侧曲面片

操作步骤如下：

（1）利用"曲线"或者"草图"命令，绘制如图 9-11 所示的曲线。

（2）在搜索文本框中输入"圆锥曲面与 N 侧曲面片"命令。

（3）在弹出的如图 9-12 所示的"边界选项"菜单管理器中选择"N 侧曲面"→"完成"命令，弹出"曲面：N 侧"对话框，如图 9-13 所示。

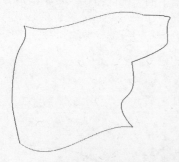

图 9-11　绘制曲线　　　　　　　　图 9-12　"边界选项"菜单管理器

（4）单击"确定"按钮，在弹出的"链"菜单管理器中选择"依次"→"选取"→"完成"命令，如图 9-14 所示。

（5）在图形中按住 Ctrl 键，依次选择 5 条曲线，如图 9-15 所示。

（6）在"曲面：N 侧"对话框中单击"确定"按钮，最终得到如图 9-16 所示的曲面。

Note

图 9-13　"曲面：N 侧"对话框

图 9-14　"链"菜单管理器

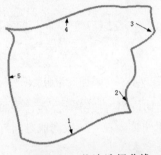

图 9-15　依次选择曲线

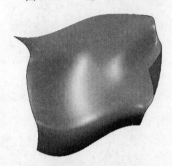

图 9-16　N 侧曲面片

9.2　将切面混合到曲面

将切面混合到曲面是从指定曲线或者实体的边界线沿着指定表面的切线方向混合成曲面,用于创建于曲面相切的新面组。

将切面混合到曲面有以下 3 种模式。

1. 创建曲线驱动"相切拔模"

曲线驱动的相切拔模是在一个分型面的一侧或两侧添加材料。该分型面位于一条参考曲线和参考零件的曲面之间,并与这些曲面相切。为了创建一个曲线驱动的相切拔模,必须先创建一个参考曲线。

2. 使用超出拔模曲面的恒定拔模角度,进行相切拔模

恒定角度相切拔模就是一个沿着参考曲线的轨迹,并按照与"拖动方向"所成的指定恒定角度来创建曲面并添加材料。使用该特征,不仅可以用正规"拔模"特征进行拔模的曲面来添加拔模;也可以使用此特征为带有倒圆角的筋添加拔模。

3. 在拔模曲面内部使用恒定拔模角度,进行相切拔模

相切拔模切口将以相对于参考曲面的指定角度来移除参考曲线一侧或者两侧上的材料,并在拔模曲面和参考零件的相邻曲面之间提供倒圆角过渡。

9.2.1　曲线驱动

操作步骤如下:

（1）利用"旋转"命令创建模型,如图 9-17 所示。

（2）单击"模型"功能区"曲面"面板上的"将切面混合到曲面"命令,弹出"曲面：相切曲面"对话框,如图 9-18 所示。

图 9-18 "曲面：相切曲面"对话框

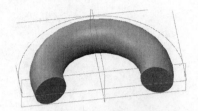

图 9-17 源文件的扫描实体与曲线

（3）在弹出的"曲面：相切曲面"对话框中单击"相切拔模"按钮，在"一般选取方向"菜单管理器中选择"平面"命令，在图形中选择 FRONT 基准平面，在"一般选取方向"菜单管理器中选择"确定"，定义 FRONT 为参考平面，如图 9-19 所示。

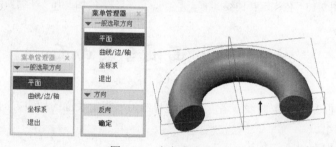

图 9-19 定义参考平面

（4）在"曲面：相切曲面"对话框中单击"参考"选项卡中的"拔模线"按钮，在图形中选择曲线为拔模曲线段，如图 9-20 所示。

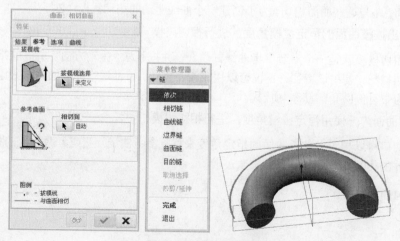

图 9-20 选择拔模线

（5）在"曲面：相切曲面"对话框中的"参考"选项卡中，单击"参考曲面"按钮。按住 Ctrl 键，在图形中选择上下两个表面为相切曲面，如图 9-21 所示。

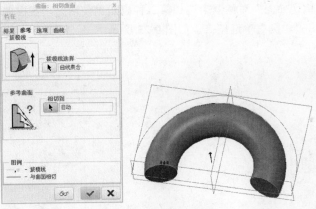

图 9-21　选择相切曲面

（6）在"曲面：相切曲面"对话框的"选项"选项卡中单击"闭合曲面"按钮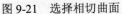，按住 Ctrl 键，在图形中选择两个端面，如图 9-22 所示。

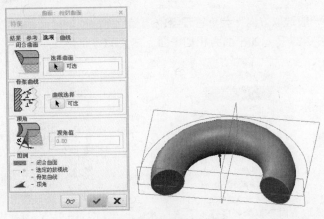

图 9-22　选择封闭曲面

（7）单击"完成"按钮，最后所得的两曲面混合图形如图 9-23 所示。

图 9-23　曲线驱动相切拔模

9.2.2　恒定拔模角度

本节采用 L 形状特征来讲解如何使用超出拔模曲面的恒定拔模角度进行相切拔模的操作。

操作步骤如下：

（1）利用"拉伸"命令，绘制图 9-24 所示的模型。

（2）单击"模型"功能区"曲面"面板上的"将切面混合到曲面"命令，弹出"曲面：相切曲面"对话框。

（3）在"曲面：相切曲面"对话框中选择第二种模式"使用超出拔模曲面的恒定拔模角"进行相切的方法，并选中"单侧"单选按钮，如图 9-25 所示。

图 9-24　源文件中的图形

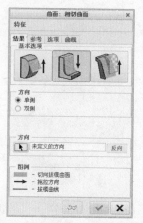

图 9-25　"曲面：相切曲面"对话框

（4）在弹出的"一般选取方向"菜单管理器中选择"平面"→"确定"命令，如图 9-26 所示。在图形中选择平面如图 9-27 所示的平面为相切平面，定义的方向为反向。

图 9-26　"选取方向"菜单管理器

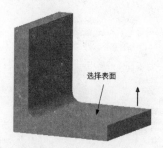

图 9-27　选择相切平面

（5）在"曲面"相切曲面"对话框中的"参考"选项卡中单击"拔模线选择"按钮，然后在图形中选择拔模线，在"链"菜单管理器中选择"完成"命令，如图 9-28 所示。

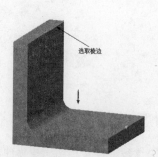

图 9-28　选择拔模曲线

（6）在"拔模参数"选项的"角度"和"半径"文本框中输入角度值和半径值，分别为 30.00、30.00，如图 9-29 所示。

（7）在"曲面：相切曲面"对话框中单击"确定"按钮 ，对于初学者来说需要注意的地方是设定拔模线段部分和半径与角度的合理性，如图 9-30 所示。

图 9-29　输入拔模参数

图 9-30　将切面混合到曲面完成的图形

9.3　自由造型曲面

自由造型曲面是指动态调整曲面或实体表面形状来建立曲面的方式。

在操作过程中，曲面上定义了很多可控制的点，通过自由拖动这些点可改变曲面的形状。

操作步骤如下：

（1）利用"拉伸"命令创建如图 9-31 所示的曲面。

图 9-31　源文件图形

（2）单击"模型"功能区"曲面"面板上的"曲面自由形状"命令，弹出"曲面：自由形状"对话框。

（3）系统提示选择基础曲面，在图形中选择曲面，如图 9-32 所示。

图 9-32　选择曲面

（4）系统提示"输入在指定方向的控制曲线号"，在消息输入窗口中输入"9"，单击"确定"按钮 ，如图 9-33 所示。

（5）在弹出的"修改曲线"对话框中进行细化定义，在"移动平面"选项中选中"法向"（以拖动方式来说明自由曲面操作方式），如图 9-34 所示。

图 9-33　消息输入窗口

（6）其他接受默认的设置，在图形中选中一个控制点，如图 9-35 所示。

图 9-34　"修改曲面"对话框

图 9-35　拖动控制点的选择

（7）对选中的控制点进行拖动，如图 9-36 所示。

（8）在"修改曲面"对话框中单击"确定"按钮 ✓，完成扭曲操作。

（9）在"曲面：自由形状"对话框中单击"确定"按钮，最后生成的曲面特征如图 9-37 所示。

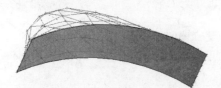

图 9-36　拖动控制点

图 9-37　最后生成的曲面

9.4　顶点倒圆角

顶点倒圆角可以在曲面边角尖点处绘制圆角。

操作步骤如下：

（1）利用"拉伸"命令，创建如图 9-38 所示的曲面。

（2）单击"模型"功能区"曲面"面板下的"顶点倒圆角"命令，弹出"顶点倒圆角"操控板，如图 9-39 所示。

图 9-38　创建曲面

图 9-39　"顶点倒圆角"操控板

（3）按住 Ctrl 键，在图形中选择 4 个顶点，如图 9-40 所示。

（4）在操控板中输入半径为 50，单击"完成"按钮 ✓，效果如图 9-41 所示。

图 9-40　选择顶点

图 9-41　顶点倒圆角

9.5　实体自由形状

"实体自由形状"命令可以绘制一个自由度很高的造型实体，可以通过拖动或者输入参数的方法来完成该特征。

操作步骤如下：

（1）利用"拉伸"命令绘制如图 9-42 所示的模型。

（2）选择"模型"功能区"编辑"面板下的"实体自由形状"命令，弹出"形式选项"菜单管理器，选择"平面草绘"→"完成"命令，弹出"自由生成　草绘截面"，如图 9-43 所示。

图 9-42　模型

图 9-43　"形式选项"菜单管理器、"自由生成　草绘截面"对话框

（3）在图形中选择圆柱的顶面作为草绘平面，如图 9-44 所示。

（4）在"设置草绘平面"菜单管理器中选择"新设置"→"平面"→"确定"→"默认"命令，如图 9-45 所示。

图 9-44　选择草绘平面

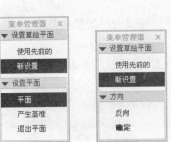

图 9-45　"设置草绘平面"菜单管理器

（5）在选取的平面上草绘一个直径为 30 的圆，如图 9-46 所示。

（6）单击"确定"按钮✔️，退出草图绘制环境。

（7）系统提示输入在指定方向的控制曲线号，在消息输入窗口中输入控制曲线号，单击"确定"按钮✔️，如图 9-47 所示。

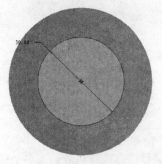

图 9-46　草绘图形

图 9-47　消息输入窗口

（8）设置草绘平面上的曲面范围，产生一网状的网格点模式。选中两个控制点，利用拖动方式来产生所要的造型特征，如图 9-48 所示。

（9）单击"修改曲面"对话框中的"确定"按钮✔️。

（10）单击"自由生成"对话框中的"确定"按钮，最后生成的自由造型实体如图 9-49 所示。

图 9-48　拖动控制点

图 9-49　拖动生成的自由造型

9.6　环形折弯

利用"环形折弯"命令，可以对平板状实体、非实体曲面或基准曲线进行环（旋转）形折弯。操作步骤如下：

（1）利用"拉伸"命令，创建如图 9-50 所示的模型。

图 9-50　模型

（2）单击"模型"功能区"工程"面板下的"环形折弯"按钮，弹出"环形折弯"操控板，如图 9-51 所示。

图 9-51 "环形折弯"操控板

（3）在操控板中选择"360 度折弯"，单击"参考"按钮，在"参考"下滑面板中单击"定义"按钮，弹出"草绘"对话框，如图 9-52 所示。

（4）选择 TOP 基准平面为草绘平面，绘制折弯草绘图，如图 9-53 所示。

图 9-52 "参考"下滑面板

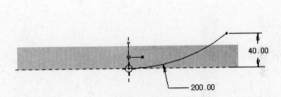

图 9-53 草绘图形

说明：要定义折弯时，需要绘制草绘图形，并增加一个坐标系作为轨迹的起点参考，设置"参考坐标系"。此步骤非常重要，若是没有设置参考坐标系则无法结束草绘选项。

（5）在图形中选择需要设置环形折弯的平面，按住 Ctrl 键，在图形中选择两个平行平面（或选取实体的上、下表面用于折弯），如图 9-54 所示。

（6）在图形中选择两个平行面，将产生两个平面的对接模式，如图 9-55 所示。

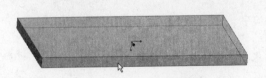

图 9-54 选取环形折弯平面

图 9-55 选择两个平行平面

（7）经过折弯后的图形如图 9-56 所示。

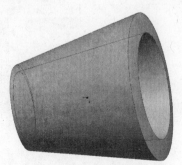

图 9-56 环形折弯

9.7 骨 架 折 弯

骨架折弯中的骨架是表示一条轨迹，骨架折弯命令用于将一个实体或曲面沿着某折弯轨迹进行折弯。

如果折弯前的实体或曲面的截面垂直于某条轨迹线，那么折弯后的实体或曲面的截面将垂直于折弯轨迹，因此折弯后的实体的体积或表面积均发生变化。

操作步骤如下：

（1）绘制图 9-57 所示的模型和草图。

（2）选择"模型"功能区"工程"面板上的"骨架折弯"命令。

（3）在弹出的"选项"菜单管理器中选择"选取骨架线"→"无属性控制"→"完成"命令，如图 9-58 所示。

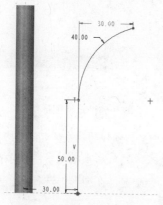

图 9-57 源文件中的图形

图 9-58 "选项"菜单管理器

> **说明：** （1）无属性控制：不调整生成的几何。
>
> （2）截面属性控制：调整生成的几何来沿骨架控制变截面质量属性的分配。
>
> （3）线性：截面在初始值和终止值之间的线性变化。
>
> （4）图形：截面在初始值和终止值之间根据图形变化。

（4）在图形中选取要折弯的对象（曲面或实体），如图 9-59 所示。

（5）在图形中选择曲线作为折弯的路径，如图 9-60 所示。

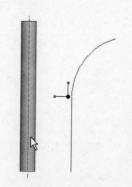

图 9-59 选择要折弯的实体

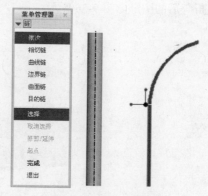

图 9-60 选择折弯路径

（6）选择起始点，如果所选的起始点不是正确的起始点，就要修改前起始点（图形上有箭头指引）。在修改的时候，若满意，就选择"接受"命令；若不满意，则选择"下一个"命令，直到"接受"为止，如图 9-61 所示。

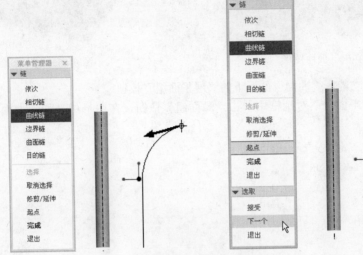

图 9-61 起始点修改方式

（7）在弹出的"设置平面"菜单管理器中选择"平面"命令，在图形中选择顶面来作为折弯参考面。此部分所设定的折弯量会根据顶面的平面设定，以该项平面作为折弯的最后终止定义面。因为开始的设定为"无属性控制"，所以会产生自动计算而成形，如图 9-62 所示，最终效果如图 9-63 所示。

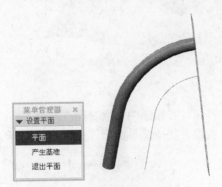
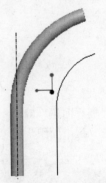

图 9-62 选择折弯顶面为终止面　　　　图 9-63 骨架折弯

9.8 展平面组

展平面组可以用来展开曲面或面组。

展开平面类似于将曲面投影到某个平面，其原理是：系统创建了统一的曲面参数化方式，然后将其展开，且同时保留原始面组的参数化方式。这样，展开后的曲面或面组的表面积是相等的。

操作步骤如下：

（1）利用"拉伸"命令，绘制如图 9-64 所示的曲面。

（2）单击"模型"功能区"基准"面板下的"点"按钮 ，在基准平面 RIGHT 和曲面交界处的中心建立基准点，如图 9-65 所示。

图 9-64　曲面图形

图 9-65　建立基准点

（3）单击"模型"功能区"曲面"面板下的"展平面组"按钮 。

（4）在弹出的"展平面组"对话框中单击"源面组"按钮，在图形中选取该曲面，如图 9-66 所示。

图 9-66　选择曲面

（5）在"展平面组"对话框中单击"原点"按钮，在图形中选取基准点，如图 9-67 所示。

（6）单击"展平面组"对话框中的"确定"按钮，完成展平曲面，如图 9-68 所示。

图 9-67　选取基准点

图 9-68　展平面组

9.9　展平面组变形

展平面组变形必须与展平面组配合使用，将位于展平面组附近的实体变换到源面组。

操作步骤如下：

（1）利用"拉伸"、"展平面组"等命令，创建如图 9-69 所示的模型。

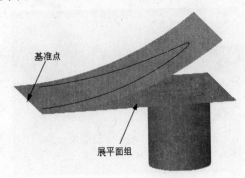

基准点

展平面组

图 9-69　源文件中的图形

（2）单击"模型"功能区"曲面"面板下的"展平面组变形"命令，弹出"展平面组变形"操控板，如图 9-70 所示。

📖 说明：　"折弯实体"命令必须在"展平曲面"命令使用之后才有效。

（3）在操控板中单击"参考"按钮，打开如图 9-71 所示的下滑面板。

图 9-70　"展平面组变形"操控板

图 9-71　"参考"下滑面板

（4）选择图 9-72 中的展平面组为展平面组特征，选择上曲面为面组，拾取基准点为曲线和点，并选中"实体几何"复选框，如图 9-72 所示。

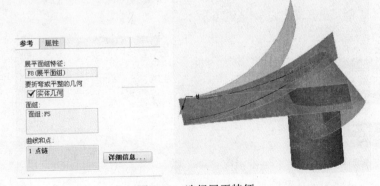

图 9-72　选择展平特征

（5）在操控中单击"完成"按钮 ✓，最后折弯实体如图 9-73 所示。

图 9-73　展平面组变形

9.10　管　道

管道根据已有的基准点来绘制管状的路径。

（1）单击"模型"功能区"基准"面板下的"点"按钮××，绘制 6 个基准点，其距离如图 9-74 所示。

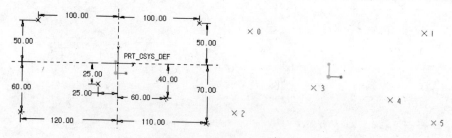

图 9-74　绘制 6 个基准点

（2）在搜索文本框中输入"管道"，弹出"选项"菜单管理器。

（3）在"选择"菜单管理器中选择"几何"→"空心"→"常数半径"→"完成"命令，如图 9-75 所示。

（4）系统提示输入管子外径值和侧壁厚度。在消息输入窗口中分别输入外部直径值和侧壁厚度值为 20 和 2，单击"确定"按钮✓，如图 9-76 所示。

图 9-75　"选项"菜单管理器　　　　图 9-76　输入外部直径和侧壁厚度值

（5）在弹出的"连结类型"菜单管理器中选择"单一半径"→"整个阵列"→"添加点"→"完

成"命令，如图 9-77 所示。

（6）在图形中选取基准点 0、1，如图 9-78 所示。

图 9-77　"连结类型"菜单管理器

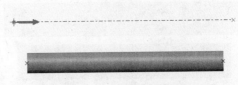

图 9-78　绘制壁厚的管状特征

（7）在弹出的"选项"菜单管理器中选择"几何"→"实体"→"多重半径"→"完成"命令，如图 9-79 所示。在消息输入窗口中输入外部半径值为 20，单击"确定"按钮 ✓。

（8）在"连结"菜单管理器中选择"多重半径"→"整个阵列"→"添加点"→"完成"命令，如图 9-80 所示。

图 9-79　"选项"菜单管理器

图 9-80　"连结类型"菜单管理器

（9）依次单击选中基准点 2、3、4、5，并生成一条曲线路径，如图 9-81 所示。

图 9-81　选取基准点

（10）选择点 4 时，系统会提示输入折弯半径。在消息输入窗口中输入折弯半径值为 40，单击"确定"按钮 ✓，如图 9-82 所示。

图 9-82　输入折弯半径

（11）选择点 5 时，在"连结"类型菜单管理器中选择"新值"命令，系统会提示输入折弯半径。

此时，在弹出的消息输入窗口中输入折弯半径值为 60，单击"确定"按钮✔，如图 9-83 所示。

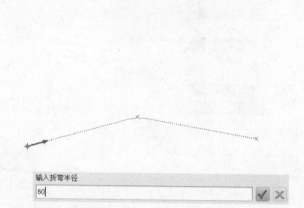

图 9-83　定义折弯半径

（12）在"连结类型"菜单管理器中选择"完成"命令，最后生成的实体如图 9-84 所示。

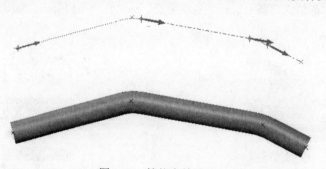

图 9-84　管状实体成形

9.11　综合实例——油底壳

油底壳是钣金件，但如果直接在钣金模块中建模，部分特征的创建比较难。本例采用曲面与钣金相结合的办法，灵活地创建模型。先利用曲面创建基本外形，然后曲面加厚，最后转到钣金模块，进行成型特征的创建。绘制流程如图 9-85 所示。

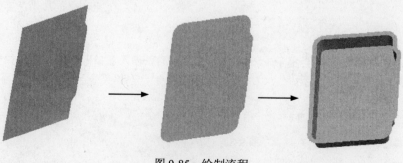

图 9-85　绘制流程

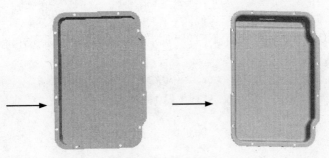

图 9-85 绘制流程（续）

操作步骤：（光盘\动画演示\第 9 章\油底壳.avi）

9.11.1 创建初始平面

1. 新建文件

单击快速访问工具栏中的"新建"按钮，在打开的"新建"对话框中，在"类型"选项组中选中"零件"单选按钮，在"子类型"选项组中选中"实体"单选按钮，输入零件名称为 youdike，取消选中"使用默认模版"复选框。单击"确定"按钮，在打开的"新文件选项"中选择模板 mmns-part-solid，单击"新建"按钮。

2. 创建平面

（1）单击"模型"功能区"曲面"面板上的"填充"按钮，如图 9-86 所示。弹出"草绘"对话框，选择 FRONT 基准平面为草绘平面，其他采用默认设置，进入草图绘制环境。

图 9-86 "填充"操控板

（2）绘制如图 9-87 所示的截面形状，然后单击"确定"按钮，退出草图绘制环境。

（3）单击操控面板中的"完成"按钮，效果如图 9-88 所示。

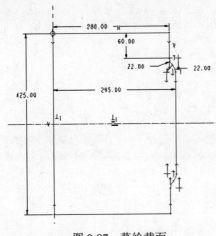

图 9-87 草绘截面   图 9-88 创建的填充曲面

3. 顶点倒圆角

（1）单击"模型"功能区"曲面"面板下的"顶点倒圆角"命令，系统弹出"顶点倒圆角"操控板，如图 9-89 所示。

图 9-89　"顶点倒圆角"操控板

（2）选择刚刚创建的曲面为要裁剪的曲面，然后按住 Ctrl 键，依次选择如图 9-90 所示的 4 个顶点，作为要倒圆角的顶点，然后单击"确定"按钮。

（3）输入倒圆角半径为 38，单击"确定"按钮✔，然后再单击"顶点倒圆角"操控板中的"确定"按钮，效果如图 9-91 所示。

图 9-90　定点选取

图 9-91　顶点倒圆角

9.11.2　创建油底壳的底和安装孔

1. 创建偏移曲面

（1）在视图窗口中选中刚刚创建的曲面，单击"模型"功能区"编辑"面板上的"偏移"按钮，在弹出的"偏移"操控板中单击"具有拔模特征的偏移"按钮。

（2）在打开的"参考"下滑面板中单击"编辑"按钮，弹出"草绘"对话框，选择 FRONT 基准平面为草绘平面，RIGHT 基准平面为参考平面，方向向右。单击"草绘"按钮，进入草图绘制环境。

（3）单击"草绘"功能区"草绘"面板上的"偏移"按钮，绘制如图 9-92 所示的图形，然后单击"确定"按钮✔，退出草图绘制环境。

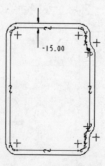

图 9-92　草绘图形

（4）在"偏移"操控板中输入偏移距离为 50，拔模角度为 4，如图 9-93 所示，然后单击"完成"按钮 ✓，效果如图 9-94 所示。

图 9-93　"偏移"操控板　　　　　　　　图 9-94　偏移效果

2. 创建安装孔

（1）单击"模型"功能区"形状"面板上的"拉伸"按钮 ⬚，在弹出的"拉伸"操控面板中单击"去除材料"按钮 ⬚，再单击"曲面"按钮 ⬚，然后依次单击"放置"→"定义"按钮，在弹出的"草绘"对话框中选择 FRONT 基准平面为草绘平面，进入草图绘制环境。

（2）绘制如图 9-95 所示的 4 个圆，然后单击"确定"按钮 ✓，退出草图绘制环境。

（3）在操控板中选择拉伸方式为"穿透"，然后单击"完成"按钮 ✓，效果如图 9-96 所示。

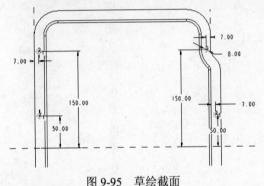
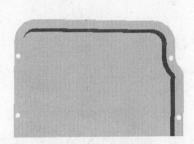

图 9-95　草绘截面　　　　　　　　　　图 9-96　拉伸切除

3. 镜像安装孔

（1）选择刚刚创建的拉伸特征。

（2）单击"模型"功能区"编辑"面板上的"镜像"按钮 ⬚，选择 TOP 面为参考平面。

（3）单击操控板上的"完成"按钮 ✓，效果如图 9-97 所示。

4. 创建安装孔

（1）单击"模型"功能区"形状"面板上的"拉伸"按钮 ⬚，在弹出的"拉伸"操控板中单击"去除材料"按钮 ⬚，再单击"曲面"按钮 ⬚，然后依次单击"放置"→"定义"按钮，在弹出的"草绘"对话框中选择 FRONT 基准平面为草绘平面，RIGHT 基准平面为参考平面，方向向右。单击"草绘"按钮，进入草图绘制环境。

（2）绘制如图 9-98 所示的直径为 8 的圆，然后单击"确定"按钮 ✓，退出草图绘制环境。

（3）在操控板中选择拉伸方式为"穿过所有" ⬚，单击"完成"按钮 ✓，效果如图 9-99 所示。

5. 阵列孔

（1）选择刚刚创建的拉伸特征。

（2）单击"模型"功能区"编辑"面板上的"阵列"按钮 ⬚，选择阵列方式为"尺寸"，输入阵列个数为 2，选择数值为 70，输入增量为 140，如图 9-100 所示。

（3）单击操控板上的"完成"按钮，效果如图 9-101 所示。

6. 镜像孔

（1）选择刚刚创建的阵列特征。

（2）单击"模型"功能区"编辑"面板上的"镜像"按钮，选择 TOP 面为镜像参考平面。

（3）单击操控板上的"完成"按钮，效果如图 9-102 所示。

图 9-97　镜像

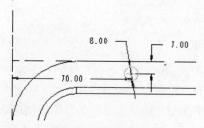

图 9-98　草绘截面

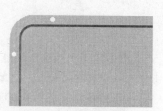

图 9-99　拉伸切除

图 9-100　阵列设置

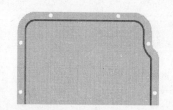

图 9-101　阵列

图 9-102　镜像

9.11.3　创建底部的偏移特征

1. 创建偏移面

（1）在视图窗口中选中刚刚创建的曲面，然后单击"模型"功能区"编辑"面板上的"偏移"按钮，在"偏移"操控板中单击"具有拔模特征的偏移"按钮。

（2）依次单击"参考"→"编辑"按钮，弹出"草绘"对话框。选择 FRONT 基准平面为草绘平面，RIGHT 基准平面为参考平面，方向向右。单击"草绘"按钮，进入草图绘制环境。

（3）单击"草绘"功能区"草绘"面板上的"偏移"按钮，绘制图 9-103 所示的图形，然后单击"确定"按钮，退出草图绘制环境。

（4）在操控板中输入偏移距离为 15，拔模角度为 30，然后单击"完成"按钮，效果如图 9-104 所示。

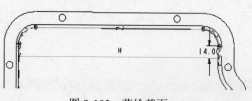

图 9-103　草绘截面

图 9-104　偏移

2. 倒圆角

（1）单击"模型"功能区"工程"面板上的"倒圆角"按钮，按住 Ctrl 键，选择如图 9-105 所示的棱边，并输入圆角半径为 6，然后单击"完成"按钮。

（2）单击"模型"功能区"工程"面板上的"倒圆角"按钮，按住 Ctrl 键，选择如图 9-106 所示的棱边，并输入圆角半径为 6.5，然后单击"完成"按钮。

图 9-105　选择倒圆角的棱边

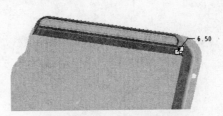

图 9-106　选择倒圆角的棱边

（3）单击"模型"功能区"工程"面板上的"倒圆角"按钮，按住 Ctrl 键，选择如图 9-107 所示的棱边，并输入圆角半径为 12，然后单击"完成"按钮。

（4）单击"模型"功能区"工程"面板上的"倒圆角"按钮，按住 Ctrl 键，选择如图 9-108 所示的棱边，并输入圆角半径为 10，然后单击"完成"按钮。

图 9-107　选择倒圆角的棱边

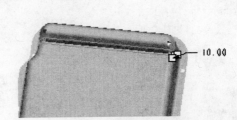

图 9-108　选择倒圆角的棱边

（5）单击"模型"功能区"工程"面板上的"倒圆角"按钮，按住 Ctrl 键，选择如图 9-109 所示的棱边，并输入圆角半径为 10，然后单击"完成"按钮，最后的圆角效果如图 9-110 所示。

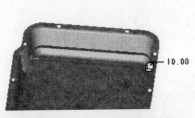

图 9-109　选择倒圆角的棱边

图 9-110　倒圆角

3. 创建偏移面

（1）在视图窗口中选中刚刚创建的曲面，然后单击"模型"功能区"编辑"面板上的"偏移"按钮，在"偏移"操控板中选中"具有拔模特征的偏移"按钮。

（2）依次单击"参考"→"编辑"按钮，在弹出的"草绘"对话框中选择 TOP 基准平面为草绘平面。

（3）单击"草绘"按钮，绘制如图 9-111 所示的矩形，然后单击"确定"按钮✔，退出草图绘制环境。

（4）在操控板中输入偏移距离为 2，拔模角度为 0，然后单击"完成"按钮✔，效果如图 9-112 所示。

4．加厚曲面

（1）在视图窗口中，选中整个曲面。

（2）单击"模型"功能区"编辑"面板上的"加厚"按钮，输入厚度为 2。

（3）单击操控板上的"完成"按钮✔，效果如图 9-113 所示。

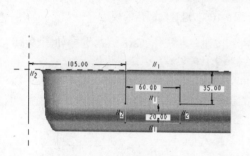

图 9-111　草绘截面

图 9-112　偏移特征

图 9-113　加厚

9.12　实践与练习

通过前面的学习，读者对本章知识也有了大体的了解。本节通过一个操作练习，使读者进一步掌握本章的知识要点。

绘制如图 9-114 所示的灯罩。

操作提示：

（1）利用"曲线"命令，绘制如图 9-115 所示的曲线。

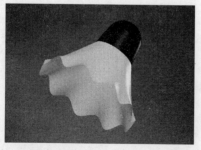

图 9-114　灯罩

图 9-115　最终生成的曲线

（2）利用"圆锥曲面和 N 侧曲面片"命令，选择如图 9-116 所示的两条曲线作为边界线，选择图 9-117 所示的曲线作为肩曲线。生成的灯罩曲面如图 9-118 所示。

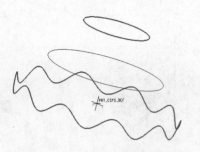

图 9-116 选择的边界曲线

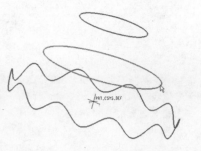

图 9-117 选择作为肩曲线的曲线

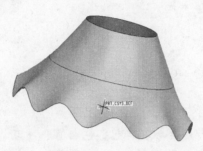

图 9-118 灯罩曲面

（3）利用"旋转"命令，选择 RIHGHT 面，绘制旋转特征截面，如图 9-119 所示。生成的曲面如图 9-120 所示。

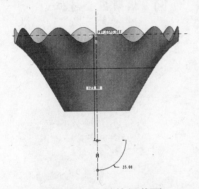

图 9-119 旋转特征截面

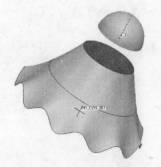

图 9-120 旋转特征曲面

（4）利用"边界混合"命令，选择旋转曲面。生成的灯罩如图 9-121 所示。

图 9-121 灯罩

第10章

钣金设计

钣金是对金属薄板的一种综合加工工艺，包括剪、冲压、折弯、成形、焊接、拼接等加工工艺。钣金技术已经广泛应用于汽车、家电、计算机、家庭用品、装饰材料等各个相关领域中，钣金加工已经成为现代工业中一种重要的加工方法。

本章将介绍 Creo Parametric 1.0 各种钣金特征的使用方法。

- ☑ 基础钣金特征
- ☑ 编辑钣金特征
- ☑ 后续壁钣金特征

任务驱动&项目案例

（1）

（2）

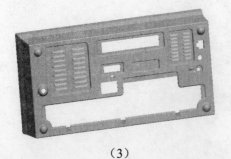

（3）

（4）

10.1　基础钣金特征

在钣金设计中,壁类结构是创建其他钣金特征的基础,任何复杂的特征都是从创建第一壁开始的。

10.1.1　平面壁

平面壁是钣金件的平面/平滑/展平的部分。它可以是主要壁(设计中的第一个壁),也可以是从属于主要壁的次要壁。平面壁可以采用任何平整形状。

操作步骤如下:

(1)单击快速访问工具栏中的"新建"按钮 ,在打开的"新建"对话框中,在"类型"选项组中选中"零件"单选按钮,在"子类型"选项组中选中"钣金件"单选按钮,输入零件名称,取消选中"使用默认模板"复选框,选择模板 mmns- part- sheetmetal,单击"确定"按钮。

(2)单击"模型"功能区"形状"面板上的"平面"按钮 ,在弹出的"平面"操控板中依次单击"参考"→"定义"按钮,如图10-1所示。

图10-1　"参考"下滑面板

(3)系统弹出"草绘"对话框,选择 FRONT 面为草绘平面,接受默认的视图方向,单击"草绘"按钮,进入草图绘制环境。

(4)单击"显示"工具栏中的"草绘视图"按钮 ,使 FRONT 基准平面正视于界面,绘制图10-2所示的草图,然后单击"确定"按钮 ,退出草图绘制环境。

注意:分离的平面壁特征的草绘图形必须是闭合的。

(5)在操控板中输入钣金厚度为1,单击"反向"按钮 ,调整增厚方向,单击"完成"按钮 ,效果如图10-3所示。

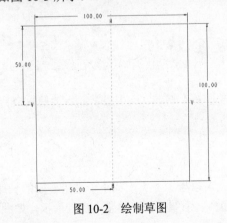

图10-2　绘制草图

图10-3　创建平面壁特征

10.1.2 旋转壁

旋转壁是由特征截面绕旋转中心线旋转而成的一类特征，它适合于构造回转体零件特征。

操作步骤如下：

（1）单击"模型"功能区"形状"面板上的"旋转"按钮，在弹出的"旋转"操控板中依次单击"参考"→"定义"按钮，如图10-4所示。

（2）系统弹出"草绘"对话框，选择 FRONT 面为草绘平面，接受默认的视图方向，单击"草绘"按钮，进入草图绘制环境。

图 10-4 "旋转"操控板

（3）单击"显示"工具栏中的"草绘视图"按钮，使FRONT基准平面正视于界面。单击"草绘"功能区"基准"面板上的"中心线"按钮，绘制一条中心线作为轴，再绘制如图 10-5 所示尺寸的草绘截面，然后单击"确定"按钮，退出草图绘制环境。

注意：一定要绘制一条中心线作为旋转特征的旋转轴。

（4）在操控板中输入钣金厚度为1，输入旋转角度为360°，单击"反向"按钮，调整增厚方向，如图10-6所示。单击"完成"按钮，效果如图10-7所示。

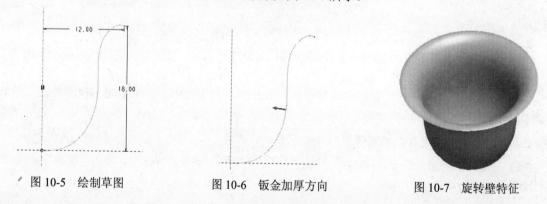

图 10-5 绘制草图　　　图 10-6 钣金加厚方向　　　图 10-7 旋转壁特征

10.2 后续壁钣金特征

要想设计出复杂的钣金件，仅仅掌握钣金件的基本成型是不够的，还需要掌握后续壁板金特征的创建。

10.2.1 平整壁

平整壁只能附着在已有钣金壁的直线边上，壁的长度可以等于、大于或小于被附着壁的长度。

单击"模型"功能区"形状"面板上的"平整"按钮，系统打开"平整"操控面板，如图10-8

所示。

"平整"操控板中各选项说明如下。

1. 形状

系统预设有 4 种平整壁形状，分别为矩形、梯形、L 形和 T 形，如图 10-9 所示。这 4 种形状的平整壁预览图如图 10-10 所示。

图 10-8 "平整"操控板

图 10-9 整壁形状选取

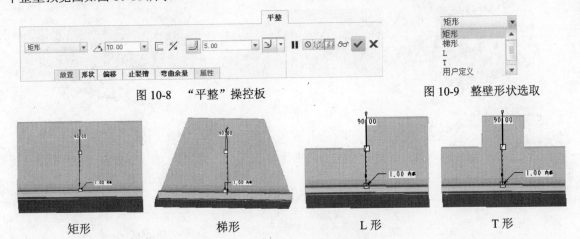

矩形　　　　　　梯形　　　　　　L 形　　　　　　T 形

图 10-10 预设的平整壁形状预览

2. 止裂槽下滑面板

在操控板中单击"止裂槽"按钮，打开"止裂槽"下滑面板，再单击类型右侧的 按钮（如图 10-11 所示），可以看到 Creo Parametric 中可以创建以下 4 种壁止裂槽类型。

☑　拉伸：在壁连接点处拉伸用于折弯止裂槽的材料。

☑　扯裂：割裂各连接点处的现有材料。

☑　矩形：在每个连接点处添加一个矩形止裂槽。

☑　长圆形：在每个连接点处添加一个长圆形止裂槽。

止裂槽有助于控制钣金件材料，并防止发生不希望的变形。所以，在很多情况下都需要添加止裂槽。4 种止裂槽的形状如图 10-12 所示。

图 10-11 止裂槽类型

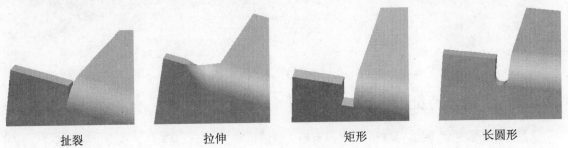

扯裂　　　　　　拉伸　　　　　　矩形　　　　　　长圆形

图 10-12 4 种止裂槽的形状

操作步骤如下：

（1）利用"平面壁"命令，创建如图 10-13 所示的钣金件。

（2）单击"模型"功能区"形状"面板上的"平整"按钮，弹出"平整壁"操控板，选取图10-14 所示的边为平整壁的附着边。

图 10-13　钣金文件

图 10-14　平整壁附着边的选取

（3）在操控板中输入折弯角度为 70，圆角半径为 5。此时，操控板的设置如图 10-15 所示，视图预览如图 10-16 所示。

图 10-15　"平整"操控板的设置

（4）在操控板中单击"止裂槽"按钮，打开"止裂槽"下滑面板。选中"单独定义每侧"复选框，选中"侧 1"单选按钮，选择止裂槽类型为"矩形"，止裂槽尺寸接受系统默认值，如图 10-17 所示。选中"侧 2"单选按钮，设置同侧 1。

（5）单击"完成"按钮，完成平整壁的创建，效果如图 10-18 所示。

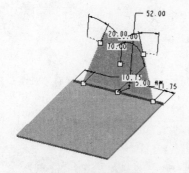

图 10-16　视图预览

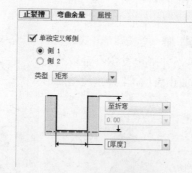

图 10-17　第一侧止裂槽设置

图 10-18　创建平整壁

10.2.2　法兰壁特征

法兰壁是折叠的钣金边，只能附着在已有钣金壁的边线上，可以是直线，也可以是曲线。它具有拉伸和扫描的功能。

操作步骤如下：

（1）利用"拉伸"命令，创建如图 10-19 所示的钣金文件。

图 10-19　钣金文件

（2）单击"模型"功能区"形状"面板上的"法兰"按钮，弹出"凸缘"操控板（如图 10-20 所示），选取如图 10-21 所示的边为法兰壁的附着边。

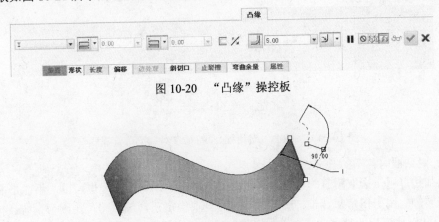

图 10-20　"凸缘"操控板

图 10-21　法兰壁附着边的选取

（3）在操控板中，选择法兰壁的形状为"Z"，然后单击"形状"按钮，打开"形状"下滑面板，如图 10-22 所示。

（4）选择法兰壁第一端端点和第二端点位置为"以指定值修剪"按钮，输入长度值为 5，单击"完成"按钮，效果如图 10-23 所示。

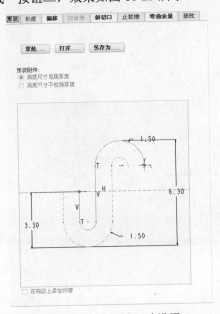

图 10-22　法兰壁尺寸设置

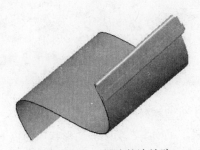

图 10-23　创建的法兰壁

10.2.3 扭转壁特征

扭转壁是钣金件的螺旋或螺线部分，就是将壁沿中心线扭转一个角度，类似于将壁的端点反方向转动一相对小的指定角度，可以将扭转连接到现有平面壁的直边上。

由于扭转壁可以更改钣金零件的平面，所以通常用作两钣金件区域之间的过渡。它可以是矩形或梯形。

单击"模型"功能区"形状"面板下的"扭转"命令，系统弹出图 10-24 所示的"扭曲"对话框和"特征参考"菜单管理器。

图 10-24 "扭曲"对话框、"特征参考"菜单管理器

"扭曲"对话框内各项的意义如下。

（1）附加边：用于选取附着的直边。此边必须是直线边，斜的直线也可以，不能是曲线。

（2）扭转轴：用于指定扭转轴。确定扭转轴时只要确定扭转轴点即可，因为系统会根据指定的扭转轴点，自动以通过扭转轴点并垂直于附属边的直线作为扭转轴。指定扭曲轴点的菜单管理器包括以下两种方式。

❶ 选取点：表示在附属边上选择现有基准点。

❷ 中点：表示在附属边的中点创建新基准点。

（3）起始宽度：指定在连接边的新壁的宽度。扭转壁将以扭转轴为中心，平均分配在轴线的两侧，即轴线两侧各为起始宽度的一半。

（4）终止宽度：指定在末端的新壁的宽度，它的定义与起始宽度的定义一样。

（5）扭曲长度：指定扭曲壁的长度。

（6）扭转角度：指定扭转角度。

（7）延伸长度：指定扭曲壁取消折弯的长度。

操作步骤如下：

（1）利用平面命令创建如图 10-25 所示的钣金件。

图 10-25 钣金件

（2）创建扭转壁特征。

❶ 单击"模型"功能区"形状"面板下的"扭转"命令，系统弹出"扭转"对话框和"特征参考"菜单管理器。

❷ 选取如 10-26 所示的附着边线，系统弹出如图 10-27 所示的"扭曲轴点"菜单管理器。

图 10-26 选取附着边   图 10-27 "扭曲轴点"菜单管理器

❸ 选择"使用中点"命令，系统弹出如图 10-28 所示的消息输入窗口。在文本框中输入起始宽度值为 16。单击"确定"按钮✔，系统弹出如图 10-29 所示的消息输入窗口，在文本框中输入终止宽度值为 10。单击"确定"按钮✔，系统弹出如图 10-30 所示的消息输入窗口，在文本框中输入扭曲长度值为 80。单击"确定"按钮✔，系统弹出如图 10-31 所示的消息输入窗口，在文本框中输入扭曲角度值为 180。单击"确定"按钮✔，系统弹出如图 10-32 所示的消息输入窗口，在文本框中输入扭曲发展长度值为 60，单击"确定"按钮✔。

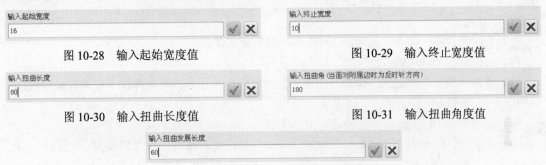

图 10-28 输入起始宽度值   图 10-29 输入终止宽度值

图 10-30 输入扭曲长度值   图 10-31 输入扭曲角度值

图 10-32 输入扭曲发展长度值

❹ 单击"扭转"对话框中的"确定"按钮，完成扭转壁特征的创建，效果如图 10-33 所示。

图 10-33 扭转壁特征

10.3 编辑钣金特征

完成基本的钣金创建后，还需要对钣金进行编辑，如延伸、折弯、展平等操作才能完成整个零件的创建。

10.3.1 延伸壁特征

延伸壁特征也叫延拓壁特征，就是将已有的平板钣金件延伸到某一指定的位置或指定的距离，不需要绘制任何截面线。延伸壁不能建立第一壁特征，它只能用于建立额外壁特征。

单击"模型"功能区"编辑"面板上的"延伸"按钮，系统弹出"延伸"操控板，如图 10-34 所示。

图 10-34 "延伸"操控板

"延伸"操控板包括以下元素。

☑ ：延伸壁与参考平面相交。

☑ ：用指定延伸至平面的方法来指定延伸距离，该平面是延伸的终止面。

☑ ：用输入数值的方式来指定延伸距离。

☑ 距离：用于指定延拓距离。

操作步骤如下：

（1）利用"拉伸"命令，创建图 10-35 所示的钣金文件。

（2）选取如图 10-36 所示的边线。

（3）单击"模型"功能区"编辑"面板上的"延伸"按钮，系统弹出"延伸"操控板，单击"延伸至平面"按钮。

（4）选取如图 10-37 所示的延伸边对面的平面。

（5）在操控板中单击"完成"按钮，完成延伸壁特征的创建，效果如图 10-38 所示。

图 10-35 钣金文件

图 10-36 选取边线

图 10-37 选择平面

图 10-38 延伸壁特征

10.3.2 钣金切口

钣金模块中，钣金切口特征的创建与实体模块中的拉伸去除材料特征的创建相似，拉伸的实质是绘制钣金件的二维截面，然后沿草绘面的法线方向增加材料，生成一个拉伸特征。

单击"模型"功能区"形状"面板上的"拉伸"按钮，系统打开如图 10-39 所示的"拉伸"操控板。

"切口"操控板各按钮的功能如下：

（1）：创建钣金切口，SMT 切口选项变为可用。

定义要创建切口的侧面。

（2）：同时垂直于驱动曲面和偏距曲面去除材料。

（3）：垂直于驱动曲面去除材料。默认情况下会选择此选项。

（4）：垂直于偏距曲面去除材料。

操作步骤如下：

（1）利用"平面"和"平整"命令，创建如图 10-40 所示的钣金文件。

图 10-39 "拉伸"操控板

图 10-40 新建零件

（2）单击"模型"功能区"形状"面板上的"拉伸"按钮，在弹出的"拉伸"操控板中单击"去除材料"按钮，再单击"移除垂直于驱动曲面法向的材料"按钮，切割方式为，如图 10-41 所示。

（3）依次单击"放置"→"定义"按钮，弹出"草绘"对话框。选择 FRONT 基准平面为草绘平面，RIGHT 基准平面为参考平面，方向向底部。单击"草绘"按钮，进入草图绘制环境，绘制如图 10-42 所示的草绘图形，然后单击"确定"按钮，退出草图绘制环境。

图 10-41 "放置"下滑面板

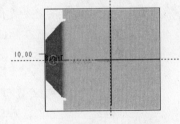

图 10-42 草绘截面

（4）在操控板中选择拉伸方式为"穿透"，单击按钮，调整去除材料的方向（如图 10-43 所示），然后单击"完成"按钮，效果如图 10-44 所示。

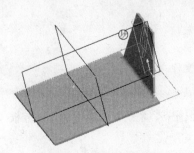

图 10-43 去除材料方向

图 10-44 创建的钣金切口特征

10.3.3 折弯特征

折弯将钣金件壁成形为斜形或筒形，此过程在钣金件设计中称为弯曲，在本软件中称为钣金折弯。折弯线是计算展开长度和创建折弯几何的参照点。

在设计过程中，只要壁特征存在，可随时添加折弯而且可以跨多个成形特征添加折弯，但不能在多个特征与另一个折弯交叉处添加这些特征。

"折弯"操控板（见图10-45）中的选项说明如下。

图 10-45   "折弯"操控板

（1）　：将材料折弯到折弯线。

（2）　：折弯折弯线另一侧的材料。

（3）　：折弯折弯线两侧的材料。

（4）　：更改固定侧的位置。

（5）　：使用值来定义折弯角度。

（6）　：折弯至曲面的端部。

（7）　：输入折弯角度值。

（8）　：测量生成的内部折弯角度。

（9）　：测量自直线开始的折弯角度偏转。

（10）　：折弯半径在折弯的外部曲面。

（11）　：折弯半径在折弯的内部曲面。

（12）　：按参数折弯。

操作步骤如下：

（1）利用"平面"命令，创建图10-46所示的钣金件。

图 10-46   钣金文件

（2）创建角折弯特征。

❶ 单击"模型"功能区"折弯"面板上的"折弯"按钮，系统弹出"折弯"操控板，如图10-47所示。

❷ 在操控板中依次单击"折弯线另一侧材料"按钮和"折弯角度"按钮。

图 10-47　"折弯"操控板

❸ 单击"模型"功能区"基准"面板下的"草绘"按钮，选取如图 10-48 所示的曲面作为草绘平面。

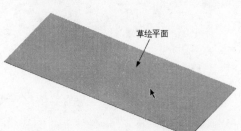

图 10-48　选取草绘平面

❹ 单击"草绘"功能区"草绘"面板上的"线"按钮，绘制如图 10-49 所示的折弯线。绘制完成后，单击"确定"按钮，退出草图绘制环境。

❺ 在操控板中单击"继续"按钮，同时系统工作区出现如图 10-50 所示的方向箭头，表示折弯侧。

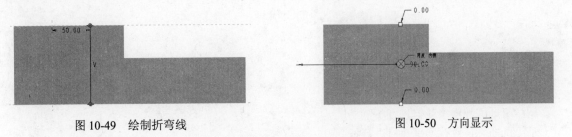

图 10-49　绘制折弯线　　　　　　　　　　　　　　　　图 10-50　方向显示

❻ 在操控板中输入折弯角度为 90，厚度为 2.0*厚度，如图 10-51 所示。

图 10-51　"折弯"操控板

❼ 在操控板中单击"完成"按钮，完成一侧角折弯特征的创建，效果如图 10-52 所示。

（3）创建曲面折弯特征。

❶ 单击"模型"功能区"折弯"面板上的"折弯"按钮，系统弹出"折弯"操控板。

❷ 在操控板中依次单击"将材料折弯到折弯线"按钮和"折弯到曲面的端部"按钮。

❸ 单击"模型"功能区"基准"面板上的"草绘"按钮，选取如图 10-52 所示的曲面作为草绘平面。

❹ 单击"草绘"功能区"草绘"面板上的"线"按钮，绘制如图 10-53 所示的折弯线。绘制完成后，单击"确定"按钮，退出草图绘制环境。

❺ 系统工作区出现方向箭头，表示折弯侧。在操控板中输入折弯半径为 20，单击"完成"按钮✔，完成曲面折弯特征的创建，效果如图 10-54 所示。

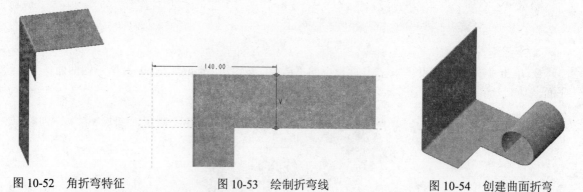

图 10-52　角折弯特征　　　　　　　图 10-53　绘制折弯线　　　　　　　图 10-54　创建曲面折弯

10.3.4　展平特征

在钣金设计中，不仅需要把平面钣金折弯，而且也需要将折弯的钣金展开为平面钣金。所谓的展平，在钣金中也称为展开。

单击"模型"功能区"折弯"面板上的"折回"按钮，系统弹出如图 10-55 所示的"折回"操控板。

图 10-55　"折回"操控板

"折回"操控板内各项的意义如下。

：手动选择展平几何进行折回。

：自动选择所有展平几何进行折回。

：用于指定固定平面。

操作步骤如下：

（1）利用前面所学的命令，创建如图 10-56 所示的钣金件。

（2）单击"模型"功能区"折弯"面板上的"展平"按钮，系统弹出如图 10-57 所示的"展平"操控板。

图 10-56　钣金文件　　　　　　　　图 10-57　"展平"操控板

（3）选取如图 10-58 所示的平面作为固定平面。

（4）在操控板中单击"完成"按钮✔，完成常规展平特征的创建，效果如图 10-59 所示。

图 10-58　选取固定平面

图 10-59　常规展平特征

10.3.5　折回特征

系统提供了折回功能，该功能是与展平功能相对应的，用于将展平的钣金的平面薄板整个或部分平面再恢复为折弯状态，但并不是所有的能展开的钣金件都能折回。

操作步骤如下：

（1）利用前面学过的命令，创建如图 10-60 所示的文件。

（2）单击"模型"功能区"折弯"面板上的"折回"按钮，系统弹出"折回"操控板。

（3）选择"自动选择固定平面"按钮，系统自动选取如图 10-60 所示的平面作为固定平面。

（4）在操控板中单击"完成"按钮，完成折弯回去特征的创建，效果如图 10-61 所示。

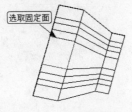

图 10-60　选取固定面

图 10-61　折回特征

10.3.6　转换

将实体零件转换为钣金件后，可以用钣金行业特征修改现有的实体设计。在设计过程中，可以将这种转换用作快捷方式，因为为实现钣金件设计意图，可以反复使用现有的实体设计，而且可以在一次转换特征中包括多种特征。将零件转换为钣金件后，它就与任何其他钣金件一样。

单击"模型"功能区"工程"面板上的"转换"按钮，系统弹出如图 10-62 所示的"转换"操控板。

图 10-62　"转换"操控板

"转换"操控板内各项的意义如下：

（1）边缝：沿着边形成裂缝，这样便能展平钣金件。拐角边可以是开放的边、盲边或重叠的边。

（2）裂缝连接：用平面、直线裂缝连接裂缝。裂缝连接用点到点连接来草绘，这需要用户定义裂缝端点。裂缝端点可以是基准点或顶点，并且必须在裂缝的末端处或零件的边界上。裂缝连接不能与现有的边共线。

（3）折弯：将锐边转换为折弯。在默认情况下，是将折弯的内侧半径设置为钣金件厚度。当指定一个边为裂缝时，所有非相接的相交边都转换为折弯。

（4）拐角止裂槽 ：将止裂槽放置在选定的拐角上。

操作步骤如下：

（1）转换成钣金件。

利用"拉伸"命令创建如图10-63所示的实体模型。

（2）单击"模型"功能区"操作"面板上的"转换为钣金件"按钮 ，弹出"第一壁"操控板，如图10-64所示。

图10-63　创建的实体模型

图10-64　"第一壁"操控板

（3）单击"壳"按钮，弹出"壳"操控板，如图10-65所示。选择实体的底面为删除面（如图10-66所示），然后输入钣金厚度为3。单击"完成"按钮 ，进入钣金模块，效果如图10-67所示。

图10-65　选取删除的曲面

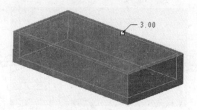

图10-66　输入钣金厚度

（4）创建转换特征。

❶ 单击"模型"功能区"工程"面板上的"转换"按钮 ，系统弹出"转换"操控板。

❷ 单击"边缝"按钮，弹出"边缝"操控板，如图10-68所示。

图10-67　创建的第一壁特征

图10-68　"边缝"操控板

❸ 选取图10-69所示的边线。

❹ 在操控板中单击"完成"按钮 ，完成转换特征的创建，效果如图10-70所示。

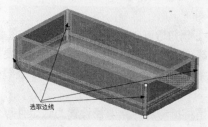

图10-69　选取的边线

图10-70　转换特征

10.4　综合实例——仪器后盖

　　仪器后盖的建模是先在标准模块中创建其基本轮廓，然后进行抽壳、转换为壳体，再转入钣金模块中，利用转换命令将壳体的 4 个边裂缝，使零件可以展开，最后创建其他的钣金特征。绘制流程如图 10-71 所示。

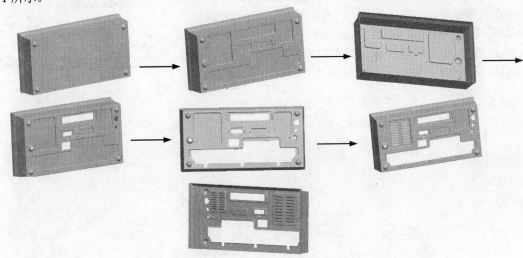

图 10-71　仪器后盖的绘制流程

操作步骤：（光盘\动画演示\第 10 章\仪器后盖.avi）

10.4.1　创建仪器后盖的基本轮廓

1. 新建文件

　　单击快速访问工具栏中的"新建"按钮，在打开的"新建"对话框中的"类型"选项组中选中"零件"单选按钮、在"子类型"选项组中选中"实体"单选按钮，输入零件名称为 yiqihougai，取消选中"使用默认模板"复选框（见图 10-72），然后单击"确定"按钮，在打开的"新文件选项"对话框中选择模板为 mmns_part_solid（见图 10-73），单击"确定"按钮。

图 10-72　"新建"对话框

图 10-73　"新文件选项"对话框

Note

2. 创建主体

（1）选择"模型"功能区"形状"面板下的"混合"→"伸出项"命令，系统显示"混合选项"菜单管理器。选择"平行"→"规则截面"→"草绘截面"→"完成"命令和"直"→"完成"命令，如图10-74所示。

（2）系统弹出"伸出项：混合，平行"对话框（见图10-75）和"设置草绘平面"菜单管理器。在绘图区选择 FRONT 基准平面作为草绘平面，接受系统默认的视图方向，单击"确定"按钮，在"草绘视图"菜单管理器中选择"右"命令（见图10-76），然后在绘图区中选择 RIGHT 基准平面为参考平面，进入草图绘制环境，绘制如图10-77所示的截面作为混合的第一截面。

图10-74 "混合选项"菜单管理器

图10-75 "伸出项：混合，平行"对话框

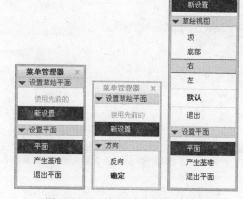

图10-76 "设置草绘平面"选项

（3）单击鼠标右键，在弹出的快捷菜单中选择"切换截面"命令，如图10-78所示。

（4）此时截面1会灰化，可以进行截面2的绘制。草绘截面2，如图10-79所示。

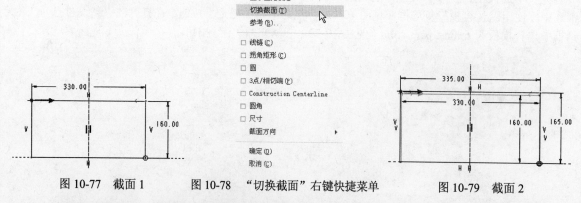

图10-77 截面1　　　图10-78 "切换截面"右键快捷菜单　　　图10-79 截面2

（5）重复上面两步，切换截面，绘制截面3，如图10-80所示。用同样的方法绘制截面4（见图10-81），然后单击"确定"按钮✔，退出草图绘制环境。

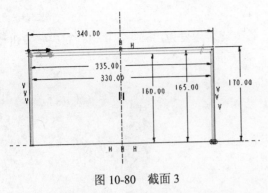

图 10-80 截面 3

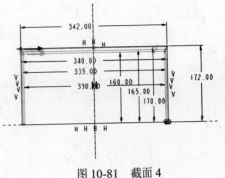

图 10-81 截面 4

（6）弹出"深度"菜单管理器，选择"盲孔"→"完成"命令。

（7）在消息输入窗口中输入截面 2 的深度为 40（见图 10-82），单击"确定"按钮 ✓ ，然后依次输入截面 3 的深度为 10、截面 4 的深度为 10。

（8）单击"伸出项：混合，平行"对话框中的"确定"按钮，完成平行混合特征的创建，效果如图 10-83 所示。

图 10-82 输入截面深度

图 10-83 混合特征

3．创建基准平面

（1）单击"模型"功能区"基准"面板上的"平面"按钮 ，弹出"基准平面"对话框。

（2）选择 TOP 基准平面为新平面的参考平面，输入平移值为 146（见图 10-84），单击"确定"按钮，完成新平面的创建。

（3）重复"基准平面"命令，选择 TOP 基准平面为新平面的参考平面，输入平移值为 80，如图 10-85 所示。

图 10-84 "基准平面"对话框

图 10-85 "基准平面"对话框

4．创建旋转特征

（1）单击"模型"功能区"形状"面板上的"旋转"按钮 ，在弹出的操控板中，依次单击"位置"→"定义"按钮，弹出"草绘"对话框。

（2）选择 DTM1 基准平面为草绘平面，绘制如图 10-86 所示的草绘图形，然后单击"确定"按钮✔，退出草图绘制环境。

（3）在操控板中选择旋转方式为"变量"，输入旋转角度为 360°，单击"完成"按钮✔，效果如图 10-87 所示。

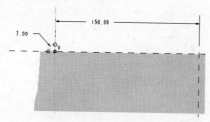

图 10-86 草绘截面

图 10-87 创建的旋转特征

5. 倒圆角

单击"模型"功能区"工程"面板上的"倒圆角"按钮，选取如图 10-88 所示的棱边为倒圆角，输入圆角半径为 2，然后单击操控板中的"完成"按钮✔。

6. 创建组

按住 Ctrl 键，在左侧的模型树中选中最后创建的两个特征，然后单击鼠标右键，从弹出的右键快捷菜单中选择"组"命令，如图 10-89 所示。

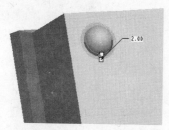

图 10-88 倒圆角棱边的选取

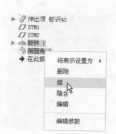

图 10-89 创建组

7. 镜像特征

（1）在左侧的模型树中，选中刚刚创建的组特征，然后单击"模型"功能区"编辑"面板上的"镜像"按钮，打开"镜像"操控板。选择 RIGHT 面为镜像参考平面，然后单击操控板中的"完成"按钮✔，效果如图 10-90 所示。

（2）重复"镜像"命令，对组特征进行镜像，再以 DTM2 基准平面进行镜像，效果如图 10-91 所示。

图 10-90 镜像

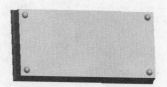

图 10-91 镜像

10.4.2 创建后盖的内凹面

1. 创建旋转特征

（1）单击"模型"功能区"形状"面板上的"旋转"按钮，在弹出的操控板中，依次单击"位置"→"定义"按钮，弹出"草绘"对话框。

（2）选择 DTM2 基准平面为草绘平面，绘制如图 10-92 所示的草绘图形，然后单击"确定"按钮✔，退出草图绘制环境。

（3）在操控板上选择"变量"按钮，输入旋转角度为 360°，单击"完成"按钮✔，效果如图 10-93 所示。

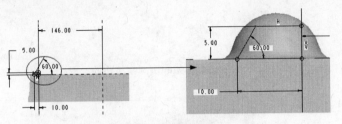

图 10-92 草绘截面

图 10-93 创建旋转特征

2．倒圆角

单击"模型"功能区"工程"面板上的"倒圆角"按钮，选取如图 10-94 所示的棱边，输入圆角半径为 2，然后单击操控板中的"确认"按钮✔。

3．创建拉伸切除特征

（1）单击"模型"功能区"形状"面板上的"拉伸"按钮，在弹出的操控板中，单击"去除材料"按钮，然后依次单击"放置"→"定义"按钮，弹出"草绘"对话框。

（2）选择 FRONT 基准平面为草绘平面，绘制如图 10-95 所示的图形。单击"确定"按钮✔，退出草图绘制环境。

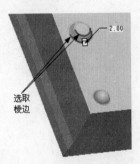

图 10-94 倒圆角棱边的选取

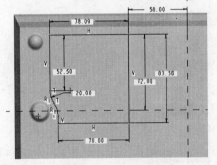

图 10-95 草绘截面

（3）在操控板中选择拉伸方式为"盲孔"，输入拉伸长度为 4。单击按钮，调整去除材料方向，然后单击"完成"按钮✔，效果如图 10-96 所示。

4．圆角处理

（1）单击"模型"功能区"工程"面板上的"倒圆角"按钮，选取图 10-97 所示的棱边，输入圆角半径为 6，然后单击操控板中的"完成"按钮✔。

（2）继续创建倒圆角，选取如图 10-98 所示的棱边，输入圆角半径为 1.2。

5．创建拉伸切除特征

（1）单击"模型"功能区"形状"面板上的"拉伸"按钮，在弹出的操作面板中单击"去除材料"按钮，然后依次单击"放置"→"定义"按钮，弹出"草绘"对话框。

（2）选择 FRONT 基准平面为草绘平面，截面如图 10-99 所示。

图 10-96　创建拉伸去除特征

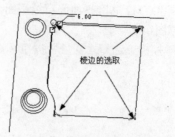

图 10-97　倒圆角棱边的选取

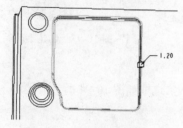

图 10-98　倒圆角棱边的选取

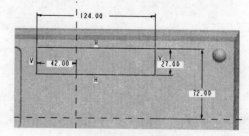

图 10-99　草绘截面

（3）在操控板中选择拉伸方式为"盲孔" ，输入拉伸长度为 3。单击 按钮，调整去除材料方向，然后单击"完成"按钮 ，效果如图 10-100 所示。

6. 倒圆角

对拉伸的 4 条棱边进行倒圆角，圆角半径为 4。对拉伸体的上下表面边进行倒圆角，圆角半径为 1，效果如图 10-101 所示。

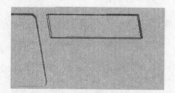

图 10-100　创建拉伸去除特征

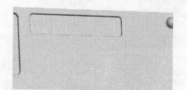

图 10-101　创建倒圆角

7. 创建拉伸材料特征

（1）继续创建拉伸去除材料特征，截面如图 10-102 所示，拉伸长度为 3，效果如图 10-103 所示。

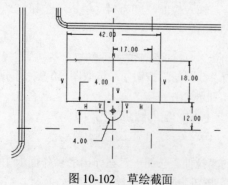

图 10-102　草绘截面

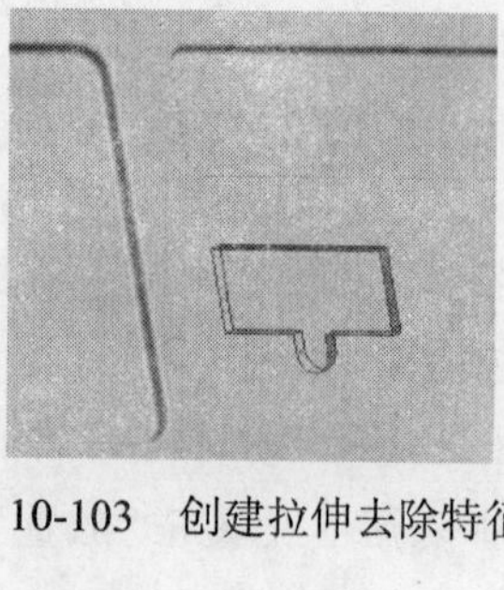

图 10-103　创建拉伸去除特征

（2）继续创建拉伸去除材料特征，截面如图 10-104 所示，拉伸长度为 3，效果如图 10-105 所示。

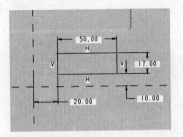

图 10-104　草绘截面

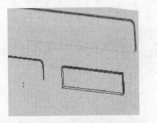

图 10-105　创建拉伸去除特征

（3）继续创建拉伸去除材料特征，截面如图 10-106 所示，拉伸长度为 2，效果如图 10-107 所示。

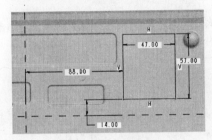

图 10-106　草绘截面

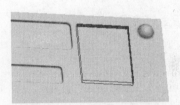

图 10-107　创建拉伸去除特征

（4）继续创建拉伸去除材料特征，截面如图 10-108 所示，拉伸长度为 3，效果如图 10-109 所示。

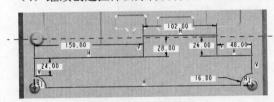

图 10-108　草绘截面

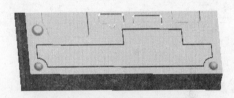

图 10-109　创建拉伸去除特征

（5）对以上几步创建的拉伸去除特征的棱边进行倒圆角，效果如图 10-110 所示。

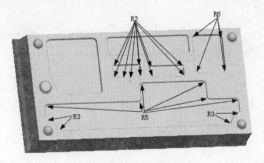

图 10-110　创建倒圆角

10.4.3　进行抽壳并转入钣金模块

1．抽壳

（1）单击"模型"功能区"工程"面板上的"抽壳"按钮，输入壳的厚度为 0.8，然后单击"参考"按钮,如图 10-111 所示。

(2)选择零件的平面为要移除的曲面(见图 10-112),然后单击操控板中的"完成"按钮✓,效果如图 10-113 所示。

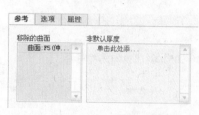

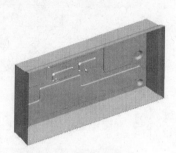

图 10-111　壳特征操作面板　　　图 10-112　选取要移除的曲面　　　图 10-113　创建壳体

2. 钣金件转换

(1)单击"模型"功能区"操作"面板下的"转换为钣金件"按钮，弹出"钣金件转换"菜单管理器。

(2)选择"驱动曲面"选项(见图 10-114),弹出"驱动曲面"操控板。此时,系统要求选择一个曲面,选择壳体的底面(见图 10-115),在"驱动曲面"操控板中输入厚度为 0.8,进入钣金模块。

图 10-114　选择"驱动曲面"选项

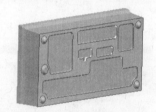

图 10-115　驱动曲面的选取

3. 边缝转换

(1)单击"模型"功能区"工程"面板上的"转换"按钮，弹出"转换"操控板,如图 10-116 所示。

(2)单击"边缝"按钮,弹出"边缝"操控板,如图 10-117 所示。选取如图 10-118 所示的 4 条棱边,单击"完成"按钮✓,效果如图 10-119 所示。

图 10-116　"转换"操控板

图 10-117　"边缝"操控板

图 10-118　边缝的选取

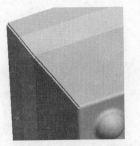

图 10-119　创建转换特征

10.4.4　创建钣金切削特征

1. 创建钣金切口

（1）单击"模型"功能区"形状"面板上的"拉伸"按钮，在弹出的操控板中，依次单击"去除材料"按钮和"移除垂直于驱动曲面的材料"按钮。

（2）依次单击"放置"→"定义"按钮，弹出"草绘"对话框。选择 FRONT 基准平面为草绘平面，绘制如图 10-120 所示的图形。单击"确定"按钮，退出草图绘制环境。

（3）在操控板中选择拉伸方式为"穿透"，单击"完成"按钮，效果如图 10-121 所示。

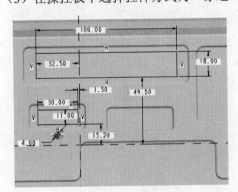

图 10-120　草绘截面

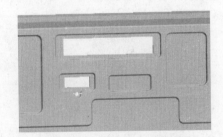

图 10-121　创建拉伸去除特征

（4）重复"拉伸"命令。选择 FRONT 基准平面为草绘平面，绘制拉伸截面（见图 10-122），拉伸方式为"穿透"，效果如图 10-123 所示。

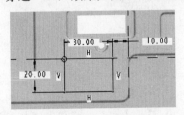

图 10-122　拉伸截面

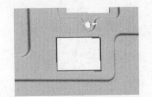

图 10-123　创建拉伸去除特征

2. 倒圆角

单击"模型"功能区"工程"面板上的"倒圆角"按钮，选取如图 10-124 所示的 4 条棱边，创建倒圆角，并输入圆角半径为 2。单击操控板中的"完成"按钮，效果如图 10-125 所示。

图 10-124 选取倒圆角棱边

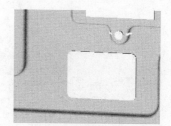
图 10-125 倒圆角

3. 创建拉伸去除材料特征

重复步骤 1,拉伸截面如图 10-126 所示,效果如图 10-127 所示。

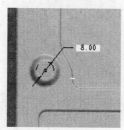
图 10-126 拉伸截面

图 10-127 创建拉伸去除特征

4. 创建拉伸去除材料特征

拉伸截面如图 10-128 所示,效果如图 10-129 所示。

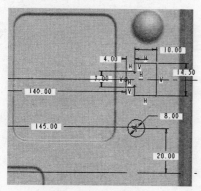
图 10-128 拉伸截面

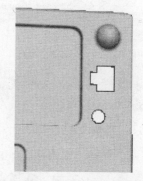
图 10-129 创建拉伸去除特征

10.4.5 创建成形特征

1. 创建凹模成形特征

(1)单击"模型"功能区"工程"面板上"形状"下的"凹模"按钮，在弹出的"选项"菜单管理器中依次选择"参照"→"完成"命令,如图 10-130 所示。在系统弹出的"打开"对话框中选择 YIQIHOUGAIMO-1,然后单击"打开"按钮,系统弹出 YIQIHOUGAIMO-1 对话框和"元件放置"对话框(见图 10-131)。

(2)选中"元件放置"对话框左下侧的"预览"复选框，在右侧的"约束类型"中选择"重合"选项,然后选取 YIQIHOUGAIMO-1 的 TOP 基准平面和零件的 FRONT 基准平面,如图 10-132

所示。

图 10-130 "选项"菜单管理器

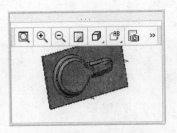

图 10-131 成形特征模型

（3）在"元件放置"对话框的"放置"选项卡中单击"新建约束"按钮，在右侧的"约束类型"中选择"重合"选项，然后依次选取 YIQIHOUGAIMO-1 的 FRONT 基准平面和零件的 DTM2 基准平面，如图 10-133 所示。

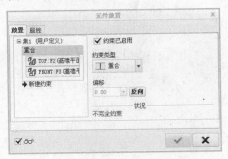

图 10-132 设置约束

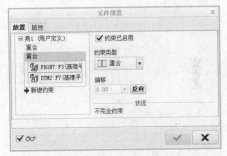

图 10-133 设置约束

（4）在"元件放置"对话框的"放置"选项卡中单击"新建约束"按钮，在右侧的"约束类型"中选择"距离"选项，输入偏移值为 135，然后依次选取 YIQIHOUGAIMO-1 的 RIGHT 基准平面和零件的 RIGHT 基准平面。此时，在"元件放置"对话框右下侧的"状况"显示为"完全约束"，如图 10-134 所示。

（5）单击"完成"按钮 ✓，系统在信息提示区内显示 ⇨从参照零件选取边界平面，选取 YIQIHOUGAIMO-1 的平面 1 作为边界平面。同时，系统在信息提示区内显示 ⇨从参照零件选取种子曲面，选取 YIQIHOUGAIMO-1 的平面 2 作为种子曲面，如图 10-135 所示。单击"确定"按钮，完成成形特征的创建，效果如图 10-136 所示。

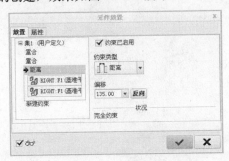

图 10-134 完成约束

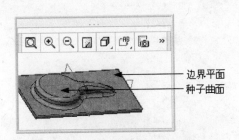

图 10-135 选取边界平面、种子曲面

2. 拉伸切除材料

（1）创建拉伸去除材料特征。拉伸截面如图 10-137 所示，效果如图 10-138 所示。

图 10-136　成形特征

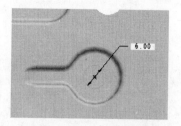

图 10-137　草绘截面

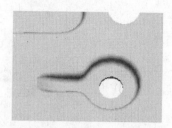

图 10-138　创建拉伸去除特征

（2）创建拉伸去除材料特征。拉伸截面如图 10-139 所示，效果如图 10-140 所示。

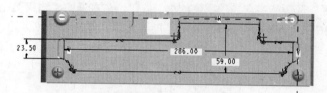

图 10-139　拉伸截面

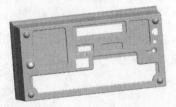

图 10-140　创建拉伸去除特征

（3）创建拉伸去除材料特征。拉伸截面如图 10-141 所示，效果如图 10-142 所示。

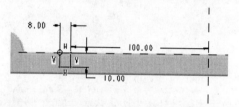

图 10-141　拉伸截面

图 10-142　创建拉伸去除特征

3.　阵列拉伸去除

（1）在左侧的模型树中选中刚刚创建的拉伸去除特征，单击"模型"功能区"编辑"面板上的"阵列"按钮，选择阵列方式为"尺寸"，然后单击"阵列"操控板中的"尺寸"按钮，打开"尺寸"面板。

（2）在绘图区选择数值为 100，输入增量值为-100，如图 10-143 所示。在操控板中输入阵列个数为 3，然后单击"完成"按钮，效果如图 10-144 所示。

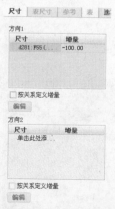

图 10-143　阵列尺寸设置

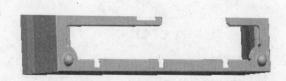

图 10-144　创建阵列特征

10.4.6 创建百叶窗特征

1. 创建凹模成形特征

（1）单击"模型"功能区"工程"面板上"形状"下的"凹模"按钮，在弹出的"选项"菜单管理器中依次选择"参考"→"完成"命令。

（2）在系统弹出的"打开"对话框中选择 YIQIHOUGAIMO-2，然后单击"打开"按钮，系统弹出 YIQIHOUGAIMO-2 窗口（见图 10-145）和"元件放置"对话框。

（3）选中"元件放置"对话框左下侧的"预览"复选框，在右侧的"约束类型"中选择"重合"选项，然后依次选取 YIQIHOU-GAI-MO-2 的平面 1 和零件的平面 2（如图 10-146 所示），通过单击"约束类型"后的"反向"按钮，调整两个零件配对的方向，相关设置如图 10-147 所示。

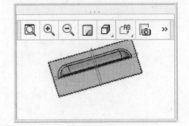

图 10-145 成形特征模型

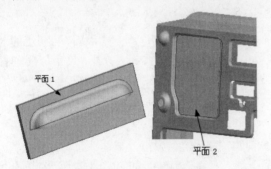

图 10-146 选取约束平面

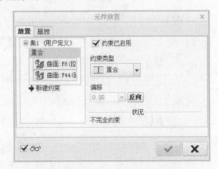

图 10-147 设置约束

（4）在"元件放置"对话框的"放置"选项卡中单击"新建约束"按钮，在右侧的"约束类型"中选择"距离"，输入偏移值为-60，然后依次选取 YI-QI-HOU-GAI-MO-2 的 FRONT 基准平面和零件的 DTM2 基准平面，如图 10-148 所示。

（5）在"元件放置"对话框的"放置"选项卡中单击"新建约束"按钮，在右侧的"约束类型"中选择"距离"选项，输入偏移值为 75，然后依次选取 YI-QI-HOU-GAI-MO-2 的 RIGHT 基准平面和零件的 RIGHT 基准平面，此时在"元件放置"对话框右下侧的"状况"显示为"完全约束"，如图 10-149 所示。

图 10-148 新建约束

图 10-149 完成约束

（6）单击"完成"按钮 ✓ ，系统在信息提示区内显示 ➡ 从参考零件选择边界平面，选取 YI-QI-HOU-GAI-MO-2 的平面 1 作为边界平面。同时，在信息提示区内显示 ➡ 从参考零件选择种子曲面，选取 YIQIHOUGAIMO-2 的平面 2 作为种子曲面，如图 10-150 所示，

（7）在"元件放置"对话框内选中"排除曲面"，再单击"定义"按钮，选取如图 10-150 所示的曲面作为排除曲面，然后选择"完成参考"命令，并单击"元件放置"对话框中的"确定"按钮 ✓ ，完成成形特征的创建，效果如图 10-151 所示。

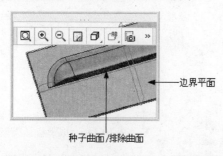

边界平面

种子曲面/排除曲面

图 10-150　选取边界平面、种子/排除曲面

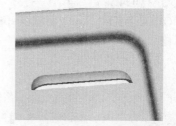

图 10-151　成形特征

2. 阵列成形特征

（1）在左侧的模型树中选中刚刚创建的成形特征，然后单击"模型"功能区"编辑"面板上的"阵列"按钮 ⊞ ，选择阵列方式为"尺寸"。单击"阵列"操控板中的"尺寸"按钮，打开"尺寸"下滑面板。

（2）在绘图区选择数值为 60，输入增量为-8（见图 10-152），然后在操控板中输入阵列个数为 9，单击"完成"按钮 ✓ ，效果如图 10-153 所示。

3. 创建基准平面

（1）单击"模型"功能区"基准"面板上的"平面"按钮 ▱ ，弹出"基准平面"对话框。

（2）选择 RIGHT 基准平面为新平面的参考平面，输入平移值为 93，如图 10-154 所示。单击"确定"按钮，完成新平面的创建，效果如图 10-155 所示。

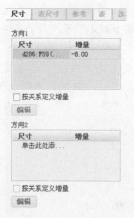

图 10-152　设置阵列尺寸　　　　图 10-153　创建阵列特征　　　　图 10-154　"基准平面"对话框

4. 镜像特征

（1）在左侧的模型树中，选中刚刚创建的阵列特征。

（2）单击"模型"功能区"编辑"面板上的"镜像"按钮 ⟋⟍ ，打开"镜像"操作板，选取 DTM3 面为镜像参考平面。

（3）单击操作板中的"完成"按钮✓，效果如图 10-156 所示。

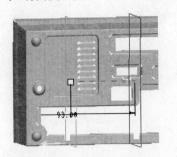

图 10-155　新建基准平面

图 10-156　镜像结果

5. 创建成形特征

（1）以相同的方法在左侧创建成形特征模板为 YIQIHOUGAIMO-3，模板与零件的 3 个约束分别如下：

❶ 模板的平面 1 和零件的平面 2 如图 10-157 所示，约束方式为"重合"。

❷ 模板的 TOP 基准平面与零件的 DTM2 基准平面约束方式为"距离"，偏移值为 62。

❸ 模板的 RIGHT 基准平面与零件的 RIGHT 基准平面约束方式为"距离"，偏移值为 100。

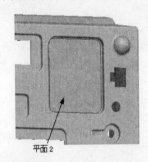

图 10-157　选取约束平面

（2）模板的边界平面、种子曲面、排除曲面的选取如图 10-158 所示。单击"确定"按钮✓，完成成形特征的创建，效果如图 10-159 所示。

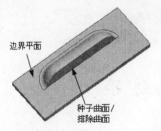

图 10-158　选取边界平面、种子/排除曲面

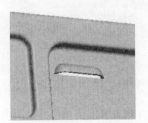

图 10-159　成形特征

6. 阵列成形特征

（1）在左侧的模型树中选中刚刚创建的成形特征，然后单击"模型"功能区"编辑"面板上的"阵列"按钮，选择阵列方式为"尺寸"。单击"阵列"操控板中的"尺寸"按钮，打开"尺寸"面板。

（2）在绘图区选择数值为 62，输入增量值为-6，如图 10-160 所示。在操控板中输入阵列个数为 8，然后单击"完成"按钮✓，效果如图 10-161 所示。

7. 创建基准平面

（1）单击"模型"功能区"基准"面板上的"平面"按钮 ⧄，弹出"基准平面"对话框。

（2）选择 FRONT 基准平面为新平面的参考平面，输入平移值为 112，如图 10-162 所示。单击"确定"按钮，完成新平面的创建，效果如图 10-163 所示。

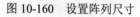
图 10-160　设置阵列尺寸

图 10-161　创建阵列特征

图 10-162　"基准平面"对话框

8. 镜像特征

（1）在左侧的模型树中选中刚刚创建的阵列特征。

（2）单击"模型"功能区"编辑"面板上的"镜像"按钮 ⫷，打开"镜像"操控板，选取 DTM3 面为镜像参考平面。

（3）单击操控板中的"完成"按钮 ✓，效果如图 10-164 所示。

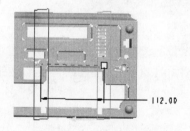
图 10-163　新建基准平面

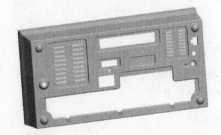
图 10-164　仪器后盖

10.5　实践与练习

通过前面的学习，读者对本章知识也有了大体的了解。本节通过两个操作练习，使读者进一步掌握本章的知识要点。

1. 绘制如图 10-165 所示的硬盘固定架。

操作提示：

（1）创建分离壁。利用"平面"命令，选取 TOP 面作为草绘面，绘制如图 10-166 所示的草图，并输入厚度为 0.5mm。

图 10-165　硬盘固定架

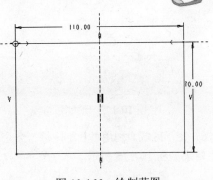
图 10-166　绘制草图

（2）创建拉伸切口 1。利用"拉伸"命令，选取实体顶面作为草绘平面，绘制如图 10-167 所示的草图。依次单击"切割"按钮 ▱ 和"移除与曲面法向的材料"按钮 ⤻，选择拉伸方式为"穿透" ⋕。单击 ✓ 按钮，效果如图 10-168 所示。

（3）创建拉伸切口 2。利用"拉伸"命令，选取实体顶面作为草绘平面，绘制如图 10-169 所示的草图。依次单击"切割"按钮 ▱ 和"移除与曲面法向的材料"按钮 ⤻，选择拉伸方式为"穿透" ⋕，结果如图 10-170 所示。

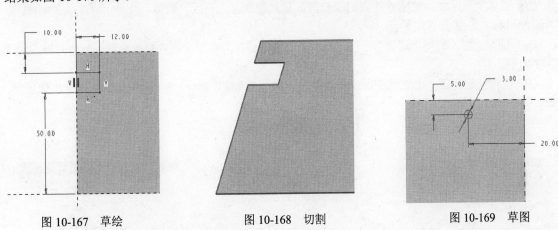
图 10-167　草绘　　　　　　图 10-168　切割　　　　　　图 10-169　草图

（4）阵列。使刚才绘制的拉伸切割特征呈选取状态，利用"阵列"命令，选取定位尺寸 20 作为驱动尺寸，输入增量为 30，输入数目为 3，效果如图 10-171 所示。

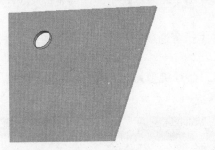
图 10-170　切割结果

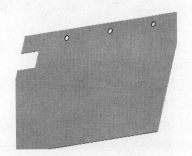
图 10-171　阵列

（5）折弯。利用"折弯"命令，选取上表面为草绘平面，绘制折弯线，如图 10-172 所示，效果如图 10-173 所示。

图 10-172　绘制折弯线

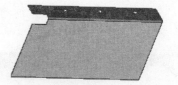

图 10-173　折弯

（6）变形区域。利用"分割区域"命令，选取钣金件顶面作为草绘平面，绘制草图，如图 10-174 所示，效果如图 10-175 所示。

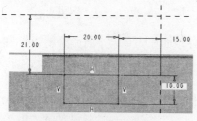

图 10-174　绘制草图

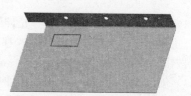

图 10-175　变形区域

（7）镜像变形区域。使刚才绘制的变形区域呈选取状态，利用"镜像"命令，再选取 RIGHT 面作为镜像平面，如图 10-176 所示。

（8）创建扯裂。利用"边缝"命令，选取钣金件表面作为草绘平面，抽取变形区域的边界，如图 10-177 所示。

（9）镜像扯裂特征。选取刚绘制的扯裂特征，利用"镜像"命令，选取 RIGHT 面作为镜像平面，镜像效果如图 10-178 所示。

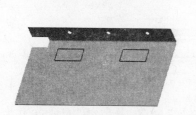

图 10-176　镜像

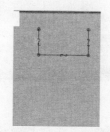

图 10-177　草绘扯裂区域

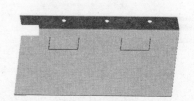

图 10-178　镜像

（10）折弯变形区域 1。利用"折弯"命令，选取上平面为草绘平面，绘制折弯线，如图 10-179 所示，输入折弯角度为 90°。

（11）选择"完成"→"厚度"选项，然后单击"折弯选项"对话框中的"确定"按钮，效果如图 10-180 所示。

（12）折弯变形区域 2。重复"创建折弯"命令，半径类型为内侧半径，绘制折弯线，输入折弯角度为 90°，效果如图 10-181 所示。

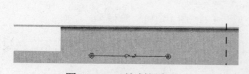

图 10-179　绘制折弯线

图 10-180　折弯

图 10-181　折弯

（13）变形区域。利用"分割区域"命令，选取钣金件顶面作为草绘平面，绘制草图，如图 10-182 所示，效果如图 10-183 所示。

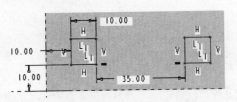

图 10-182 绘制草图

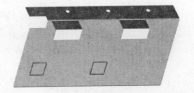

图 10-183 变形

（14）创建扯裂 1。利用"边缝"命令，选取钣金件表面作为草绘平面，抽取变形区域的边界，效果如图 10-184 所示。

（15）创建扯裂 2。利用"边缝"命令，选取钣金件表面作为草绘平面，抽取变形区域的边界，效果如图 10-185 所示。

（16）折弯变形区域 1。利用"折弯"命令，绘制折弯线，选择折弯角度为 90°，效果如图 10-186 所示。

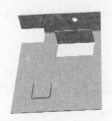

图 10-184 割裂

图 10-185 割裂

图 10-186 折弯

（17）折弯变形区域 2。利用"折弯"命令，绘制折弯线。选择折弯角度为 90°，效果如图 10-187 所示。

（18）创建拉伸切口 1。利用"拉伸"命令，选取顶面作为草绘平面，绘制草图，如图 10-188 所示。单击"去除材料"按钮✍，选择拉伸方式为"穿透"，如图 10-189 所示。

图 10-187 折弯

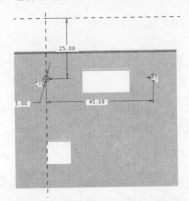

图 10-188 草绘

图 10-189 切割

（19）创建拉伸切口 2。利用"拉伸"命令，选取顶面作为草绘平面，绘制草图，如图 10-190 所示。单击"去除材料"按钮✍，选择拉伸方式为"穿透"，如图 10-191 所示。

（20）阵列。使刚才绘制的拉伸切割特征呈选取状态，利用"阵列"命令，选取定位尺寸 15 作为驱动尺寸，输入增量为-50，输入数目为2，如图 10-192 所示。

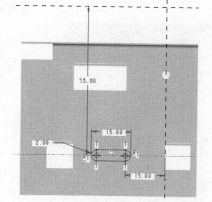

图 10-190　草绘

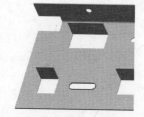

图 10-191　切割

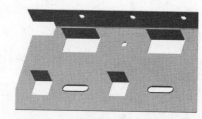

图 10-192　阵列

2．绘制如图 10-193 所示的仪表面板。

操作提示：

（1）创建分离的平整壁。利用"平面"命令，选择 FRONT 基准平面为草绘平面，绘制如图 10-194 所示的图形，然后输入钣金厚度为 2。

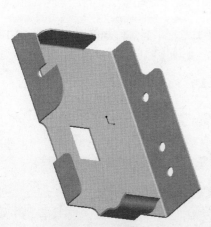

图 10-193　仪表面板

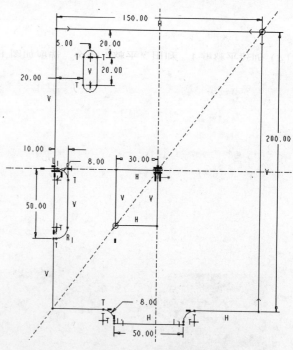

图 10-194　草绘截面

（2）创建平整壁。利用"平整"命令，单击选取如图 10-195 所示的边为平整壁的附着边，绘制如图 10-196 所示的图形，然后输入角度为 90°，折弯半径为 2，效果如图 10-197 所示。

（3）创建孔。利用"拉伸"命令，在弹出的操控板中依次单击"去除材料"按钮☑和"移除垂直于驱动曲面的材料"按钮⫸，然后选择 RIGHT 基准平面为草绘平面，绘制如图 10-198 所示的图形。

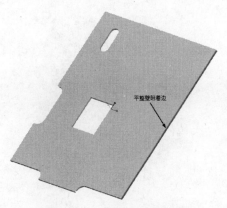

图 10-195　选取平整壁附着边

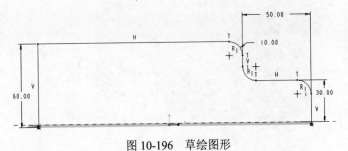

图 10-196　草绘图形

图 10-197　创建平整壁

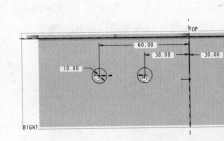

图 10-198　草绘截面

（4）创建平整壁 1。利用"平整"命令，选取如图 10-199 所示的附着边，绘制如图 10-200 所示的图形，并输入折弯半径为 2，如图 10-201 所示。

（5）创建平整壁 2。利用"平整"命令，单击选取如图 10-202 所示的边为平整壁的附着边，绘制图 10-203 所示的图形，并输入折弯半径为 2，如图 10-204 所示。

图 10-199　选取平整壁附着边

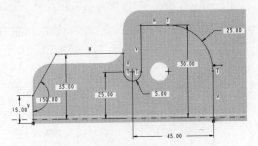

图 10-200　草绘图形

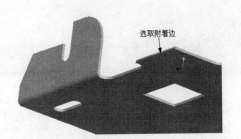

图 10-201　创建平整壁

图 10-202　选取平整壁附着边

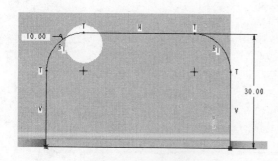

图 10-203　草绘图形

图 10-204　创建左侧平整壁

（6）创建法兰壁。利用"法兰"命令，选取如图 10-205 所示的边为法兰壁的附着边，绘制如图 10-206 所示的图形，并选择折弯半径为 2，效果如图 10-207 所示。

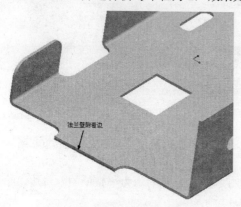

图 10-205　选取法兰壁附着边

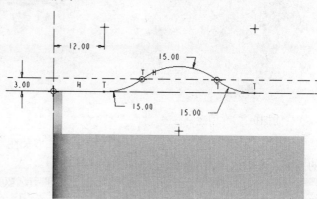

图 10-206　草绘图形

（7）创建平整壁。利用"平整"命令，选取如图 10-208 所示的边为平整壁的附着边，绘制如图 10-209 所示的图形，并输入折弯半径为 2，如图 10-210 所示。

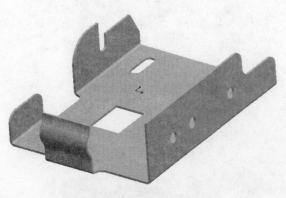

图 10-207　创建法兰壁

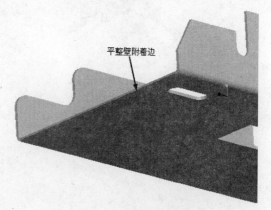

图 10-208　选取平整壁附着边

（8）创建展平。利用"展开"命令，选取如图 10-211 所示的平面为展开时的固定平面，效果如图 10-212 所示。

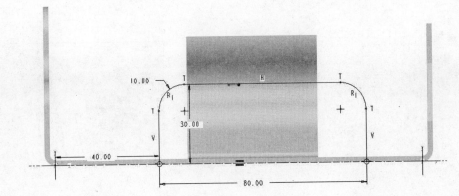

图 10-209 草绘图形

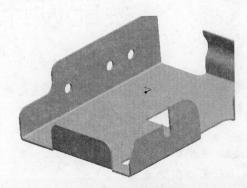

图 10-210 创建平整壁

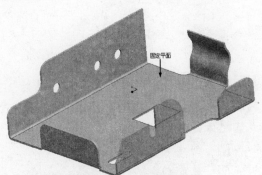

图 10-211 选取固定平面

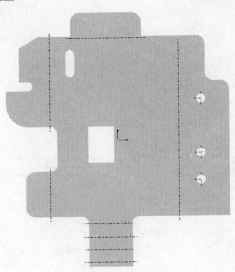

图 10-212 创建展开特征

第11章

装配设计

在产品的设计过程中，如果零件的 3D 模型已经设计完毕，就可以通过建立零件之间的装配关系将零件装配起来。根据需要，可以对装配的零件之间进行干涉检查操作，也可以生成装配体的爆炸图等。

- ☑ 创建装配体的一般过程
- ☑ 装配约束
- ☑ 装配体的操作
- ☑ 爆炸图的生成

任务驱动&项目案例

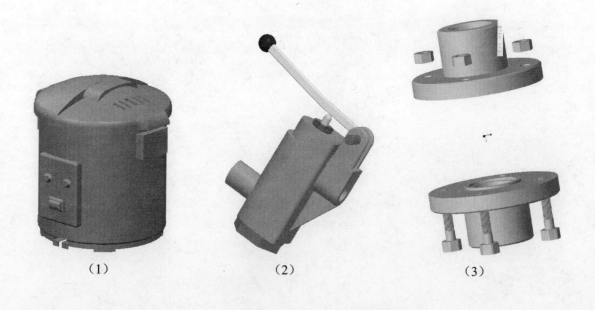

（1）　　　　　　（2）　　　　　　（3）

11.1　创建装配体的一般过程

本节介绍创建装配体的一般过程。

创建装配体的一般过程如下：

（1）单击快速访问工具栏中的"新建"按钮 □，在弹出的"新建"对话框中选择"装配"类型，如图 11-1 所示。

（2）在"新建"对话框的"名称"文本框中输入装配件的名称，保留选中"子类型"中的"设计"选项，然后单击"确定"按钮，进入装配设计环境。此时，设计环境中出现默认的基准面，并且在"模型树"浏览器中出现一个装配子项，如图 11-2 所示。

图 11-1　"新建"对话框

图 11-2　"模型树"浏览器

插入或新建零件后，就可以通过设定零件的装配约束关系将零件装配到当前装配体中，下面将详述这些操作。

11.2　装　配　约　束

系统一共提供了 8 种装配约束关系，其中最常用的是重合、距离、角度偏移、居中和平行等，下面分别进行介绍。

11.2.1　重合

重合约束关系，指两个面贴合在一起，两个面的垂直方向互为反向或同向。

操作步骤如下：

（1）新建一个零件，命名为 ASSEMBLE1，零件尺寸如图 11-3 所示。

（2）新建一个零件，命名为 ASSEMBLE2，零件尺寸如图 11-4 所示。

（3）新建一个装配设计环境，命名为"重合"。单击"模型"功能区"元件"面板上的"装配"按钮 □，打开"打开"对话框，选取第（1）步生成的零件 ASSEMBLE1，将此零件调入装配设计环境，同时打开"元件放置"操控板，如图 11-5 所示。

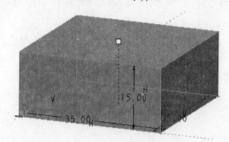

图 11-3　零件 1

图 11-4　零件 2

图 11-5　"元件放置"操控板

　　此时的待装配元件和组件在同一个窗口显示，单击"单独的窗口显示元件"按钮，则系统打开一个新的设计环境显示待装配元件，此时原有的设计环境中仍然显示待装配元件；单击"组件的窗口显示元件"按钮，如果将此按钮设为取消选中状态，则在原有的设计环境中将不再显示待装配元件。这样，待装配元件和装配组件分别在两个窗口中显示。以下的装配设计过程就使用分别显示待装配元件和装配组件的装配设计环境。

　　（4）保持"约束类型"选项中的"自动"类型不变，单击装配组件中的 ASM_FRONT 基准面，再单击待装配元件中的 FRONT 基准面，此时"元件放置"操控板中的"约束类型"变为"重合"，如图 11-6 所示。

图 11-6　设置约束关系

　　（5）重复步骤（4），将 ASM_RIGHT 基准面和 RIGHT 基准面对齐，ASM_TOP 基准面和 TOP 基准面对齐，此时"放置状态"选项中显示"完全约束"，表示待装配元件已经完全约束好。单击"元件放置"操控板中的"完成"按钮，将 ASSEMBLE1 零件装配到组件装配环境中，如图 11-7 所示（注意此时设计环境中基准平面上面的名称）。

　　（6）单击"模型"功能区"元件"面板上的"装配"按钮，打开"打开"对话框。选取第（2）步生成的零件 ASSEMBLE2，将此零件调入装配设计环境，同时打开"元件放置"操控板，将"约束类型"设为"重合",然后分别单击待装配元件和装配组件(见图11-8)的面。

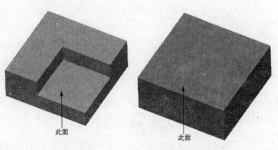

图 11-7 将零件装入装配环境　　　　　图 11-8 选取重合装配特征

（7）用同样的操作,将待装配元件和装配组件的面按如图11-9所示的数字"重合"在一起,然后在工具条中单击"反向"按钮,调整方向。

（8）单击"元件放置"操控板中的"完成"按钮 ✔,将零件 ASSEMBLE2 装配到组件装配环境中,如图11-10所示。

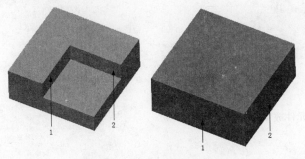

图 11-9 选取匹配装配特征　　　　　图 11-10 将零件装配到装配环境

11.2.2 距离

距离约束关系,指两个装配元素相距一定距离。

操作步骤如下：

（1）继续使用 11.2.1 节的设计对象,单击"模型"功能区"元件"面板上的"装配"按钮,打开"打开"对话框。选取零件 ASSEMBLE2,将此零件调入装配设计环境,同时打开"元件放置"操控板,将"约束类型"设为"距离",然后分别单击待装配元件和装配组件(见图11-11)的面。

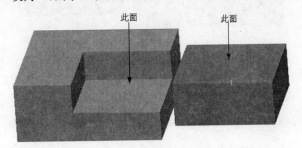

图 11-11 选取装配特征

（2）在操控板中输入距离为 50,如图11-12所示。

图 11-12　"元件放置"操控板

（3）单击"元件放置"操控板中的"完成"按钮✓，将零件 ASSEMBLE2 装配到组件装配环境中，如图 11-13 所示。

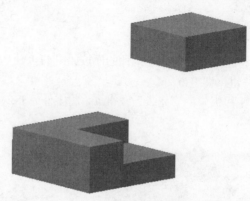

图 11-13　将零件装配到装配环境

11.2.3　角度偏移

操作步骤如下：

（1）继续使用 11.2.1 节的设计对象，单击"模型"功能区"元件"面板上的"装配"按钮，打开"打开"对话框。选取零件 ASSEMBLE2，将此零件调入装配设计环境，同时打开"元件放置"操控板，将"约束类型"设为"角度偏移"，然后分别单击待装配元件和装配组件（见图 11-14）的面。

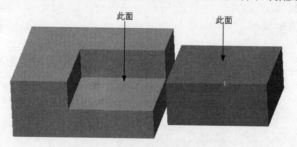

图 11-14　选取装配特征

（2）在操控板中输入角度为 60°，如图 11-15 所示。

图 11-15　"元件放置"操控板

（3）单击"元件放置"操控板中的"完成"按钮✓，将零件 ASSEMBLE2 装配到组件装配环境中，如图 11-16 所示。

图 11-16 将零件装配到装配环境

11.2.4 平行

操作步骤如下：

（1）继续使用 11.2.1 节的设计对象，单击"模型"功能区"元件"面板上的"装配"按钮 ，打开"打开"对话框。选取零件 ASSEMBLE2，将此零件调入装配设计环境，同时打开"元件放置"操控板，将"约束类型"设为"平行"，然后分别单击待装配元件和装配组件（见图 11-17）的面。

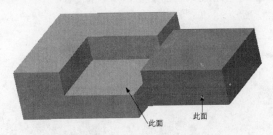

图 11-17 选取装配特征

（2）单击"元件放置"操控板中的"完成"按钮 ，将零件 ASSEMBLE2 装配到组件装配环境中，如图 11-18 所示。

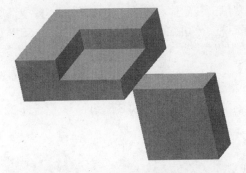

图 11-18 将零件装配到装配环境

11.2.5 法向

操作步骤如下：

（1）继续使用 11.2.1 节的设计对象，单击"模型"功能区"元件"面板上的"装配"按钮 ，打开"打开"对话框。选取零件 ASSEMBLE2，将此零件调入装配设计环境，同时打开"元件放置"操控板，将"约束类型"设为"法向"，然后分别单击待装配元件和装配组件（见图 11-19）的面。

（2）单击"元件放置"操控板中的"完成"按钮 ✓，将零件 ASSEMBLE2 装配到组件装配环境中，如图 11-20 所示。

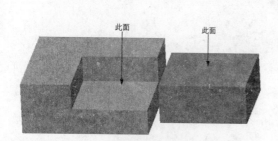

图 11-19　选取装配特征　　　　　　图 11-20　将零件装配到装配环境

11.2.6　居中

操作步骤如下：

（1）在零件 ASSEMBLE1 和 ASSEMBLE2 上，分别添加如图 11-21 所示的轴和孔，其中，零件 ASSEMBLE1 上添加的轴的直径为 8.00，高度为 20.00，定位尺寸均为 10.00；零件 ASSEMBLE2 上添加的孔的直径为 8.00，贯穿整个零件，定位尺寸均为 10.00。

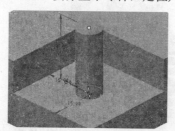
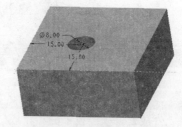

图 11-21　添加轴及孔特征

（2）新建一个装配设计环境，装配体名称为 asm1。单击"模型"功能区"元件"面板上的"装配"按钮 ，打开"打开"对话框。选取第（1）步生成的零件 ASSEMBLE1，将此零件调入装配设计环境，同时打开"元件放置"操控板，将 ASSEMBLE1 装配到空的装配设计环境中。

（3）单击"模型"功能区"元件"面板上的"装配"按钮 ，打开"打开"对话框。选取第（1）步生成的零件 ASSEMBLE2，将此零件调入装配设计环境，同时打开"元件放置"操控板，将"约束类型"设为"居中"，然后分别单击待装配元件和装配组件（见图 11-22）的面。

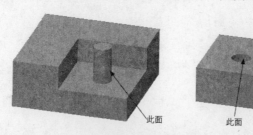

图 11-22　选取匹配装配特征

（4）单击"元件放置"操控板中的"完成"按钮✔，将零件 ASSEMBLE2 装配到组件装配环境中，如图 11-23 所示。

图 11-23　将零件装配到装配环境

11.2.7　默认

默认约束关系，指利用坐标系重合方式，即将两坐标系的 X、Y 和 Z 重合在一起，将零件装配到组件，在此要注意 X、Y 和 Z 的方向。

操作步骤如下：

（1）单击"模型"功能区"元件"面板上的"装配"按钮，打开"打开"对话框。选取零件 ASSEMBLE2，将其调入装配设计环境，如图 11-24 所示。

（2）打开"元件放置"操控板，将"约束类型"设为"默认"。单击"元件放置"操控板中的"完成"按钮✔，将零件 ASSEMBLE2 装配到组件装配环境中（见图 11-25），零件坐标系和装配体坐标系重合。

（3）保存设计环境中的对象，然后关闭当前设计环境。

图 11-24　预览

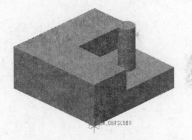

图 11-25　通过坐标系装配好零件

11.3　装配体的操作

在装配体中不仅可以对零件进行删除和修改，还可以创建新零件。

11.3.1　装配体中元件的打开、删除和修改

操作步骤如下：

（1）打开已有的装配体文件 asm0001.asm，右击"模型树"浏览器中的 ASSEMBLE2 选项，系统打开一个快捷菜单，如图 11-26 所示。

（2）从快捷菜单中可以看到，可以对此装配体元件进行"打开"、"删除"、"修改"等操作。选择快捷菜单中的"打开"命令，系统将在一个新的窗口打开选中的零件，并将此零件设计窗口设为当

前激活状态，如图 11-27 所示。

（3）在当前激活的零件设计窗口，将当前设计对象上的孔特征的直径修改为 10.00，然后单击"模型"功能区"操作"面板中的"重新生成"按钮，系统重新生成零件 ASSEMLE2，此时可以看到零件上孔特征的直径已经改变。关闭当前零件设计窗口，系统返回 asm1 装配体设计环境，可以看到零件 ASSEMLE2 直径的改变情况，如图 11-28 所示。

图11-27 打开零件

图11-26 快捷菜单

图11-28 修改孔尺寸

（4）单击"模型树"浏览器中的 ASSEMBLE2 选项；在弹出的快捷菜单中选择"编辑定义"命令，系统打开"元件放置"操控板（见图 11-29），可以看到此操控板中显示了装配元件现有的约束关系，可以重新定义装配元件的约束关系。

图 11-29 "元件放置"操控板

（5）单击"元件放置"操控板中的"取消"按钮✖，不对此装配元件的约束关系做任何修改。单击"模型树"浏览器中的 ASSEMBLE2 选项，在弹出的快捷菜单中选择"删除"命令，可将设计环境中的零件 ASSEMBLE2 删除，如图 11-30 所示。

（6）关闭当前设计环境，并且不保存当前设计对象。

图 11-30 删除零件

11.3.2 在装配体中创建新零件

操作步骤如下：

（1）打开已有的装配体文件 asm1.asm，并单击"模型"功能区"元件"面板上的"创建"按钮 ，打开"元件创建"对话框，如图 11-31 所示。

（2）在"元件创建"对话框中的"名称"文本框中输入零件名 ASSEMBLE3，然后单击"确定"按钮，系统将打开"创建选项"对话框，如图 11-32 所示。

图 11-31 "元件创建"对话框   图 11-32 "创建选项"对话框

（3）选中"创建选项"对话框中的"创建特征"单选按钮，然后单击"模型"功能区"基准"面板上的"草绘"按钮 ，系统弹出"草绘"对话框，选取如图 11-33 所示的绘图平面和参考面。

（4）为了显示方便，将当前设计对象设为"隐藏线"显示模式，然后在草图绘制环境中绘制如图 11-34 所示的 2D 截面。

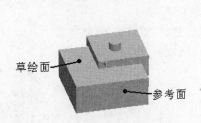

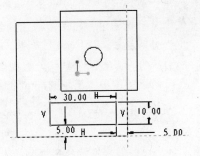

图 11-33 选取草绘面及参考面   图 11-34 绘制截面

（5）生成此 2D 截面后，单击"模型"功能区"形状"面板上的"拉伸"按钮 ，设置拉伸深度为 10.00，此时设计环境中的设计对象如图 11-35 所示。

（6）当前设计环境的主工作窗口中有一行字：活动零件 ASSEMBLE3，并且"模型树"浏览器中的 ASSEMBLE3.PRT 子项下有一个绿色图标，如图 11-36 所示，表示此时该零件仍处于创建状态。

（7）右击"模型树"浏览器中的 ASSEMBLE3 子项，在弹出的快捷菜单中选择"打开"命令，系统将在单独设计窗口中打开该零件，然后将此窗口关闭，则此时零件 ASSEMBLE3 处于装配完成状态，"模型树"浏览器中的 ASSEMBLE3 下的绿色图标消失，如图 11-37 所示。

（8）保存设计环境中的设计对象，然后关闭当前设计环境。

图 11-35　生成拉伸特征　　　图 11-36　"模型树"浏览器　　　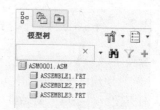图 11-37　设计树浏览器

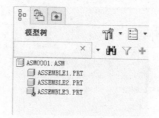

11.4　爆炸图的生成

组件的爆炸图也称为分解视图，是将模型中每个元件与其他元件分开表示。

选取"视图管理器"中的"分解"命令，可以创建分解视图。分解视图仅影响组件外观，而设计意图以及装配元件之间的实际距离不会改变。可以创建分解视图来定义所有元件的分解位置。对于每个分解视图，可以执行下列操作：

☑　打开和关闭元件的分解视图。

☑　更改元件的位置。

☑　创建偏移线。

可以为每个组件定义多个分解视图，然后可以随时使用任意一个已保存的视图；还可以为组件的每个绘图视图设置一个分解状态。每个元件都具有一个由放置约束确定的默认分解位置。默认情况下，分解视图的参考元件是父组件（顶层组件或子组件）。

使用分解视图时，需牢记下列规则：

☑　如果在更高级组件范围内分解子组件，则子组件中的元件不会自动分解。可以为每个子组件指定要使用的分解状态。

☑　关闭分解视图时，将保留与元件分解位置有关的信息。打开分解视图后，元件将返回至其上一分解位置。

☑　所有组件均具有一个默认分解视图，该视图是使用元件放置规范创建的。

☑　在分解视图中多次出现的同一组件在更高级组件中可以具有不同的特性。

11.4.1　新建爆炸图

在组件环境下，如果要建立爆炸图，可以单击"模型"功能区"模型显示"面板上的"分解图"按钮，如图 11-38 所示。

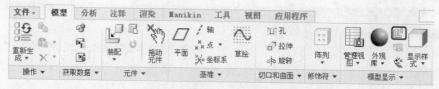

图 11-38　单击"分解图"按钮

例如，打开光盘中的 lianzhouqi，如图 11-39 所示。

单击"模型"功能区"模型显示"面板上的"分解图"按钮，系统就会根据使用的约束产生一个默认的分解视图，如图 11-40 所示。

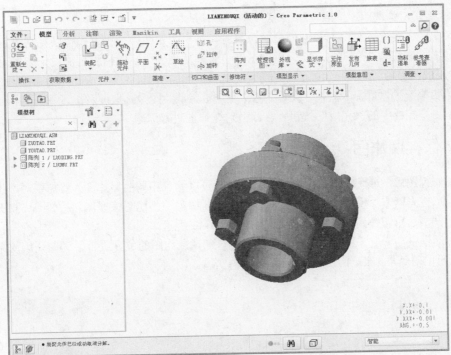

图 11-39　打开装配图

图 11-40　默认的分解视图

11.4.2　编辑爆炸图

产生默认的分解视图非常简单，但是默认的分解视图通常无法贴切地表现出各个元件之间的相对位置，因此常常需要通过编辑元件位置来调整爆炸图。要编辑爆炸图，可以选择"视图"→"分解"→"编辑位置"命令，打开如图 11-41 所示的"分解工具"操控板。

图 11-41　"分解工具"操控板

在"分解工具"操控板中提供了以下 3 种运动类型。

☑　平移 ：使用"平移"命令移动元件时，可以通过平移参考设置移动的方向，平移的运动参考有 6 类。

☑ 旋转 ⟳：多个元件具有相同的分解位置时，某一个元件的分解方式可以复制到其他元件上。这样，就可以先处理好一个元件的分解位置，然后使用复制位置功能设定其他元件位置。

☑ 视图平面 ▣：将元件的位置恢复到系统默认分解的情况。

打开"参考"下滑面板，选中"移动参考"复选框，从绘图区选取要移动的螺钉，再选取移动参考，然后单击操控板中的"完成"按钮 ✔，即可对爆炸图进行编辑。

11.4.3 保存爆炸图

建立爆炸视图后，如果想在下一次打开文件时还可以看到相同的爆炸图，就需要对产生的爆炸视图进行保存。首先单击"模型"功能区"模型显示"面板上的"视图管理器"按钮 🗔，打开"视图管理器"对话框，然后切换到"分解"选项卡，如图 11-42 所示。

在该对话框中，单击"新建"按钮，由于前面对默认爆炸图的位置进行了调整，因此系统打开如图 11-43 所示的对话框，询问用户是否保存修改的状态。

图 11-42　"视图管理器"对话框　　　　图 11-43　"已修改的状态保存"对话框

在该对话框中单击"是"按钮，可以打开"保存显示元素"对话框，如图 11-44 所示。如果选择"默认分解"并单击"确定"按钮，即可打开如图 11-45 所示的"更新默认状态"对话框；如果选取其他选项，则直接进入如图 11-46 所示的对话框。

图 11-44　"保存显示元素"对话框　　图 11-45　"更新默认状态"对话框　　　图 11-46　输入名称

在如图 11-46 所示的对话框中输入爆炸图的名称（默认的名称是 Exp000#，其中"#"表示按顺序编列的数字），然后单击"关闭"按钮，即可完成爆炸图的保存。

11.4.4　删除爆炸图

可以将生成的爆炸图恢复到没有分解的装配状态，再次单击"模型"功能区"模型显示"面板上的"分解图"按钮 即可。

11.5　综合实例——电饭煲装配

首先安装底座和筒身，接着安装锅体和锅体加热铁，再安装米锅和蒸锅，然后安装筒身上压盖和下盖，最后安装顶盖，形成最终的模型。装配流程如图 11-47 所示。

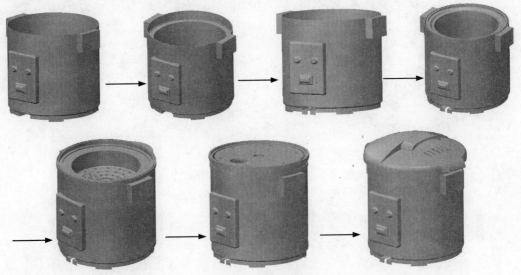

图 11-47　装配流程

操作步骤：（光盘\动画演示\第 11 章\电饭煲装配.avi）

1. 新建模型

单击快速访问工具栏中的"新建"按钮 ，打开"新建"对话框。在"类型"选项组中选中"装配"单选按钮，在"子类型"选项组中选中"设计"单选按钮，在"名称"文本框中输入零件名称 dianfanbao.asm，其他选项采用系统默认设置。单击"确定"按钮，创建一个新的装配文件，如图 11-48 所示。

2. 在装配体里放置文件

（1）单击"模型"功能区"元件"面板上的"装配"按钮 ，打开 Dizhuoshiti.prt 元件。

（2）打开"元件放置"操控板，如图 11-49 所示。单击"完成"按钮 ，完成放置元件。

图 11-48　"新建"对话框

图 11-49   "元件放置"操控板

3. 添加筒身文件并装配

（1）单击"模型"功能区"元件"面板上的"装配"按钮![icon]，打开 tongshen.prt 元件。

（2）打开"元件放置"操控板，选择调节筒底的插座平面和筒身的操作板平面作平行约束，如图 11-50 所示。

（3）选择筒底的上端圆环面和筒身的下端圆环面作重合约束，如图 11-51 所示。

图 11-50   选择平行平面   图 11-51   选择重合平面

（4）选择筒底的圆周和筒身的圆周作重合约束，如图 11-52 所示。

（5）在操控板中显示"完全约束"，单击"完成"按钮![icon]，效果如图 11-53 所示。

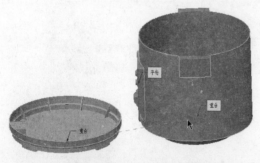 

图 11-52   选择重合平面   图 11-53   装配筒身

4. 添加锅体文件并装配

（1）单击"模型"功能区"元件"面板上的"装配"按钮![icon]，打开 guoti.prt 元件。

（2）打开"元件放置"操控板，选择锅体的底部圆环面和底座的顶部圆环面作重合约束，如图 11-54 所示。

（3）把锅体的圆柱面和插入筒身的圆柱面作重合约束，如图 11-55 所示。

（4）在操控板中显示"完全约束"，单击"完成"按钮![icon]，效果如图 11-56 所示。

5. 添加锅体加热铁文件并装配

（1）单击"模型"功能区"元件"面板上的"装配"按钮![icon]，打开 guotijiaretie.prt 元件。

（2）打开"元件放置"操控板，选择锅体的插座平面和加热铁的导体面作平行约束，如图 11-57 所示。

图 11-54 选择重合平面

图 11-55 选择重合曲面

图 11-56 装配锅体

图 11-57 选择平行平面

（3）选择锅体的底部上表面和加热铁的支脚底面作重合约束，如图 11-58 所示。

（4）选择加热铁的圆柱面和筒身的圆柱面作重合约束，如图 11-59 所示。

图 11-58 选择重合平面

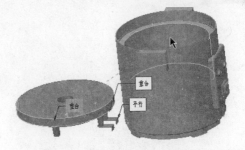

图 11-59 选择重合曲面

（5）在操控板中显示"完全约束"，单击"完成"按钮，效果如图 11-60 所示。

6. 添加米锅文件并装配

（1）单击"模型"功能区"元件"面板上的"装配"按钮，打开 miguo.prt 元件。

（2）选择米锅底部圆环面下方和筒体的顶部圆环面作重合约束，如图 11-61 所示。

（3）选择米锅的圆柱面和筒体的圆柱面作重合约束，如图 11-62 所示。

（4）在操控板中显示"完全约束"，单击"完成"按钮，效果如图 11-63 所示。

图 11-60　装配加热体

图 11-61　选择重合平面

图 11-62　选择重合曲面

图 11-63　装配米锅

7. 添加蒸锅文件并装配

（1）单击"模型"功能区"元件"面板上的"装配"按钮 ，打开 zhengguo.prt 元件。

（2）选择蒸锅顶部圆环面下方和米锅的顶部圆环面作重合约束，如图 11-64 所示。

（3）选择蒸锅的圆柱面和米锅的圆柱面作重合约束，如图 11-65 所示。

图 11-64　选择重合平面

图 11-65　选择重合曲面

（4）在操控板中显示"完全约束"，单击"完成"按钮 ，效果如图 11-66 所示。

8. 添加筒身上压盖文件并装配

（1）单击"模型"功能区"元件"面板上的"装配"按钮 ，打开 tongshenshangyangai.prt 元件。

（2）选择筒身上压盖的基准平面 FRONT 和筒身手柄作角度偏移约束，角度为 90°，如图 11-67 所示。

图 11-66　装配蒸锅

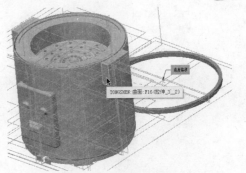

图 11-67　选择角度平面

（3）选择筒身上压盖的圆柱面和筒身圆柱面作重合约束，如图 11-68 所示。

（4）选择筒身上压盖的圆环面和筒身的上端面作重合约束，如图 11-69 所示。

图 11-68　选择重合平面

图 11-69　选择重合曲面

（5）在操控板中显示"完全约束"，单击"完成"按钮 ✓，效果如图 11-70 所示。

9．添加下盖文件并装配

（1）单击"模型"功能区"元件"面板上的"装配"按钮 ，打开 Xiagai.prt 元件。

（2）选择下盖的圆环面和蒸锅的上圆环面做重合约束，如图 11-71 所示。

图 11-70　装配上沿盖

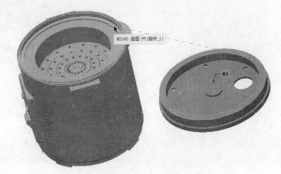

图 11-71　选择重合平面

（3）选择下盖的圆柱面和筒身的圆柱面作重合约束，如图 11-72 所示。

（4）在操控板中显示"完全约束"，单击"完成"按钮 ✓，效果如图 11-73 所示。

图 11-72　选择重合曲面　　　　　　　　图 11-73　装配下盖

10．添加顶盖文件并装配

（1）单击"模型"功能区"元件"面板上的"装配"按钮，打开 dinggai.prt 元件。

（2）选择顶盖的下端面和下盖的上圆环面作重合约束，如图 11-74 所示。

（3）选择顶盖的圆柱面和筒身的圆柱面作重合约束，如图 11-75 所示。

图 11-74　选择重合平面　　　　　　　　图 11-75　选择重合曲面

（4）在操控板中显示"完全约束"，单击"完成"按钮，效果如图 11-76 所示。

图 11-76　装配顶盖

11.6　实践与练习

通过前面的学习，读者对本章知识也有了大体的了解。本节通过一个操作练习，使读者进一步掌握本章的知识要点。

装配如图 11-77 所示的手压阀。

操作提示：

（1）采用默认方式，添加阀体文件并装配。

（2）添加阀杆文件并装配。选择阀杆的外表斜面和阀体的内腔斜面添加重合约束，如图 11-78 所示。

（3）添加胶垫文件并装配。选择阀体的下端面和胶垫的上端面添加重合约束；选择阀体的内腔轴曲面和胶垫的圆柱面添加重合约束，如图 11-79 所示。

图 11-77　手压阀

图 11-78　装配阀杆

图 11-79　装配胶垫

（4）装配螺母和弹簧。选择调节螺母的内圆台面和弹簧上的平面添加重合约束；选择调节螺母的基准面 TOP 和弹簧的基准面 FRONT 添加重合约束；选择调节螺母的基准面 RIGHT 和弹簧的基准面 RIGHT 添加重合约束，如图 11-80 所示。

（5）装配调节螺母。选择调节螺母上端面和胶垫下端面添加重合约束；选择调节螺母螺杆和阀体下端孔添加重合约束，如图 11-81 所示。

（6）装配锁紧螺母。选择锁紧螺母下端面和阀体上端面添加重合约束；选择锁紧螺母螺杆和阀体上端孔添加重合约束，如图 11-82 所示。

图 11-80　装配螺母和弹簧

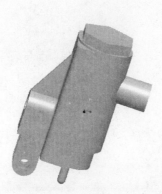

图 11-81　装配调节螺母

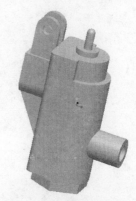

图 11-82　装配锁紧螺母

（7）装配手柄。选择手柄连接处的侧面和阀体上端连接处的侧面添加重合约束；选择手柄连接处的孔和阀体上端连接处的孔添加重合约束；选择手柄下表面和阀体上表面添加角度偏移约束，输入角度为 340°，如图 11-83 所示。

（8）装配球头。选择手柄尾部的台面和球头的端面添加重合约束；选择手柄尾部的螺杆和球头的孔添加重合约束，如图 11-84 所示。

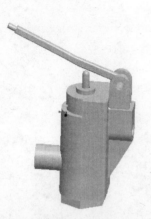

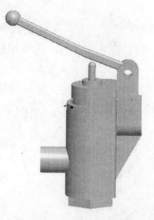

图 11-83　装配手柄　　　　　　　　　　图 11-84　装配球头

（9）装配销钉。选择销钉的圆台面和阀体上端连接处的侧面添加重合约束；选择销钉杆和阀体上端连接处的孔添加重合约束，如图 11-85 所示。

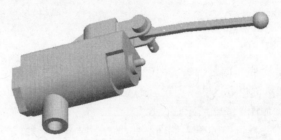

图 11-85　装配销钉

第12章

动画制作

动画制作是另一种能够让组件动起来的方法。用户可以不设定运动副，使用鼠标直接拖动组件，仿造动画影片的制作过程，一步一步地生产关键帧，最后连续播映这些关键帧制造影像。在产品销售、简报，示范说明产品的组装、拆卸与维修的程序时，处理高复杂度组件的运动仿真时，可以使用该功能制作高品质的动画。

☑ 动画初步制作　　　　　　　　☑ 动画后处理
☑ 动画编辑

任务驱动&项目案例

（1）

（2）

12.1　动画初步制作

定义动画是制作动画的起步。当需要对机构进行制作动画时，首先进入动画制作模块，使用工具定义动画，然后使用动画制作工具创建动画，最后对动画进行播放和输出。当对复杂机构进行创建动画时，使用一个动画过程很难表达清楚，这时就需要定义不同的动画过程。

12.1.1　动画制作环境

在 Creo Parmetric 中，动画的形式主要有下面的几种：伺服电动机驱动的动画（Servo Motor）、关键帧动画（Key Frames）、视图转换动画（View@Time）、透明度变化（Transparency@Time）和显示方式变化（Display@Time）。

进入"装配设计"模块，单击"应用程序"功能区"运动"面板上的"动画"按钮，系统自动进入动画制作模块，如图 12-1 所示。

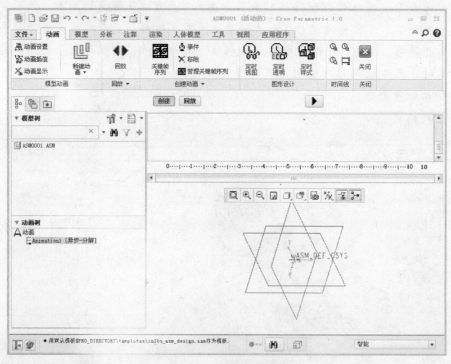

图 12-1　动画制作模块

12.1.2　新建动画

新建动画是对机构中的动画过程进行创建、编辑和删除的工具。

单击"动画"功能区"模型动画"面板上的"新建动画"按钮，系统弹出"定义动画"对话框，如图 12-2 所示。

"名称"文本框用于定义动画的名称，默认值为 Animation，也可以自定义。

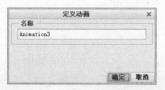

图 12-2　"定义动画"对话框

12.1.3　创建子动画

"子动画"命令是将创建的动画设置为某一动画的子动画。

🔊 **注意**：使用该命令生产的子动画与父动画类型必须一致。

下面以创建两个快照动画为例，讲解"子动画"命令的使用方法，具体操作步骤如下：

（1）单击"动画"功能区"创建动画"面板上的"子动画"按钮✖，系统弹出"包含在 Animation4中"对话框，如图 12-3 所示。

🔊 **注意**：系统默认生产一个动画，这里只需再建一个动画。

图 12-3　"包含在 Animation4 中"对话框

（2）在"包含在 Animation4 中"对话框中选中 Animation1 使其高亮显示，单击"包括"按钮，动画时间轴就添加到时间表中，如图 12-4 所示。选中该对象，使其变成红色，右键单击该对象，在弹出的快捷菜单中选择"编辑"、"复制"、"移除"、"选择参考图元"等命令，可以对其进行修改。

图 12-4　动画时间轴

12.1.4　拖动元件

单击"动画"功能区"机构设计"面板上的"拖动元件"按钮👆，系统弹出"拖动"对话框，如图 12-5 所示。该对话框的内容如下。

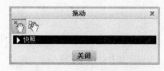

图 12-5　"拖动"对话框

1）"拖动点"按钮👆：单击此按钮，系统弹出"选取"对话框，在主体上选取某一点，该点会突出显示，并随光标移动，同时保持连接。该点不能为基础主体上的点。

2）"拖动主体"按钮👆：系统弹出"选取"对话框，该主体突出显示，并随光标移动，同时保持连接。不能拖动基础主体。

所谓的基础主体，就是在装配中添加元件或新建组件时，单击"固定"按钮，并接受默认约束定义为基础主体。

3）单击"快照"左侧三角，展开"快照"选项卡，如图 12-6 所示，该对话框的内容如下。

（1）"拍下当前配置的快照"按钮：单击此按钮，给机构拍照，在其后的文本框中显示快照的名称，系统默认为 Snapshot，也可以更改，并添加到快照列表框中，如图 12-6 所示。拖动到一个新位置时，单击此按钮可以再次给机构拍照，同时该照添加到快照列表中。

（2）"快照"选项卡：用于对快照进行编辑，选中列表中的快照，单击左侧工具进行快照编辑，或者右键单击选中的快照，系统弹出快捷菜单，如图 12-7 所示，快捷菜单中的工具与左侧工具的使用方法与作用完全相同。

☑ "显示选定快照"按钮，在列表中选定快照后，单击此按钮可以显示该快照中机构的具体位置。

☑ "从其他快照中借用零件位置"按钮，用于复制其他快照。在列表框中选中需要借用其他快照中零件位置的快照，单击该按钮，系统弹出"快照构造"对话框，如图 12-8 所示。在该对话框列表中选取其他快照零件位置用于新快照，单击"确定"按钮完成快照的借用。

图 12-6　"快照"选项卡　　　图 12-7　快捷菜单　　　图 12-8　"快照构建"对话框

☑ "将选定快照更新为屏幕上的当前位置"按钮，在列表框中选中将改变为当前屏幕上的当前位置的快照，单击该按钮，系统弹出"选取"对话框。在 3D 模型中选择一特征后单击"确定"按钮，完成快照的改变。该工具相当于改变列表框中快照的名称。

☑ "使选定快照可用于绘图"按钮，可用于分解状态，分解状态可用于 Creo Parametric 绘图视图中。单击此按钮时，在列表上的快照旁将添加一个图标。

☑ "删除选定快照"按钮，将选定快照从列表中删除。

（3）"约束"选项卡，如图 12-9 所示。

通过选中或清除列表中所选约束旁的复选框，可以打开或关闭约束；也可以使用左侧工具按钮进行临时约束。

☑ "对齐两个图元"按钮，通过选取两个点、两条线或两个平面对元件进行对齐约束。这些图元将在拖动操作期间保持对齐。

☑ "匹配两个图元"按钮，通过选取两个平面，创建匹配约束，这两个平面在拖动操作期间将保持相互匹配。

☑ "定向两个曲面"按钮，通过选择两个平面，在"偏移"文本框中定义两个屏幕的夹角，使其互成一定角度。

☑ "活动轴约束"按钮，通过选取连接轴以指定连接轴的位置。指定后，主体将不能拖动。

☑ "主体——主体锁定约束"工具按钮，通过选取主体，可以锁定主体。

☑ "启动/禁止连接"按钮，通过选取连接，该连接将被禁用。

☑ "删除选定约束"按钮✕，从列表中删除选定临时约束。

☑ "仅基于约束重新连接"按钮，使用所应用的临时约束来装配模型。

（4）单击"高级拖动选项"右侧三角，展开"高级拖动选项"对话框，如图 12-10 所示。该对话框的内容如下：

❶ "封装移动"按钮，允许进行封装移动，单击该工具按钮，系统弹出"移动"对话框，如图 12-11 所示。该对话框的内容如下。

图 12-9　"约束"选项卡　　　图 12-10　"高级拖动选项"对话框　　　图 12-11　"移动"对话框

☑ "运动类型"下拉列表框

该列表框用于选择手动调整元件的方式，各选项的意义如下。

"定向模式"选项，可相对于特定几何重定向视图，并可更改视图重定向样式，可以提供除标准的旋转、平移、缩放之外的更多查看功能。

"平移"选项，单击机构上的一点，可以平行移动元件。

"旋转"选项，单击机构上的一点，可以旋转元件。

"调整"选项，可以根据后面的运动参考类型，选择元件上的曲面调整到参考面、边、坐标系等。

☑ "运动参考"单选按钮

在图中选择运动参考对象，可以是点、线、面、基准特征等几何特征。根据选择的运动参考不同，参考方式不同，例如选择平面，其后就会出现法向和平行两个单选按钮供选择。

☑ 运动增量

该选项用于设置运动位置改变大小的方式，具体如下。

当在"运动类型"下拉列表框中选择"定向模式"、"平移"选项时，运动增量方式为平移方式。"平移"下拉列表框列出光滑、1、5、10 四个选项，也可以自定义输入数值。选择"光滑"选项，一次可以移动任意长度的距离，其余是按所选的长度每次移动相应的距离。

当在"运动类型"下拉列表框中选择"旋转"选项时，运动增量方式为旋转方式。"旋转"下拉列表框列出光滑、5、10、30、45、90 六个选项，也可以自定义输入数值。其中，"光滑"选项为每次旋转任意角度，其余是按所选的角度每次旋转相应的角度。

当在"运动类型"下拉列表框中选择"调整"选项时，"移动"对话框中添加"调整参考"选项组。单击文本框，选择曲面（只能选择曲面），如果选中"运动参考"单选按钮，并且选择参考对象，"匹配"、"对齐"单选按钮和"偏移"文本框可用。可以使用这些选项定义调整量。

☑　"相对"文本框

"相对"文本框用于显示元件使用鼠标移动的距离。

❷　"选定当前坐标系"按钮，指定当前坐标系。通过选择主体来选取一个坐标系，所选主体的默认坐标系是要使用的坐标系。X、Y 或 Z 平移或旋转将在该坐标系中进行。

❸　"X 向平移"按钮，指定沿当前坐标系的 X 方向平移。

❹　"Y 向平移"按钮，指定沿当前坐标系的 Y 方向平移。

❺　"Z 向平移"按钮，指定沿当前坐标系的 Z 方向平移。

❻　"绕 X 旋转"按钮，指定绕当前坐标系的 X 轴旋转。

❼　"绕 Y 旋转"按钮，指定绕当前坐标系的 Y 轴旋转。

❽　"绕 Z 旋转"按钮，指定绕当前坐标系的 Z 轴旋转。

❾　"参考坐标系"选项组，用于指定当前模型中的坐标系，单击选取箭头按钮，在当前 3D 模型中选取坐标系。

❿　"拖动点位置"选项组，用于实时显示拖动点相对于选定坐标系的 X、Y 和 Z 坐标。

12.1.5　动画显示

动画显示是在 3D 模型中显示动画图标的工具。单击"动画"功能区"模型动画"面板下的"动画显示"按钮，系统弹出"显示图元"对话框，如图 12-12 所示。该对话框的内容如下：

（1）"伺服电动机"复选框，在 3D 模型中显示伺服电动机图标，如图 12-13 所示。

图 12-12　"显示图元"对话框

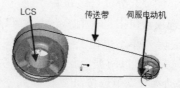

图 12-13　凸轮机构

（2）"接头"复选框，在 3D 模型中显示各种接头图标。

（3）"槽"复选框，在 3D 模型中显示槽特殊连接图标。

（4）"凸轮"复选框，在 3D 模型中显示凸轮特殊连接图标。

（5）"3D 接触"复选框，在 3D 模型中显示 3D 接触特殊连接图标。

（6）"齿轮"复选框，在 3D 模型中显示齿轮特殊连接图标。

（7）"传送带"复选框，在 3D 模型中显示带传动特殊连接图标，如图 12-13 所示。

（8）"LCS"复选框，在 3D 模型中显示坐标系图标，如图 12-13 所示。

（9）"全部显示"按钮 ，单击该按钮将全部选中以上复选框。相反，单击"取消全部显示"按钮 ，则取消所选择的复选框。

12.1.6　定义主体

主体是装配中没有相对运动的零件或子装配的组合。一个主体可以有多个零件或子装配。动画移动时，是以主体为单位，而不是组件。根据"机械设计"模块下的主体原则，通过约束组装零件。在"动画设计"模块下所设定的主体信息是无法传递到"机构"模块中的。

单击"动画"功能区"机构设计"面板上的"主体定义"按钮 ，系统弹出"主体"对话框，如图 12-14 所示。该对话框的内容如下。

（1）对话框左侧列表框显示当前组件中的主体，系统默认为地、零件。

（2）"新建"按钮，用于新增主体并加入到组件中。单击该按钮，系统弹出"主体定义"对话框，如图 12-15 所示。在"名称"文本框中变更主体名称，单击"添加零件"选项组中的"选取"箭头按钮 ，在 3D 模型中选取零件，"零件编号"文本框显示当前选取的主体数目。

（3）"编辑"按钮，用来编辑列表框中选中高亮显示的主体。单击该按钮，系统弹出"主体定义"对话框，如图 12-15 所示。

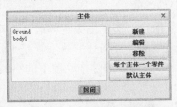

图 12-14　"主体"对话框

图 12-15　"主体定义"对话框

（4）"移除"按钮，用于从组件中移除在列表框中选中的主体。

（5）"每个主体一个零件"按钮，用于一个主体仅能包含一个组件，但是当一般组件或包含次组件的情况须特别小心，因为所有组件形成一个独立的主体，可能需要重定义基体。

（6）"默认主体"按钮，用于恢复至约束所定义的状态，可以重新开始定义所有主体。

12.2　动画编辑

动画制作是本章的核心部分，本节主要通过简单的方法步骤创建高质量的动画。Creo 中主要通过关键帧、锁定主体、定时图等工具完成动画的制作。下面将详细介绍每种工具的使用方法。

12.2.1　关键帧序列

关键帧是指在动画过程中起到重要位置指示作用的快照。关键帧序列是指加入并排关键帧到已建立的关键帧，也可以改变关键帧出现的时间、参考主体、主体状态等。

单击"动画"功能区"创建动画"面板上的"关键帧序列"按钮 ，系统弹出"关键帧序列"对话框，如图 12-16 所示。该对话框的内容如下：

（1）"名称"文本框，用于自定义关键帧排序，系统默认为 ExpldKfs1。

（2）"参考主体"选项组，用于定义主体动画运动的参考物，系统默认为 Ground（地）。单击"选取"箭头按钮 ，系统弹出"选取"对话框，在 3D 模型中选择运动主体的参考物，单击"确定"按钮。

（3）"序列"选项卡，是使用拖动建立关键帧，调整每一张关键帧出现的时间、预览关键帧影像等。

☑ "关键帧"选项组，用于添加关键帧、对关键帧进行排序。单击"编辑或创建快照"按钮 ，系统弹出"拖动"对话框，在该对话框中进行快照的添加、编辑、删除等操作。使用该对话框建立的快照被添加到下拉列表框中。在下拉列表框中选中一种快照，单击其后的"预览快照"按钮 ，就可以看到该快照在 3D 模型中的位置。在下拉列表框中选中一种快照，在"时间"文本框中输入该快照出现的时间，单击其后的"添加关键帧到关键帧序列"按钮 ，该快照生产的关键帧被添加到列表框中，以此类推，可以添加多个关键帧。"反转"按钮用于反转所选关键帧的顺序。"移除"按钮用于移除在列表框中选中的关键帧。

☑ "插值"选项组，用于在两个关键帧之间产生插补。在产生关键帧时，拖动主体至关键的位置生产快照影像，而中间区域就是使用该选项组进行插补的。不管是平移还是旋转，都提供两种插补方式：线性和平滑。使用线性化方式可以消除拖动留下的小偏差。

（4）"主体"选项卡，用于设置主体状态是必需的、必要的还是未指定的。必需的和必要的是主体移动情况完全照关键帧排序、伺服电动机的设定运动。未指定的是主体为任意，也可以受关键帧、伺服电动机设定的影像。

（5）"重新生成"按钮，是指关键帧建立后或有变化时，须再生成整个关键帧影像。

修改该对象：选中该对象，使其变成红色，右键单击该对象，系统弹出上下文菜单，选择编辑、复制、移除、选取参考图元等命令，可以对其进行修改。

图 12-16 "关键帧序列"对话框

12.2.2 事件

事件命令，是用来维持事件中各种对象（关键帧排序、伺服电动机、接头、次动画等）的特定相关性。例如，某对象的事件发生变更时，其他相关的对象也同步改变。

单击"动画"功能区"创建动画"面板上的"事件"按钮 ，系统弹出"事件定义"对话框，如图 12-17 所示。该对话框的内容如下：

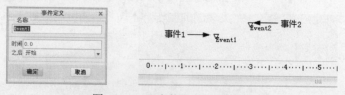

图 12-17 "事件定义"对话框

（1）"名称"文本框，用于定义事件的名称，默认为 Event，也可以自定义。

（2）"时间"文本框，用于定义事件发生的时间。

（3）"之后"下拉列表框，用于选择事件发生的时间参考，可以选择开始、Bodylock1 开始、Bodylock1 结束、终点 Animation1。

修改该对象：选中该对象，使其变成红色，右键单击该对象，系统弹出上下文菜单，选择"编辑"、"复制"、"移除"、"选取参考图元"等命令，可以对其进行修改。

12.2.3　锁定主体

锁定主体是指在拖动的过程中维持相对固定的多个主体间的约束关系。锁定主体是创建新主体并添加到动画时间表中。

单击"动画"功能区"机构设计"面板上的"锁定主体"按钮，系统弹出"锁定主体"对话框，如图 12-18 所示。该对话框的内容如下。

（1）"名称"文本框，用于定义事件的名称，默认为 BodyLock，也可以自定义。

（2）"引导主体"选项组，用于定义主动动画元件。单击"选取"箭头按钮，系统弹出"选取"对话框，在 3D 模型中选择主动元件，单击"确定"按钮。

（3）"随动主体"选项组，用于定义动画从动元件。单击"选取"箭头按钮，系统弹出"选取"对话框，在 3D 模型中选择从动元件，单击"确定"按钮。在列表框中选中随动主体，使其高亮显示，单击"移除"按钮，可以将选中的随动主体移除。

（4）"开始时间"选项组，用于定义该主体的开始运行时间。"值"文本框，用于定义锁定主体发生时间；"之后"下拉列表框，用于选择锁定主体发生的时间参考，可以选择开始、终点 Animation1 等时间列表中的对象。

（5）"终止时间"选项组，用于定义该主体的终止时间。"值"文本框，用于定义锁定主体发生时间；"之后"下拉列表框，用于选择锁定主体发生的时间参考，可以选择开始、终点 Animation1 等时间列表中的对象。

（6）"应用"按钮。单击"应用"按钮，该主体就被添加到时间表中，效果如图 12-19 所示。选中该对象，使其变成红色，右键单击该对象，系统弹出上下文菜单，选择"编辑"、"复制"、"移除"、"选取参考图元"等命令，可以对其进行修改。

图 12-18　"锁定主体"对话框

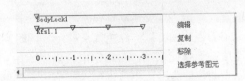

图 12-19　时间表中的主体

12.2.4 创建电动机

伺服电动机就是创建新的伺服电动机。

单击"动画"功能区"机构设计"面板上的"伺服电动机"按钮，系统弹出"伺服电动机定义"对话框，如图 12-20 所示，该对话框的内容如下。

（1）"名称"文本框，用于定义机构伺服电动机的名称，系统默认为 ServoMotor1，也可以更改为其他。

（2）"类型"选项卡，用于定义伺服电动机的类型和方向等参数。"从动图元"选项组用于定义伺服电动机要驱动的图元类型：连接轴、点和面等几何参数。

- ☑ 选中"运动轴"单选按钮，系统弹出"选取"对话框，在 3D 模型中选取在"机械设计"模块中添加的连接轴，文本框中显示选取的连接轴，如图 12-20 所示。
- ☑ 选中"几何"单选按钮，"伺服电动机定义"对话框更新为如图 12-21 所示，同时系统弹出"选取"对话框，在 3D 模型中选取运动的几何元素，可以是点或面。
- ☑ "参考图元"选项组，用于定义几何元素运动图元的参照，可以是任意的点或面。
- ☑ "运动方向"选项组，用于定义运动图元的运动方向，只能选取直线或曲线。
- ☑ "运动类型"选项组，用于指定伺服电动机的运动方式，可以是平移或旋转。
- ☑ "反向"按钮，用于改变伺服电动机的运动方向，单击该按钮，则机构中的伺服电机的黄色箭头指向相反的方向。

图 12-20 "伺服电动机定义"对话框　　　　图 12-21 "伺服电动机定义"对话框

（3）"轮廓"选项卡（如图 12-22 所示），用于定义伺服电动机的位置、速度、加速度等参数。

❶ "规范"选项组

单击"定义运动轴设置"按钮，调出"连接轴设置"对话框，可以在其后的下拉列表框中选择速度、加速度、位置 3 种类型。对于不同的选项会有不同的对话框出现。

- ☑ 位置：单击"定义运动轴设置"按钮，直接调用"连接轴设置"对话框，设置连接轴。选定的连接轴将以洋红色箭头标示，同时高亮显示绿色和橙色主体。
- ☑ 速度：选择此选项，对话框中会出现"始初始角"选项组。选中"当前"复选框，则机构以当前位置为准；也可以输入一个角度后单击"预览位置"按钮，使机构的零位置变为数字所指示的位置。

☑ 加速度：选择此选项，对话框中在出现"初始角"选项组的同时，增加了一个"初始角速度"选项组，可以定义初始角速度的大小。

❷ "模"选项组，用于定义电动机的运动方程式。

在下拉列表框中，有常量、余弦、斜坡、余弦、SCCA、摆线、抛物线、多项式、表、用户定义等 9 种类型。选择每一种类型，都有对应的对话框弹出。这几种模类型如下。

☑ 常量：对话框如图 12-23 所示，轮廓为恒定。只需在"A"文本框中输入数值，机构就以该数值建立的方程式 $q=A$（其中 A 为常数）为机构运动方程式。

☑ 斜坡：对话框如图 12-24 所示，轮廓随时间做线性变化。只需在 A、B 文本框中输入数值，机构就以该数值建立的方程式 $q=A+B\times X$（其中 A 为常数，B 为斜率）为机构运动方程式。

图 12-22　"轮廓"选项卡　　　图 12-23　"常量"选项　　　图 12-24　"斜坡"选项

☑ 余弦：对话框如图 12-25 所示，轮廓为余弦曲线。只需在 A、B、C、T 文本框中输入数值，机构就以该数值建立的方程式 $q=A\times\cos(360\times X/T+B)+C$（其中 A 为振幅，B 为相位，C 为偏移量，T 为周期）为机构运动方程式。

☑ SCCA：对话框如图 12-26 所示，用于凸轮轮廓输出。当选择该选项时，对话框自动选择加速度为规范，且变为灰色不可选状态，只需在 A、B、H、T 文本框中输入数值。

☑ 摆线：对话框如图 12-27 所示，模拟凸轮轮廓输出。只需在 L、T 文本框中输入数值，机构就以该数值建立的摆线方程式 $q=L\times X/T-L\times\sin(2\times\pi\times X/T)/2\times\pi$（其中 L 为总高度，T 为周期）为机构运动方程式。

图 12-25　"余弦"选项　　　图 12-26　SCCA 选项　　　图 12-27　"摆线"选项

☑ 抛物线：对话框如图 12-28 所示，模拟电动机的轨迹为抛物线。只需在 A、B 文本框中输入数值，机构就以该数值建立的抛物线方程式 $q=A\times X+1/2BX2$（其中 A 为线性系数，B 为二次项系数）为机构运动方程式。

☑ 多项式：对话框如图 12-29 所示，用于一般电机轮廓。只需在 A、B、C、D 文本框中键入数值，机构就以该数值建立的多项式方程式 $q=A+B\times X+C\times X2+D\times X3$（其中 A 为常数，B 为线性项系数，C 为二次项系数，D 为三次项系数）为机构运动方程式。

☑ 表：对话框如图 12-30 所示，该对话框的内容如下。

图 12-28 "抛物线"选项

图 12-29 "多项式"选项

图 12-30 "表"选项

❖ 选中"使用外部文件"复选框，单击"打开"按钮，选择外部表。

❖ "向表中添加行"按钮：用于在表中添加一行。

❖ "从表中删除行"按钮：用于从表中删除选中的行。

❖ 单击"打开"按钮，选择扩展名为"*.tab"的机械表数据文件。该文件包括"时间"栏和"模"栏，时间是电动机运行的时间段，在"模"栏中是电动机的参数，包括位置、速度、加速度等，需要用记事本编辑，如图 12-31 所示，编辑后保存扩展名为.tab 的文件。

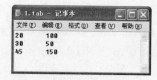

图 12-31 表编辑

❖ 单击"从文件导入数据表"按钮，系统将打开的机械数据表文件加载到列表框中。

❖ 单击"将表数据导出到文件"按钮，系统将列表框中的表导出到机械数据表文件中。

☑ 用户定义：对话框如图 12-32 所示，用于定义自定义轮廓。

❖ "添加表达式段"按钮，用于在列表框中添加表达式。

❖ "删除表达式段"按钮，用于将选中列表框中的表达式删除。

❖ "编辑表达式段"按钮，用于编辑选中列表中的表达式段。单击该工具按钮，系统弹出"表达式定义"对话框，如图 12-33 所示。

Note

图 12-32 "用户定义"选项　　　　　　图 12-33 "表达式定义"对话框

❖ "图形"选项组，它是以图形形式表示轮廓，使之以更加直观的形式来查看。

☑ "绘制选定电动机轮廓相对于时间的图形"按钮：用于显示"图形工具"对话框，如图 12-34 所示。

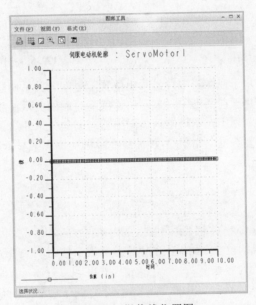

图 12-34 抛物线位置图

❖ "打印图形"按钮，用于打印当前图中的图形。

❖ "切换栅格线"按钮，用于切换当前图形工具中是否显示栅格，单击该工具按钮，图 12-34 所示的图形就取消栅格显示，效果如图 12-35 所示。

❖ "重绘当前视图"按钮，用于将当前视图中的图形重新生成。

❖ "放大"按钮，用于将图形放大，有利于进行观察。

❖ "重新调整"按钮，用于重新调整当前视图中的图形，以合适的比例显示。

❖ "格式化图形对话框"按钮，单击此按钮，系统弹出"图形窗口选项"对话框，如图 12-36 所示。"Y 轴"选项卡用于定义图形在 Y 轴方向的图形、轴标签、文本样式、栅格、轴等显示图元的显示设置；"X 轴"选项卡用于定义图形在 X 轴方向的图形、轴标签、文本样式、栅格、轴等显示图元的显示设置；"数据系列"选项卡用于定义图形中 X、Y 轴数据、图例、文本样式等显示图元的显示设置；"图形显示"选项卡用于定义图形中标签、背景、曲线、文本样式等图形元素的显示设置。

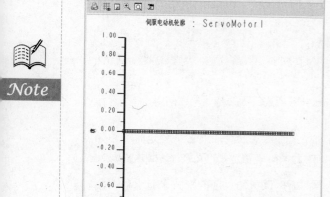

图 12-35　不显示栅格

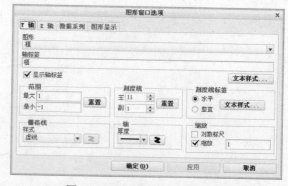

图 12-36　"图形窗口选项"对话框

- ☑ "位置"复选框，用于在图形中只显示出位置随时间的关系曲线。
- ☑ "速度"复选框，用于在图形中只显示出速度随时间的关系曲线。
- ☑ "加速度"复选框，用于在图形中只显示出随时间的关系曲线。
- ☑ "在单独图形中"复选框，用于 3 种曲线在单独的图形中显示，取消可以在一个坐标系中显示。

12.2.5　连接状态

连接状态是用于显示连接状态并将其添加到动画中的命令。

单击"动画"功能区"机构设计"面板上的"连接状况"按钮，系统弹出"连接状态"对话框，如图 12-37 所示。该对话框的内容如下。

（1）"连接"选项组，用于选择机构模型中的连接。单击"选取"箭头按钮，系统弹出"选取"对话框，在 3D 模型中选择连接，单击"确定"按钮。

（2）"时间"选项组，用于定义该连接的开始运行时间。"值"文本框用于定义连接发生的时间；"之后"下拉列表框用于选择连接发生的时间参考，可以选择开始、终点 Animation1 等时间列表中的对象。

（3）"状态"选项组，用于定义当前选中的连接状态：启用、禁用。

（4）"锁定/解锁"选项组，用于定义当前选中的连接状态：锁定、解锁。

图 12-37　"连接状况"对话框

12.2.6　定时视图

定时视图工具是将机构模型生成一定视图在动画中显示。

单击"动画"功能区"图形设计"面板上的"定时视图"按钮，系统弹出"定时视图"对话框，如图 12-38 所示。该对话框的内容如下。

（1）"名称"下拉列表框，用于选择定时视图名称：BACK、BOTTOM、DEFAULT、FRONT、LEFT、RIGHT、TOP 等默认视图。

（2）"时间"选项组，用于定义该连接的开始运行时间。"值"文本框，用于定义定时视图的发生时间；"之后"下拉列表框，用于选择定时视图发生的时间参考，可以选择开始、终点 Animation1 等时间列表中的对象。

（3）"全局视图插值设置"选项组，显示当前视图使用的全局视图插值。

（4）单击"应用"按钮，该定时视图就添加到时间表中，如图 12-39 所示。选中该对象，使其变成红色，右键单击该对象，系统弹出上下文菜单，选择"编辑"、"复制"、"移除"、"选取参考图元"等命令，可以对其进行修改。

图 12-38　"定时视图"对话框

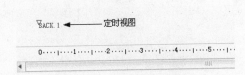

图 12-39　创建的定时视图

12.2.7　定时透明视图

定时透明工具是将机构模型中的元件生成一定透明视图在动画中显示。

单击"动画"功能区"图形设计"面板上的"定时透明"按钮，系统弹出"定时透明"对话框，如图 12-40 所示。该对话框的内容如下。

（1）"名称"文本框，用于定义透明视图的名称，系统默认为 Transparency，也可以自定义。

（2）"透明"选项组，用于定义透明元件以及元件透明度的设置。单击"选取"箭头按钮，系统弹出"选取"对话框，在 3D 模型中选择欲设置透明度的元件，单击"确定"按钮；拖动滑块设置透明度，图 12-41 为透明度为 50%和 80%的效果图。

图 12-40　"定时透明"对话框

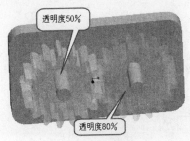

图 12-41　透明元件

（3）"时间"选项组，用于定义该连接的开始运行时间。"值"文本框用于定义定时透明发生的时间；"之后"下拉列表框用于选择定时透明发生的时间参考，可以选择开始、终点 Animation1 等时间列表中的对象。

（4）单击"应用"按钮，该定时透明视图就添加到时间列表中。选中该对象，使其变成红色，右键单击该对象，系统弹出上下文菜单，选择"编辑"、"复制"、"移除"、"选取参考图元"等命令，可以对其进行修改。

12.2.8　定时显示

定时显示工具是定义当前视图显示的样式。

单击"动画"功能区"图形设计"面板上的"定时样式"按钮，系统弹出"定时显示"对话框，如图 12-42 所示。该对话框的内容如下。

（1）"样式名"下拉列表框，用于选择定时显示的样式：默认样式、主样式。

（2）"时间"组，用于定义该连接的开始运行时间。"值"文本框用于定义定时显示发生的时间；"之后"下拉列表框用于选择定时显示发生的时间参考，可以选择开始、终点 Animation1 等时间列表中的对象。

图 12-42　定时显示

12.2.9　编辑和移除对象

1. 编辑对象

选定是对选中的动画对象进行相应的编辑。

在时间表中选中对象，单击"动画"功能区"创建动画"面板上的"选定"按钮，系统弹出"对象相对于的"对话框该工具的功能相当于右键功能菜单中的编辑，或者双击对象。

2. 移除对象

移除是在时间表中选中的动画对象进行移除。在时间表中选中对象，单击"动画"功能区"创建动画"面板上的"移除"按钮，该对象就被移除掉。该工具的功能相当于右键功能菜单中的移除。

12.3　动画后处理

前面介绍了动画制作的过程，本节主要介绍将制作成的动画进行生成和回放，是视觉上直观的动画。

12.3.1　回放

回放是指对制作完成的动画的重复播放。回放工具是对动画进行播放的工具。

单击"动画"功能区"回放"面板上的"回放"按钮，弹出"回放"对话框，如图 12-43 所示。该对话框的内容如下。

（1）"播放当前结果集"工具按钮◀▶，用于对当前选中的分析结果集进行播放。单击该按钮，系统弹出"动画播放"控制条，如图 12-44 所示，该控制条中的按钮用于控制动画的播放。

图 12-43　"回放"对话框

图 12-44　"动画播放"控制条

注意：回放功能是对内存中的分析运行结果进行分析，每次运行回放功能，必须先进行分析运行或者从磁盘中恢复结果集。

☑　"帧"选项组中的滑块用于控制机构运动的位置，鼠标拖动滑块左右移动，则机构随着滑块的移动而运动。

☑　"向后播放"按钮◀，用于控制动画向后连续播放。

☑　"停止"按钮■，停止当前的动画播放。

☑　"向前播放"按钮▶，用于控制动画向前连续播放。

☑　"重置动画到开始"按钮◀◀，用于重新播放动画。

☑　"显示前一帧"按钮◀|，用于显示前一帧。

☑　"显示下一帧"按钮|▶，用于显示下一帧。

☑　"向前播放动画到结束"按钮▶▶，用于快进到结束。

☑　"重复播放"按钮⟲，用于循环播放。

☑　"在结束时反转方向"按钮⇄，用于在播放结尾反转继续播放。

☑　"速度"滑块用于控制动画的播放速度。

（2）"从磁盘恢复结果集"按钮，用于加载机构回放文件。

（3）"将当前结果保存到磁盘"按钮，将当前机构运行分析结果保存到磁盘中。

（4）"从会话中移除当前结果集"按钮✕，就是从内存中将分析结果移除。

（5）"将结果导出*.FRA 文件"按钮，是将当前内存中的分析运行结果保存到磁盘中，文件为*.FRA。

（6）"结果集"选项组，用于选择内存中的运动分析结果。

（7）"碰撞检测设置"按钮，用于设置运动分析过程中碰撞检测设置。单击该按钮，系统弹出"碰撞检测设置"对话框，如图 12-45 所示。该对话框的内容如下：

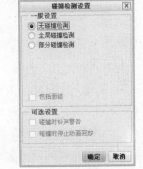

图 12-45　"碰撞检测设置"对话框

☑　"一般设置"选项组，用于设置是否进行碰撞检测、进行全局还是部分碰撞检测。选中"无碰撞检测"单选按钮，表示运动分析过程中不进行碰撞检测；选中"全局碰撞检查"单选按钮，表示运动分析过程中进行全部碰撞检查；选中"部分碰撞检查"单选按钮，表示运动分析过程中进行部分碰撞检查。按住 Ctrl 键，在 3D 模型中选取需要进行碰撞检查的元件；选中"包括面组"复选框，表示运动分析过程中碰撞检查包括面组。

☑　"可选设置"选项组，用于设置发生碰撞时进行的操作。选中"碰撞时铃声警告"复选框，表示发生冲突时会发出消息铃声；选中"碰撞时停止动画回放"复选框，表示发生碰撞时停止动画回放。

（8）"影片进度表"选项卡，用于设置影片播放时是否显示时间以及设置进步表。

12.3.2　导出动画

导出工具是将生成的动画输出到硬盘进行保存的工具。

单击"动画"功能区"回放"面板下的"导出"按钮，就将当前设计的动画保存在默认的路径文件夹下，系统默认为 Animation1.fra。

12.4　综合实例——电饭煲分解动画

首先进入动画模块，然后定义主体，再拖动元件并进行拍照，创建关键帧序列，最后播放动画。绘制流程如图 12-46 所示。

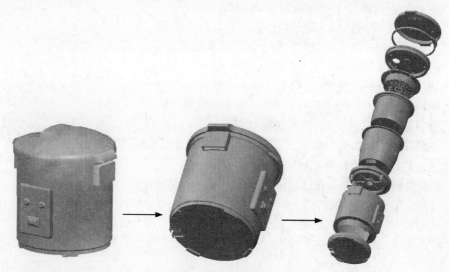

图 12-46　绘制流程

操作步骤：（光盘\动画演示\第 12 章\电饭煲分解动画.avi）

1．打开文件

单击快速访问工具栏中的"打开"按钮，系统打开"打开"对话框，打开 dianfanbao.asm，其他选项接受系统默认设置。单击"确定"按钮，打开装配文件，如图 12-47 所示。

2．进入动画模块

单击"应用程序"功能区"运动"面板上的"动画"按钮，进入动画模块。

3．创建动画

单击"动画"功能区"模型动画"面板上的"新建动画"按钮，系统弹出"定义动画"对话框，如图 12-48 所示。单击"确定"按钮，创建新的动画。

4．定义主体

单击"动画"功能区"机构设计"面板上的"主体定义"按钮![icon]，系统弹出"主体"对话框。单击"每个主体一个零件"按钮，创建单个主体，对话框如图 12-49 所示。单击"封闭"按钮，完成主体的定义。

图 12-47　电饭煲文件　　　　图 12-48　"定义动画"对话框　　　　图 12-49　"主体"对话框

5．设置时域

单击"动画"功能区"时间线"面板上的"时域"按钮![icon]，弹出"动画时域"对话框。设置终止时间为 20，如图 12-50 所示，单击"确定"按钮。

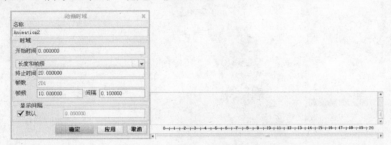

图 12-50　"动画时域"对话框

6．创建关键帧序列

在视图中将装配体调整视图位置。单击"动画"功能区"机构设计"面板上的"拖动元件"按钮![icon]，系统弹出"拖动"对话框。单击"当前快照"按钮，先将当前装配文件拍照，然后单击"关闭"按钮。

7．定时视图

单击"动画"功能区"图形设计"面板上的"定时视图"按钮![icon]，系统弹出"定时视图"对话框，如图 12-51 所示。在"名称"下拉列表中选择 DEFAULT 视图，设置时间为从"开始"到值为 2，视图位置方向如图 12-52 所示，单击"应用"按钮。在时间线上添加视图标记，如图 12-53 所示。

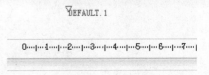

图 12-51　"定时视图"对话框　　　　图 12-52　视图位置　　　　图 12-53　时间线

8. 拖动元件

单击"动画"功能区"机构设计"面板上的"拖动元件"按钮，系统弹出"拖动"对话框。单击"主体拖动"按钮，在"高级拖动选项"中选择"Z 向平移"按钮，在视图中选择"底座实体"零件，将其沿 Z 轴方向拖动到视图中的适当位置。将其他零件拖动到适当位置，并将其拍照，如图 12-54 所示。

9. 创建关键帧序列

单击"动画"功能区"创建动画"面板上的"关键帧序列"按钮，系统弹出"关键帧序列"对话框。在对话框中的关键帧下拉列表中选择 Snapshot1 时间为 0，单击 + 按钮，将快照添加到"时间"列表中。此时，视图中的装配体恢复到第一次拍照的状态。从关键帧下拉列表中选择 Snapshot2，时间为 2，单击 + 按钮，将快照添加到"时间"列表中。重复此动作，将所有的关键帧添加到时间列表中，如图 12-55 所示。单击"确定"按钮。此时，时间线如图 12-56 所示。

图 12-54 "拖动"对话框和拖动位置

图 12-55 "关键帧序列"对话框

图 12-56 时间线

10. 定时视图

单击"动画"功能区"图形设计"面板上的"定时视图"按钮，系统弹出"定时视图"对话框。在"名称"下拉列表中选择 BOTTOM 视图，设置时间为从 DEFAULT 到值为 10，单击"应用"按钮。时间线如图 12-57 所示。

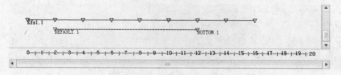
图 12-57 时间线

11. 播放动画

单击"生成并运行动画"按钮 ，播放到如图 12-58 所示时间时，动画如图 12-59 所示。

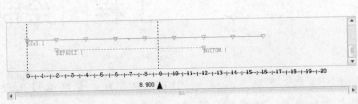

图 12-58　播放时间线

图 12-59　播放动画

12.5　实践与练习

　　通过前面的学习，读者对本章知识也有了大体的了解。本节通过一个操作练习，使读者进一步掌握本章的知识要点。

　　创建如图 12-60 所示的手压阀的分解动画。

图 12-60　手压阀分解动画

操作提示：

（1）利用"主体定义"命令，创建主体。

（2）利用"拖动元件"命令，拖动装配体中的各个零件到适当位置并进行拍照。

（3）利用"关键帧序列"命令，添加各个快照的时间。

（4）单击"生成并运行动画"按钮 ，播放动画。

第13章

工程图绘制

可以直接从 Creo Parametric 1.0 的实体造型产品按 ANSI/ISO/JIS/DIN 标准生成工程图，并且能自动标注尺寸，在工程图中添加注释、使用层来管理不同类型的内容、支持多文档等，还可以向工程图中添加或修改文本和符号形式的信息。

- ☑ 建立工程图
- ☑ 创建视图
- ☑ 编辑视图
- ☑ 工程图标注
- ☑ 创建注释文本

任务驱动&项目案例

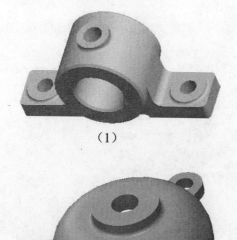

（1）

（2）

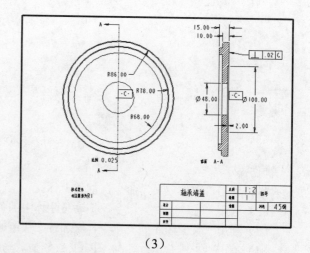

（3）

13.1 建立工程图

在创建工程图之前首先要新建一个工程图文件，下面介绍工程图文件的创建过程。

操作步骤如下：

（1）单击快速访问工具栏中的"打开"按钮📂，打开"文件打开"对话框，打开 zhijia 文件，如图 13-1 所示。

（2）单击快速访问工具栏中的"新建"按钮🗋，打开"新建"对话框，然后在该对话框中的"类型"栏中选择"绘图"单选按钮，并在"名称"文本框中输入新建文件的名称 gongcheng1，如图 13-2 所示。

图 13-1 零件模型

图 13-2 "新建"对话框

（3）单击"确定"按钮，系统弹出如图 13-3 所示的"新建绘图"对话框。在该对话框中的"默认模型"栏中自动选择指定了当前处于活动的模型，用户也可以单击其后的"浏览"按钮，选择其他的模型。在"指定模板"栏选中"空"单选按钮，并在图纸"标准大小"栏中选择 A4 选项。

图 13-3 "新建绘图"对话框

（4）单击"确定"按钮，启动绘图设计模块，其界面如图 13-4 所示。在该界面顶部显示的是当前绘图文件。

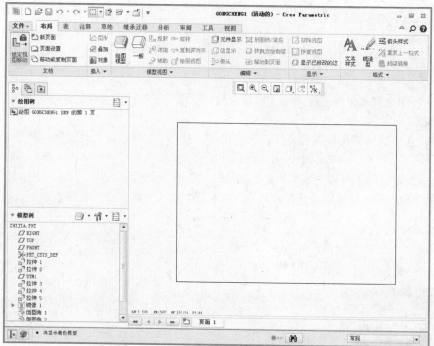

图 13-4　绘图模式界面

13.2　创　建　视　图

插入视图就是指定视图类型、特定类型可能具有的属性，然后在页面上为该视图选择位置，最后放置视图，再为其设置所需方向。Creo Parametric 1.0 中所使用的基本视图类型包括：常规视图、投影视图、辅助视图和详细视图。

13.2.1　常规视图

单击"布局"功能区"模型视图"面板上的"常规"按钮🗔。系统提示要求用户选择视图的放置中心。在图纸范围内要放置常规视图的位置单击鼠标左键，常规视图将显示所选组合状态指定的方向，并且打开"绘图视图"对话框，如图 13-5 所示。

绘图视图对话框用于定义视图类型和方向。该对话框的内容如下。

（1）"视图名"文本框，用于修改视图名称。

（2）"类型"下拉列表，用于更改视图类型。

（3）"'视图方向'选择定向方法"单选按钮组。各选项的意义如下：

❶　"查看来自模型的名称"单选按钮：使用来自模型的已保存视图定向。从"模型视图名"列表中选取相应的模型视图，通过选取所需的"默认"方向来定义 x 和 y 方向。可以选取"等轴测"、"斜轴测"或"用户定义"。对于"用户定义"，必须指定角度值。

📢 注意：在创建视图时，如果已经选取一个组合状态，则在所选组合中的已命名方向将保留在"模型视图名"列表中。如果该命名视图被更改，则组合状态将不再列出。

❷　"几何参考"单选按钮：使用来自绘图中预览模型的几何参考进行定向。选取方向以定向来

自于当前所定义参考旁边列表中的参考。此列表提供几个选项，包括"前"、"后面"、"顶"和"底部"等，如图 13-6 所示。在图中的预览模型上选取所需参考，模型根据定义的方向和选取的参考重新定位。通过从方向列表中选取其他方向可以改变此方向。通过单击参考收集器，并在绘图模型上选取新参考，可以更改选定参考。

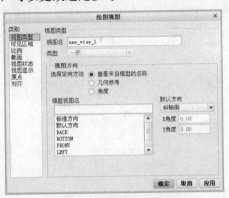

图 13-5 "绘图视图"对话框

图 13-6 几何参考

注意：要将视图恢复为其原始方向，请单击"默认方向"。

❸ "角度"单选按钮：使用选定参考的角度或定制角度定向。如图 13-7 所示，"参考角度"表列出了用于定向视图的参考。默认情况下，将新参考添加到列表中并加亮显示。针对表中加亮的参考，从"旋转参考"下拉列表框中选取所需的选项：

☑ 法向：绕通过视图原点并法向于绘图页面的轴旋转模型。

☑ 竖直：绕通过视图原点并垂直于绘图页面的轴旋转模型。

☑ 水平：绕通过视图原点并与绘图页面保持水平的轴旋转模型。

☑ 边/轴：绕通过视图原点并根据与绘图页面所成指定角度的轴旋转模型。在预览的绘图视图上选取适当的边或轴参考，选定参考被加亮，并在"参考角度"表中列出。

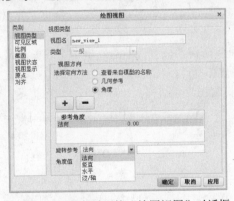

图 13-7 角度类型下的"绘图视图"对话框

在"角度值"框中输入参考的角度值。要创建附加参考，可以单击并重复角度定向的过程。

13.2.2 投影视图

操作步骤如下：

（1）单击"布局"功能区"模型视图"面板上的"投影"按钮，然后选取要在投影中显示的父视图，系统提示选取绘制视图的中心点，这时父视图上方就会出现一个矩形框来代表投影。

（2）将此框水平或垂直地拖到所需的位置，单击放置视图。

（3）如果要修改投影的属性，可以选取该投影图并右键单击投影视图，弹出如图 13-8 所示的快捷菜单。

（4）选择"属性"命令，即可弹出如图 13-9 所示的"绘图视图"对话框，从中可以修改投影视图的属性。修改完成后，如要继续定义绘图视图的其他属性，单击"应用"按钮，然后选取适当的类别，如果已完全定义绘图视图，则单击"确定"按钮。

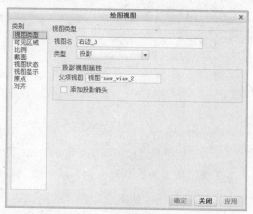

图 13-8　右键快捷菜单　　　　　　　　图 13-9　"绘图视图"对话框

也可以通过选取并右键单击父视图，然后在快捷菜单中选择"插入投影视图"命令来创建投影视图。

13.2.3　辅助视图

操作步骤如下：

（1）单击"布局"功能区"模型视图"面板上的"辅助"按钮 。

（2）选取要从中创建辅助视图的边、轴、基准平面或曲面，父视图上方会出现一个框，代表辅助视图。

（3）将此框水平或垂直拖到所需的位置，然后左键单击放置视图。

（4）要修改辅助视图的属性，可以双击投影视图，或选取并右键单击视图，然后在快捷菜单中选择"属性"命令，打开"绘图视图"对话框。可以使用"绘图视图"对话框中的类别定义绘图视图的其他属性。定义完每个类别后，单击"应用"按钮，选择下一个适当的类别。完全定义了绘图视图后，单击"确定"按钮，退出对话框。

13.2.4　详细视图

详细视图是指在另一个视图中放大显示模型中的一小部分视图。在父视图中，包括一个参考注释和边界作为详细视图设置的一部分。将详细视图放置在绘图页上后，即可使用"绘图视图"对话框修改视图，包括其样条边界。

操作步骤如下：

（1）利用前面学到的命令，创建图 13-10 所示的模型。

（2）建立一个新的工程图文件"xiangxishitu"，并通过 13.2.2 节讲述的建立常规视图的方法建立一个常规视图，效果如图 13-11 所示。

图 13-10　模型

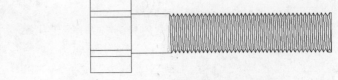

图 13-11　螺钉主视图

（3）单击"布局"功能区"模型视图"面板上的"详细"按钮，选取要在详细视图中放大的现有绘图视图中的点。

（4）绘图项目加亮，并且系统提示绕点草绘样条，草绘环绕要详细显示区域的样条。注意不要使用草绘工具栏启动样条草绘，如果访问草绘器工具栏以绘制样条，则将退出详细视图的创建。直接单击绘图区域，开始草绘样条。绘制完成后的效果如图 13-12 所示。

不必担心能否草绘出完美的形状，因为样条会自动更正。可以在"绘图视图"对话框的"视图类型"类别中定义草绘的形状。在"父项视图上的边界类型"框中选择所需的选项。

☑　圆：在父视图中为详细视图绘制圆。

☑　椭圆：在父视图中为详细视图绘制椭圆与样条紧密配合，并提示在椭圆上选取一个视图注释的连接点。

☑　水平/垂直椭圆：绘制具有水平或垂直主轴的椭圆，并提示在椭圆上选取一个视图注释的连接点。

☑　样条：在父视图上显示详细视图的实际样条边界，并提示在样条上选取一个视图注释的连接点。

☑　ASME94 圆：在父视图中，将符合 ASME 标准的圆显示为带有箭头和详细视图名称的圆弧。

（5）草绘完成后，单击鼠标中键确认草绘。样条显示为一个圆和一个详细视图名称的注释，如图 13-13 所示。

图 13-12　选取要建立的详细视图的中心

图 13-13　显示详细视图范围和名称

（6）在绘图上选择要放置详图视图的位置。将显示样条范围内的父视图区域，并标注上详图视图的名称和缩放比例，如图 13-14 所示。

（7）双击该视图，打开如图 13-15 所示的"绘图视图"对话框。在"类别"列表框中选择"比例"选项，修改比例数值为 5，单击"确定"按钮，即可更改详细视图的比例，如图 13-16 所示。

如果双击整个标签，则可以打开"注解属性"对话框，如图 13-17 所示。

在该对话框中的"文本"选项卡中，可以对注释内容进行编辑。如果要插入文本符号，可以单击右侧的"文本符号"按钮，打开如图 13-18 所示的"文本符号"对话框，在该对话框中有各种常用的符号。

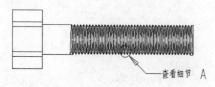

查看细节 A

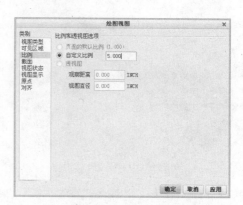

细节 A
比例 2.000

图 13-14　创建详细视图

图 13-15　修改比例

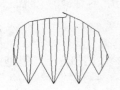

细节 A
比例 5.000

图 13-16　修改比例效果　　　　图 13-17　"注释属性"对话框　　　图 13-18　"文本符号"对话框

　　如果单击"编辑器"按钮，则可以打开系统安装时选定的默认编辑器——记事本的窗口，如图 13-19 所示。可以在这里编辑注释文本，完成后进行保存退出。

　　编辑完成后，可以保存注释文件，另外还可以创建新的注释文件。

　　单击"注解属性"对话框中的"文本样式"选项卡，可以打开如图 13-20 所示的"文本样式"选项卡。在此，可以对注释的文本的样式进行修改。

　　编辑完成后，将该文件进行保存，该文件将在后面继续应用。

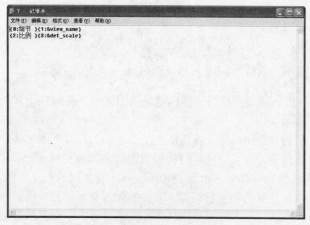

图 13-19　记事本窗口　　　　　　　　　　图 13-20　"文本样式"选项卡

13.2.5 实例——创建支座视图

首先创建支座的主、俯以及轴测视图，然后创建辅助视图。绘制流程如图 13-21 所示。

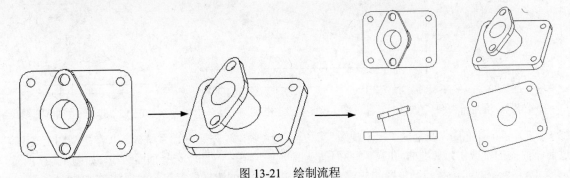

图 13-21 绘制流程

操作步骤：（光盘\动画演示\第 13 章\创建支座视图.avi）

（1）打开文件。单击快速访问工具栏中的"打开"按钮，打开"文件打开"对话框，打开 zhizuo 文件，如图 13-22 所示。

（2）单击快速访问工具栏中的"新建"按钮，在"新建"对话框中选择"绘图"选项，在"类型"栏中选中"绘图"单选按钮，在"名称"栏中输入文件名 zhizuo，取消选中"使用默认模板"复选框。单击"确定"按钮，系统弹出"新建绘图"对话框。在"新建绘图"对话框中，"默认模型"栏自动选定当前打开模型 zhizuo.prt（也可以单击"浏览"按钮选择需要的模型），设置"指定模板"为"空"，在图纸"标准大小"栏中选择"A4"。单击"确定"按钮，进入工程图主操作窗口。

（3）单击"布局"功能区"模型视图"面板上的"常规"按钮。在页面上选取左下角位置作为俯视图的放置中心，模型将以 3D 形式显示在工程图中，随即弹出"绘图视图"对话框，提示选择视图方向。在"模型视图名"栏中选择 TOP 方向（即主视图），如图 13-23 所示。

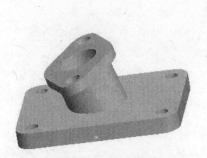

图 13-22 零件模型

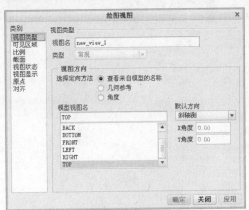

图 13-23 设置视图方向

（4）单击"绘图视图"对话框中的"确定"按钮，产生主视图，效果如图 13-24 所示。

（5）单击"布局"功能区"模型视图"面板上的"投影"按钮，系统提示选择绘图视图的放置中心点。在主视图的下部选择俯视图放置中心点，效果如图 13-25 所示。

（6）单击"布局"功能区"模型视图"面板上的"常规"按钮，系统提示选择绘图视图的放置中心点。在图纸的右上角选择轴侧视图放置中心点，系统弹出"绘图视图"对话框，单击"确定"按钮，效果如图 13-26 所示。

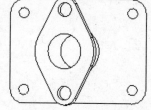

图 13-24　产生俯视图

图 13-25　产生主视图

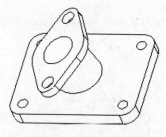

图 13-26　产生轴侧视图

（7）单击"布局"功能区"模型视图"面板上的"辅助"按钮，系统提示"在主视图上选取穿过前侧曲面的轴或作为基准曲面的前侧曲面的基准平面"。在主视图上选择顶面边线，如图 13-27 所示。

（8）系统提示选择辅助视图的放置点。在俯视图的下方选择放置点，效果如图 13-28 所示。

图 13-27　选择边线

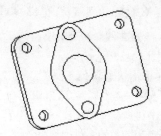

图 13-28　产生辅助视图

（9）双击新生成的辅助视图，系统弹出"绘图视图"对话框。在"类别"栏中选择"截面"，在"截面选项"栏中选中"单个零件曲面"单选按钮，如图 13-29 所示。

（10）选择图 13-30 所示辅助视图中要保留的曲面，然后单击"绘图视图"对话框中的应用按钮。

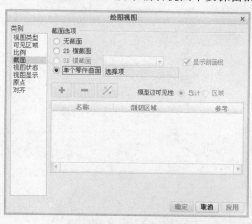

图 13-29　设置剖面选项

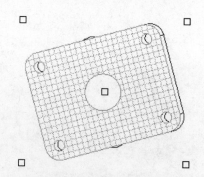

图 13-30　选择要保留的曲面

（11）在"绘图视图"对话框中的"类别"栏中选择"对齐"，取消选中"将此视图与其他视图对齐"复选框，解除辅助视图与主视图的对齐关系，如图 13-31 所示，单击"确定"按钮。

（12）选中辅助视图，并将其移动到轴侧视图的下方。单击"确定"按钮，完成辅助视图的创建，效果如图 13-32 所示。

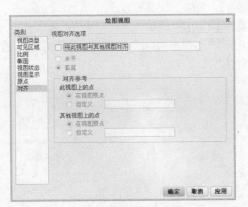

图 13-31　取消辅助视图与主视图的对齐关系

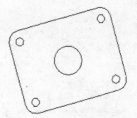

图 13-32　辅助视图结果

13.3　编　辑　视　图

常规视图、投影视图、辅助视图和详细视图在创建完成后并不是一成不变的，为了后面尺寸标注和文本注释的方便以及各个视图在整个图纸上的布局，常常需要对创建完成的各个视图进行调整编辑，如移动、拭除和删除等操作。本节将讲述视图的调整方法。

13.3.1　移动视图

为防止意外移动视图，默认情况下是将它们锁定在适当位置。要在绘图上自由地移动视图，必须解锁视图。

操作步骤如下：

（1）首先，创建一个零件的 3 个视图，如图 13-33 所示。

（2）选取并右键单击任一视图，然后在弹出的快捷菜单中选择"锁定视图移动"命令，即可解除试图的锁定，如图 13-34 所示。这样，绘图中的所有视图（包括选定视图）将被解锁。解锁后，可以通过选取并拖动视图，水平或垂直地移动视图。

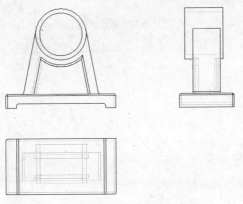

图 13-33　绘图文件

图 13-34　快捷菜单

（3）选取视图，该视图轮廓加亮显示，然后通过拐角拖动句柄或中心点将该视图拖动到新位置。当拖动模式激活时，光标变为十字形。

（4）选取一个视图，该视图轮廓加亮显示，如图 13-35 所示。

（5）单击"布局"功能区"文档"面板上的"锁定视图移动"按钮🔒，移动视图，如图 13-36 所示。由图中可以看出，视图的相对位置发生了变化。

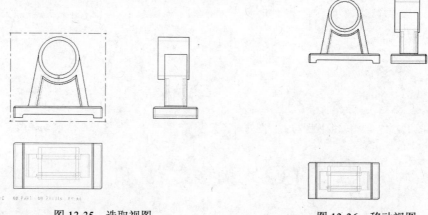

图 13-35　选取视图　　　　　　　　图 13-36　移动视图

如果移动其他视图自其进行投影的某一父视图，则投影视图也会移动，以保持对齐。即使模型改变，投影视图间的这种对齐和父/子关系保持不变。可以将一般和详细视图移动到任何新位置，因为它们不是其他视图的投影。

如果无意中移动了视图，在移动过程中可以按 Esc 键，使视图快速恢复到原始位置。

如果要将某一视图移动到其他页面，则选取要移动到另一页面的视图，然后单击"布局"功能区"编辑"面板上的"移动到页面"按钮📄。系统会提示输入目标页编号，输入编号，然后按 Enter 键，视图被移动到目标页上的相同坐标处。

13.3.2　删除视图

（1）如果要删除某一视图，则需要选取要删除的视图，该视图加亮显示，如图 13-37 所示。

（2）右键单击，并从弹出的快捷菜单中单击"删除"或单击"注释"功能区"删除"面板上的"删除"按钮✕，则此视图被删除，如图 13-38 所示。

📢 注意：如果选取的视图具有投影子视图，则投影子视图会与该视图一起被删除。可以使用"撤销"命令撤销删除。

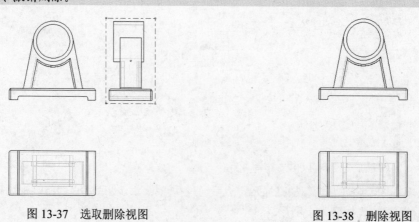

图 13-37　选取删除视图　　　　　　　图 13-38　删除视图

13.3.3 修改视图

在设计工程图的过程中，可以对不符合设计意图或设计规范要求的地方进行视图修改，通过修改编辑，可以使其符合要求。

双击要修改的视图，打开如图 13-39 所示的"绘图视图"对话框，在该对话框中的"类别"列表中有 8 个选项，分别如下。

（1）视图类型：用于修改视图的类型。选择该选项后，可以修改视图的名称和视图的类型，主要类型如图 13-40 所示。对应不同的类型，其下面的选项也不相同，常用的几种前面已经讲述过，这里就不再赘述。

（2）可见区域：选取该类别后，"绘图视图"对话框转换为如图 13-41 所示的界面。在该窗口的"视图可见性"下拉列表框中，可以修改视图的可见性区域，如"全视图"、"半视图"、"局部视图"和"破断视图"。

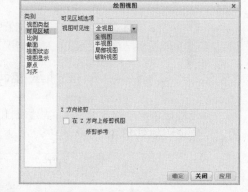

图 13-39 "绘图视图"对话框　　图 13-40 不同的类型　　图 13-41 "可见区域"选项卡

（3）比例：用于修改视图的比例，主要针对设有比例的视图，如详细视图，界面如图 13-42 所示。在该对话框中，可以选择页面的默认比例，也可以定制比例，定制比例时直接输入比例值即可。另外，在该对话框中，还可以设置透视图的观察距离和视图的直径。

（4）截面：用于修改视图的横截面，界面如图 13-43 所示。在其中可以添加 2D 和 3D 横截面，还可以添加单个零件曲面。

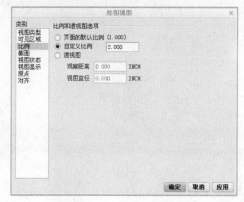
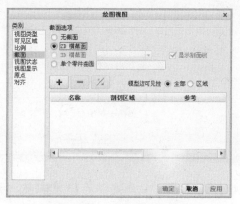

图 13-42 "比例"选项卡　　　　图 13-43 "截面"选项卡

（5）视图状态：用于修改视图的处理状态或者简化表示，如图 13-44 所示。

（6）视图显示：用于修改视图显示的选项和颜色配置，如图 13-45 所示。可以从"显示线型"下拉列表中选择显示的线型，在"相切边显示样式"下拉列表中可以选择相切边的处理方式。

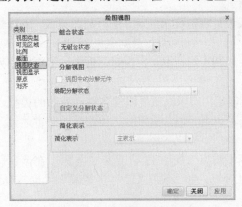

图 13-44　"视图状态"选项卡

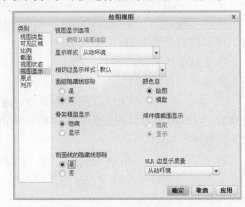

图 13-45　"视图显示"选项卡

（7）原点：用于修改视图的原点位置。

（8）对齐：用于修改视图的对齐情况。

13.3.4　实例——创建轴承座视图

首先创建轴承座的 3 个视图，然后创建主视图的局部视图和左视图的全剖视图，最后创建轴测视图。绘制流程如图 13-46 所示。

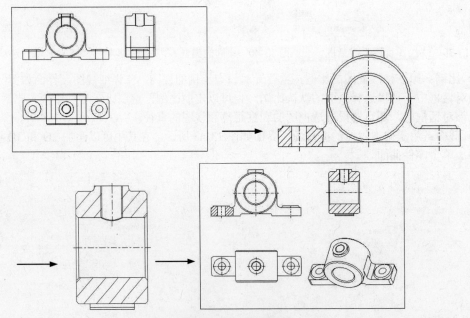

图 13-46　绘制流程

操作步骤：（光盘\动画演示\第 13 章\创建轴承座视图.avi）

1．打开文件

单击快速访问工具栏中的"打开"按钮📂，打开"文件打开"对话框，打开 zhouchengzuo 文件，如图 13-47 所示。

2. 创建三视图

（1）单击快速访问工具栏中的"新建"按钮，在"新建"对话框中选择"绘图"选项，并输入绘图文件名，单击"确定"按钮。

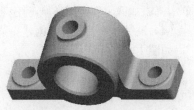

图 13-47 轴承座零件图

（2）在"新建绘图"对话框中，以轴承座为"默认模型"，单击"浏览"按钮，在目录中选择轴承座文件名。

（3）在"指定模板"选项区中，选择"使用模板"，并在"模板"选项区中单击"浏览"按钮，在目录中选择 A4 绘图模板。

（4）单击"确定"按钮，系统进入"绘图"工作环境，并且轴承座的 3 个视图显示在绘图边线框内，如图 13-48 所示。

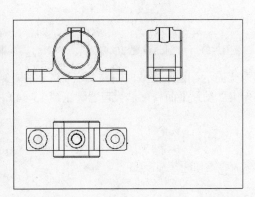

图 13-48 轴承座的 3 个视图

3. 编辑主视图

（1）双击主视图，系统弹出"绘图视图"对话框，如图 13-49 所示。

（2）在"类别"列表栏中选择"比例"，与其相对应的设置选项如图 13-50 所示。选中"页面的默认比例"单选按钮，表示主视图的视图比例为默认。

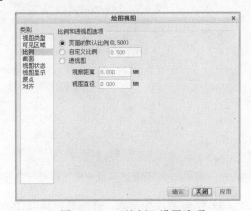

图 13-49 "绘图视图"对话框　　　　图 13-50 "比例"设置选项

（3）在"类别"栏中选择"截面"，在"截面选项"单选按钮组中选中"2D 横截面"单选按钮，并单击"添加截面"按钮 ⊞，创建新截面，如图 13-51 所示。

（4）系统弹出"横截面创建"菜单管理器，为剖面设置横截面。选择"平面"→"单一"→"完成"，如图 13-52 所示。

图 13-51 为剖面设置 2D 截面　　　　图 13-52 "横截面创建"菜单管理器

（5）根据系统提示，输入横截面的截面名称，如图 13-53 所示。

（6）系统弹出"设置平面"菜单管理器（见图 13-54），在菜单管理器中选择"产生基准"命令。

图 13-53 输入横截面名　　　　图 13-54 "设置平面"菜单管理器

（7）系统弹出设置"基准平面"的菜单，选择"穿过"命令，如图 13-55 所示。系统提示选择轴线、边、曲线等。

（8）在主视图中，选择第一个孔特征轴线，然后在"基准平面"菜单中选择"穿过"命令，然后选择第二个孔特征轴线，如图 13-56 所示。

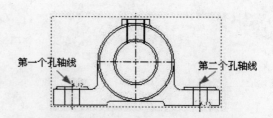

图 13-55 设置"基准平面"菜单　　　　图 13-56 选取基准平面穿过两个孔特征轴线

（9）横截面设置完成，并将有效横截面 p1 列在"名称"列表中，如图 13-57 所示。

（10）在"剖切区域"选项中选择"局部"，系统将提示选取局部剖面的中心点，并且围绕中心点绘制局部横截面的边界样条曲线，如图 13-58 所示。

图 13-57　创建出有效横截面

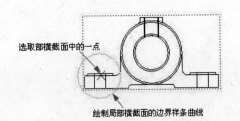

图 13-58　选取局部横截面的中心点和绘制边界样条曲线

（11）单击"绘图视图"对话框中的"应用"按钮，设置内容如图 13-59 所示。

（12）局部横截面的主视图如图 13-60 所示。

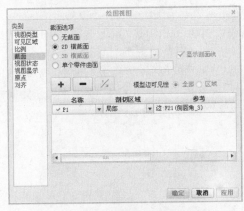

图 13-59　设置局部横截面的选项内容

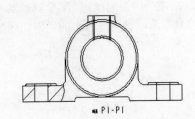

图 13-60　带有局部横截面的主视图

（13）选择注释图中的注释，单击"注释"功能区"删除"面板上的"删除"按钮✕，删除注释，如图 13-61 所示。

（14）单击"草绘"功能区"草绘"面板上的"线"按钮＼，系统弹出"捕捉参考"对话框，在主视图中选取具有孔特征的边线，如图 13-62 所示。

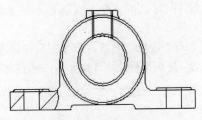

图 13-61　删除注释

图 13-62　为草绘中心线选取"捕捉参考"

📢 注意：选取捕捉参考的目的是为了在绘制孔特征中心线时，系统可以自动捕捉孔特征的中心点。

（15）分别为孔特征绘制中心线，如图 13-63 所示。

（16）单击"草绘"功能区"草绘"面板上的"线造型"按钮✐，弹出"修改线造型"对话框，选取视图中所有的中心线。

（17）系统弹出"修改线造型"对话框，在"线型"下拉列表框中选择"控制线"选项，如图 13-64 所示。

（18）单击"应用"按钮，视图中的中心线变为点划线，如图 13-65 所示。

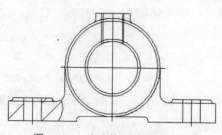

图 13-63　为孔特征绘制中心线

图 13-64　修改中心线线型

4．编辑左视图

（1）双击左视图，打开"绘图视图"对话框，在"类别"栏中的"截面选项"单选按钮组中，选中"2D 截面"单选按钮，并单击"添加剖截面"按钮，以新建一个剖面 p2。

（2）在"剖截面创建"菜单管理器中选择"平面"→"单一"→"完成"命令，并输入横截面的名称 p2。在"横截面创建"菜单管理器中选择"平面，在视图中选择 RIGHT 基准平面作为横截面"。

（3）在剖面设置选项中的"剖切区域"中选择"完全"，如图 13-66 所示。

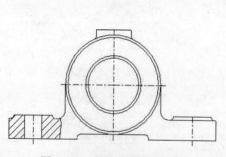

图 13-65　编辑完成的主视图

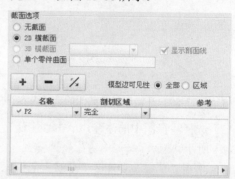

图 13-66　左视图截面选项设置

（4）单击"绘图视图"对话框中的"应用"按钮，关闭对话框。全剖视图显示效果如图 13-67 所示。

（5）单击选中剖面注释，再单击鼠标右键，在快捷菜单中选择"删除"命令即可去掉左视图下面的注释。为孔特征草绘中心线，并将实线线型转换为点划线。最后得到如图 13-68 所示的局部剖面视图。

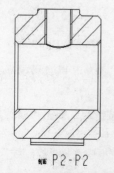

图 13-67　左视图的全剖视图

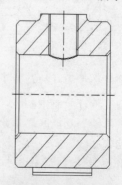

图 13-68　局部剖面视图

5. 增加常规视图

单击"布局"功能区"模型视图"面板上的"常规"按钮▣，在绘图区中的合适位置选取一点作为轴测图的中心点，系统弹出"绘图视图"对话框。单击"应用"按钮，完成轴测图的生成，如图13-69所示。

轴承座的视图编辑完成，最终效果如图13-70所示。

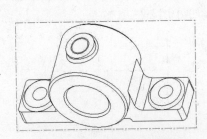

图13-69　轴承座斜轴测图

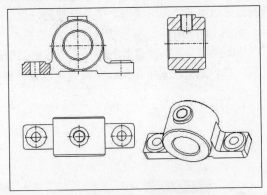

图13-70　轴承座视图

13.4　工程图标注

创建完视图后，需要对工程图进行尺寸标注。尺寸标注是工程图设计中的重要环节，它关系到零件的加工、检验和使用各个环节。只有配合合理的尺寸标注，才能帮助设计者更好地表达其设计意图。

13.4.1　创建驱动尺寸

驱动尺寸是通过现有的基线为参考来定义的尺寸。通过手动方式可以创建驱动尺寸。如果要创建驱动尺寸，单击"注释"功能区"注释"面板上的"尺寸"按钮┡┤，在打开的"依附类型"菜单管理器中可以选择依附的类型，包括图元上、在曲线上、中点及中心等类型，如图13-71所示。

在"依附类型"菜单管理器中选择一个依附类型选项后，系统要求添加新参考。用鼠标选择两个参考以后，在合适的位置单击鼠标中键即可放置新参考尺寸，如图13-72所示。

图13-71　选取依附类型

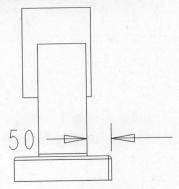

图13-72　选取参考尺寸

13.4.2　创建参考尺寸

参考尺寸和驱动尺寸一样，也是根据参考定义的尺寸，不同之处在于参考尺寸不显示公差。用户可以通过括号或者在尺寸值后面添加 REF 来表示参考尺寸。通过手动方式可以创建参考尺寸。如果要创建驱动尺寸，可以单击"注释"功能区"注释"面板上的"参考尺寸-新参考"按钮⟷。

这时，可以打开"依附类型"菜单管理器，从中可以选择依附的类型，包括图元上、中点及中间等类型，如图 13-73 所示。

在"依附类型"菜单管理器中选择一个依附类型选项后，系统要求添加新参考。用鼠标选择两个参考以后，在合适的位置单击鼠标中键即可放置新参考尺寸，如图 13-74 所示。

图 13-73　选择依附类型

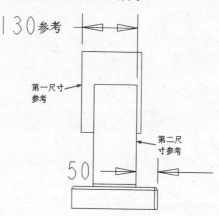

图 13-74　创建参考尺寸

13.4.3　尺寸的编辑

尺寸创建完成后，可能位置安排不合理或者尺寸相互重叠，这就需要对尺寸进行编辑修改。通过编辑修改，可以使视图更加美观、合理。可以整理绘图尺寸的放置以符合工业标准，并且使模型细节更容易读取。

1. 移动尺寸

（1）打开随书光盘中的\yuanwenjian\ 13\yagai.drw 文件，如图 13-75 所示。

（2）选取要移动的尺寸，光标变为四角箭头形状，如图 13-76 所示。

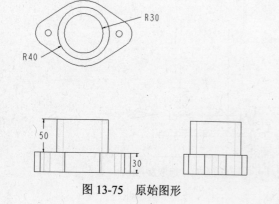

图 13-75　原始图形

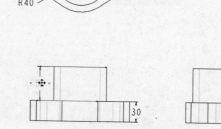

图 13-76　选取移动尺寸

（3）按住鼠标左键，将尺寸拖动到所需位置并释放鼠标，则尺寸移动到新的位置，如图 13-77 所示。可以使用 Ctrl 键选取多个尺寸，如果移动选定尺寸中的一个，所有的尺寸都会随之移动。

2. 对齐尺寸

可以通过对齐线性、径向和角度尺寸来整理绘图显示，选定尺寸与所选择的第一尺寸对齐（假设它们共享一条平行的尺寸界线），无法与选定尺寸对齐的任何尺寸都不会移动。

首先，选取要将其他尺寸与之对齐的尺寸（该尺寸会加亮显示），按住 Ctrl 键并选取要对齐的剩余尺寸。可以单独选取附加尺寸或使用区域选取，还可以选取未标注尺寸的对象，但是，对齐只适用于选定尺寸，选定尺寸加亮显示。然后，右键单击并在快捷菜单中选择"对齐尺寸"命令，则尺寸与第一个选定尺寸对齐，如图 13-78 所示。

> 📢 **注意**：每个尺寸都可以独立地移动到一个新位置。如果其中一个尺寸被移动，则已对齐的尺寸不会保持其对齐状态。

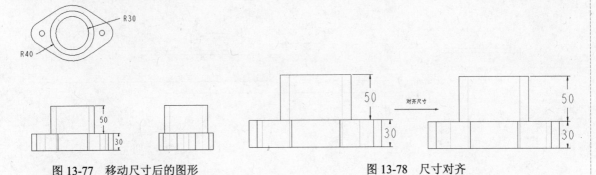

图 13-77　移动尺寸后的图形　　　　　　　　　　图 13-78　尺寸对齐

3. 修改尺寸线样式

（1）单击"注释"功能区"格式"面板上的"箭头样式"按钮 ⇶，打开如图 13-79 所示的"箭头样式"菜单管理器。

（2）在该菜单管理器中选择一种样式（如"实心点"样式），然后选择待修改的尺寸线箭头，单击"选取"对话框中的"确定"按钮，则视图中的箭头就会改变样式，如图 13-80 所示。

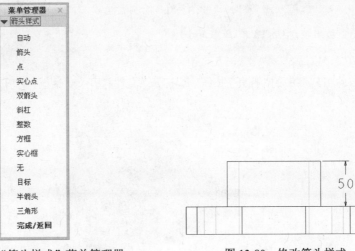

图 13-79　"箭头样式"菜单管理器　　　　　　　图 13-80　修改箭头样式

4．删除尺寸

如果要删除某一尺寸，可以直接用鼠标选取该尺寸（该尺寸加亮显示），然后单击右键，在弹出的快捷菜单中选择"删除"命令，即可将该尺寸删除。

13.4.4 实例——压盖

首先创建压盖的 3 个视图，然后创建轴测视图，最后标注尺寸。绘制流程如图 13-81 所示。

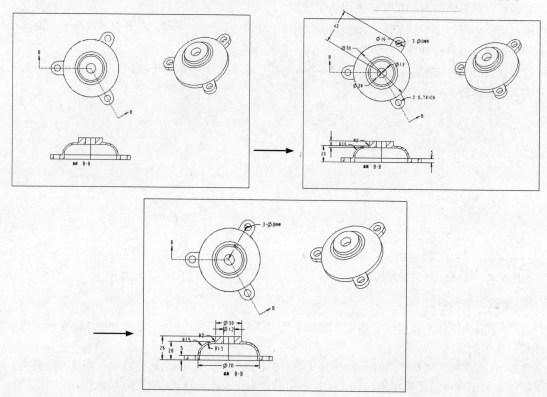

图 13-81 绘制流程

操作步骤：（光盘\动画演示\第 13 章\压盖.avi）

1．打开文件。

单击快速访问工具栏中的"打开"按钮，打开"文件打开"对话框，打开 yagai 文件，如图 13-82 所示。

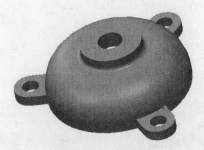

图 13-82 压盖模型

2．新建文件

单击快速访问工具栏中的"新建"按钮，系统弹出"新建"对话框。在"类型"栏中选中"绘图"单选按钮，在"名称"文本框中输入文件名 yagai，取消选中"使用默认模板"复选框。单击"确定"按钮，系统弹出"新制图"对话框。在"新制图"对话框中的"默认模型"栏自动选定当前打开模型 yagai.prt（也可以单击"浏览"按钮选择需要的模型），设置"指定模板"为"空"，在图纸"标准大小"栏选择"A4"。单击"确定"按钮，进入工程图主操作窗口。

3．创建常规视图

（1）单击"布局"功能区"模型视图"面板上的"常规"按钮，在页面上选取一个位置作为新视图的放置中心，模型将以 3D 形式显示在工程图中。

（2）弹出"绘图视图"对话框，提示选择视图方向。在"模型视图名"栏中选择 TOP 方向（即俯视图），如图 13-83 所示。

（3）单击"绘图视图"对话框中的"确定"按钮，产生主视图，效果如图 13-84 所示。

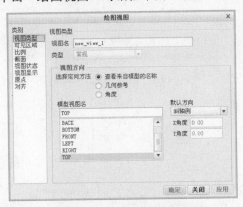

图 13-83　设置俯视图方向

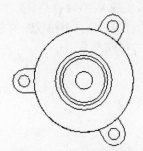

图 13-84　产生主视图

（4）单击"布局"功能区"模型视图"面板上的"常规"按钮，系统提示选择绘图视图的放置中心点。在图纸的右上角选择轴侧视图的放置中心点，系统弹出"绘图视图"对话框。单击"确定"按钮，效果如图 13-85 所示。

4．创建俯视图

（1）单击"布局"功能区"模型视图"面板上的"投影"按钮，系统提示选择绘图视图的放置中心点。在主视图的下部选择主视图的放置中心点，效果如图 13-86 所示。

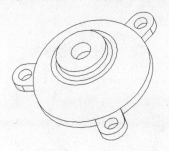

图 13-85　产生轴侧视图

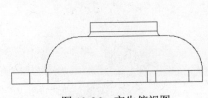

图 13-86　产生俯视图

（2）双击俯视图，系统弹出"绘图视图"对话框。在"类别"栏中选择"截面"，在"截面选项"栏中选中"2D 横截面"单选按钮，如图 13-87 所示。

Note

（3）单击"增加截面"按钮 ➕，系统弹出"横截面创建"菜单管理器，如图 13-88 所示。

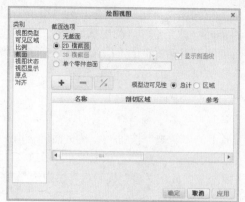

图 13-87　设置剖面选项　　　　　　　　　　　　图 13-88　设置横截面形式

（4）选择"横截面创建"菜单管理器中的"偏移"→"双侧"→"单一"→"完成"命令，在输入窗口中输入截面名称"B"，然后单击"确定"按钮 ✔，如图 13-89 所示。

（5）系统进入 3D 零件模块，提示选择草绘平面，选择如图 13-90 所示的模型顶面为草绘平面。

（6）系统提示选择草绘视图的方向参考，选择"确定"→"默认"命令（见图 13-91），接受系统默认的尺寸标注参考。

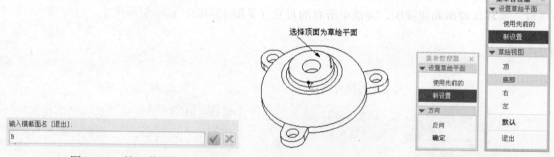

图 13-89　输入截面名　　　　　图 13-90　选择草绘平面　　　图 13-91　设置草绘视图方向

（7）绘制如图 13-92 所示的线段，双击鼠标中键，结束绘线命令。单击"确定"按钮 ✔，退出草图绘制环境。

（8）在"绘图视图"对话框中的"剖切区域"栏中选择"全部（对齐）"选项，系统提示选择旋转轴。打开基准轴显示，选择轴侧视图的中心轴为旋转轴，如图 13-93 所示。

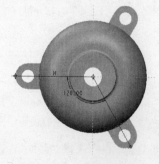

图 13-92　绘制线段　　　　　　　　　　图 13-93　选择旋转轴

（9）选择"绘图视图"对话框中的"箭头显示"栏中的"选取项目"选项（见图 13-94），系统提示选择旋转剖面箭头的放置视图，选择主视图为剖面箭头的放置视图。

（10）单击"绘图视图"对话框中的"确定"按钮，产生旋转剖视图，效果如图 13-95 所示。

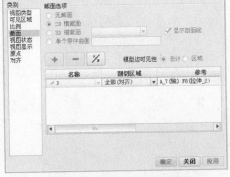

图 13-94　设置剖面箭头选项

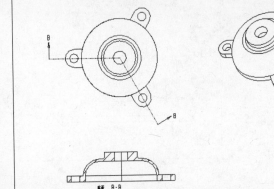

图 13-95　压盖 2D 视图

5. 标注尺寸

（1）单击"注释"功能区"注释"面板上的"显示模型注释"按钮，弹出"显示模型注释"对话框。选择主视图和俯视图，并选中所有的尺寸（见图 13-96），显示全部尺寸，效果如图 13-97 所示。

图 13-96　"显示模型注释"对话框

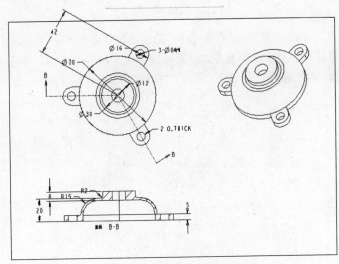

图 13-97　显示全部尺寸

（2）删除不需要的尺寸，并调整尺寸的位置，效果如图 13-98 所示。

（3）单击"注释"功能区"注释"面板上的"尺寸"按钮，弹出"依附类型"菜单管理器。选择"在图元上"选项，在视图中拾取要标注的图元，如图 13-99 所示。在放置尺寸位置单击鼠标右键，效果如图 13-100 所示。

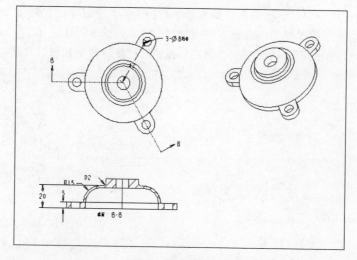

图 13-98　调整尺寸

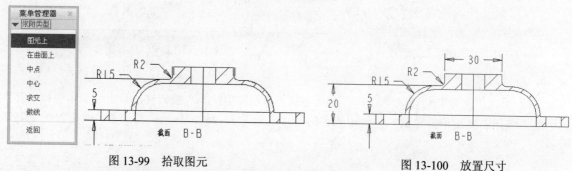

图 13-99　拾取图元　　　　　　　　　　　　　　　图 13-100　放置尺寸

（4）双击刚标注的尺寸，弹出"尺寸属性"对话框，如图 13-101 所示。单击"显示"选项卡，将鼠标放到@D 的前方，然后单击"文本符号"按钮，弹出如图 13-102 所示的"文本符号"对话框，选择 ∅ 符号，并单击"确定"按钮，完成尺寸的修改，效果如图 13-103 所示。

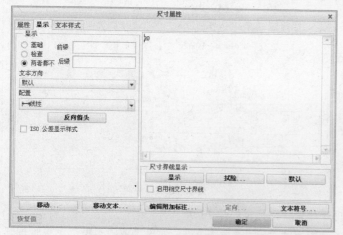

图 13-101　"尺寸属性"对话框

图 13-102　"文本符号"对话框

（5）重复尺寸标注命令，标注其他尺寸，效果如图 13-104 所示。

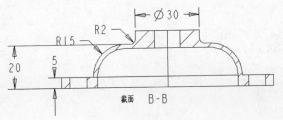

图 13-103 添加符号

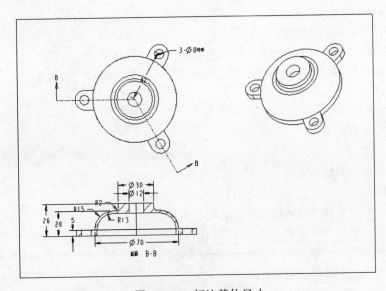

图 13-104 标注其他尺寸

13.5 创建注释文本

文本注释可以和尺寸组合在一起，用引线（或不用引线）连接到模型的一条边或几条边上，也可以"自由"定位。创建第一个注释后，系统使用先前指定的属性要求来创建后面的注释。

13.5.1 注释标注

1．单击"注释"功能区"注释"面板上的"注解"按钮，打开如图 13-105 所示的"注解类型"菜单管理器。

"注解类型"菜单管理器中的命令分为 6 类，具体意义如下。

（1）箭头的形式。

☑ 无引线：没有箭头，绕过任何引线设置选项，并且只提示给出页面上的注释文本和位置。

☑ 带引线：引线连接到指定点，提示给出连接样式、箭头样式。

☑ ISO 引线：ISO 样式引线，带标准箭头。

☑ 在项上：直接注释到选定图元上。

☑ 偏移：创建一个连接到尺寸、别的注释和几何公差的注释。绕过任何引线设置选项并且只提示给出偏移文本的注释文本和尺寸。

（2）文本输入方式。

☑　输入：从键盘输入文本。

☑　文件：打开文件输入。

（3）文本放置方式。

☑　水平：文字水平放置。

☑　竖直：文字垂直放置。

☑　角度：文字按任意角度放置。

（4）箭头与图元的关系。

☑　标准：使用默认引线类型。

☑　法向引线：使引线垂直于图元，在这种情况下，注释只能有一条引线。

☑　切向引线：使引线与图元相切，在这种情况下，注释只能有一条引线。

（5）文本对齐方式。

☑　左：文本左对齐。

☑　居中：文本居中对齐。

☑　右：文本右对齐。

☑　默认：文本以默认方式对齐。

（6）文本样式。

☑　样式库：定义新样式或从样式库中选取一个样式。

☑　当前样式：使用当前样式或上次使用的样式创建注释。

2．选择"带引线"→"输入"→"水平"→"标准"→"默认"→"进行注解"命令，打开"依附类型"菜单管理器，如图 13-106 所示。

图 13-105　"注解类型"菜单管理器

图 13-106　"依附类型"菜单管理器

3．在"依附类型"菜单管理器中，选择"图元上"→"箭头"命令。在绘图界面中单击放置注

释位置处，在提示输入栏中输入注释文本 2×M3.5，如图 13-107 所示。输入完毕后，单击完成按钮✓，
结束注释的输入，如图 13-108 所示。

对于键盘无法输入的符号，可以在打开的"文本符号"对话框中选取，如图 13-109 所示。

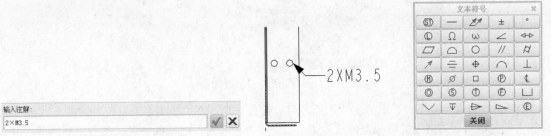

图 13-107　输入注释　　　图 13-108　创建注释　　图 13-109　"文本符号"对话框

13.5.2　注释的编辑

与尺寸的编辑操作一样，也可以对注释文本的内容、字型、字高等属性进行修改。

双击需要编辑的注释，打开如图 13-110 所示的"注解属性"对话框。

图 13-110　"注释属性"对话框

"注解属性"对话框各选项卡功能如下：

（1）"文本"选项卡，用于修改注释文本的内容。

（2）"文本样式"选项卡，用于修改文本的字型、字高、字的粗细等造型属性，其各区域功能同
"尺寸属性"对话框中的"文本样式"选项卡功能一样。

13.5.3　几何公差的标注

几何公差用来标注产品工程图中的直线度、平面度、圆度、圆柱度、线轮廓度、面轮廓度、倾斜
度、垂直度、平行度、位置度、同轴度、对称度、圆跳动度和全跳动等。

操作步骤如下：

（1）单击"注释"功能区"注释"面板上的"几何公差"按钮，打开"几何公差"对话框，
如图 13-111 所示。

图 13-111 "几何公差"对话框

（2）在"几何公差"对话框的左边选择几何公差的类型。在"模型参考"选项卡中定义参考模型、参考图元的选取方式及几何公差的放置方式。在"基准参考"选项卡中定义参考基准，用户可在"首要"、"第二"、"第三"选项卡中分别定义第一、第二、第三基准。在"公差值"编辑框中输入复合公差的数值，如图 13-112 所示。

（3）在"几何公差"对话框的"公差值"选项卡中输入几何公差的公差值，同时指定材料状态，如图 13-113 所示。

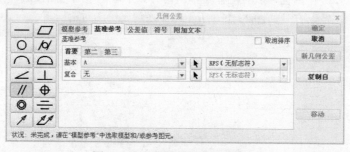

图 13-112 "基准参考"选项卡

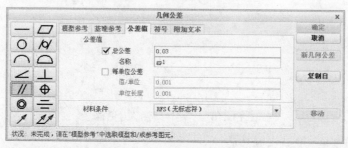

图 13-113 "公差值"选项卡

（4）在"几何公差"对话框的"符号"选项卡中指定其他的符号，如图 13-114 所示。

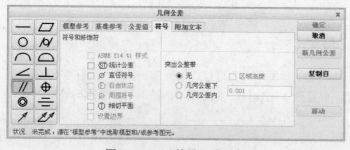

图 13-114 "符号"选项卡

（5）在"几何公差"对话框的"附加文本"选项卡中可以添加文本说明，如图13-115所示。

图 13-115 "附加文本"选项卡

（6）在设置结束后，单击"几何公差"对话框中的"确定"按钮，即可完成几何公差的标注。

13.6 综合实例——轴承端盖工程图

首先生成轴承端盖的主视图，再生成一个投影视图，并将投影视图转换成剖视图，然后对各个视图进行尺寸标注和几何公差标注。标注几何公差时还需要插入一个基准轴，最后填写标题栏，从而完成轴承端盖零件图的绘制。绘制流程如图13-116所示。

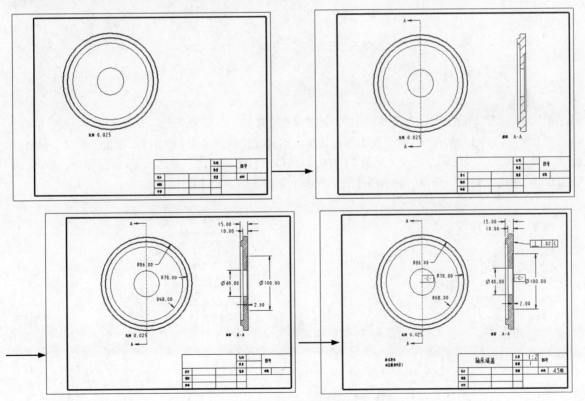

图 13-116 绘制流程

Note

操作步骤：（光盘\动画演示\第 13 章\轴承端盖工程图.avi）

1. 新建文件

（1）单击快速访问工具栏中的"新建"按钮 ，在"新建"对话框中的"类型"选项组中选中"绘图"单选按钮，在"名称"文本框中输入零件名称 zhouchengduangai（见图 13-117）。单击"确定"按钮，弹出如图 13-118 所示的"新建绘图"对话框，单击"默认模型"栏中的"浏览"按钮，弹出"打开"对话框。选取所附光盘中的 zhouchengduangai.prt 文件作为默认模型，单击"打开"按钮，返回"新建绘图"对话框。

（2）在"指定模板"选项中选中"格式为空"单选按钮，然后单击"格式"栏中的"浏览"按钮，弹出"打开"对话框。选取所附光盘中的 format_13A4.frm 文件作为工程制图的模板，如图 13-118 所示。单击"确定"按钮，进入工程图模式。

图 13-117　"新建"对话框

图 13-118　"新建绘图"对话框

2. 主视图

单击"布局"功能区"模型视图"面板上的"常规"按钮 ，在图纸上单击选取视图的放置中心，系统弹出如图 13-119 所示的"绘图视图"对话框。选择模型视图名为 FRONT，单击"应用"按钮，在"类别"中选择"比例"选项（见图 13-120），选中"自定义比例"单选按钮，在其后的输入比例为 0.025。单击"确定"按钮，轴承端盖的主视图，如图 13-121 所示。

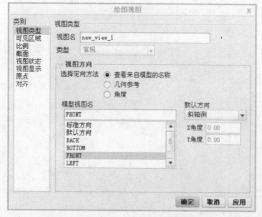

图 13-119　"绘图视图"对话框

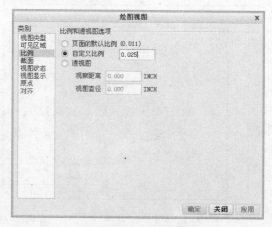

图 13-120　设置比例

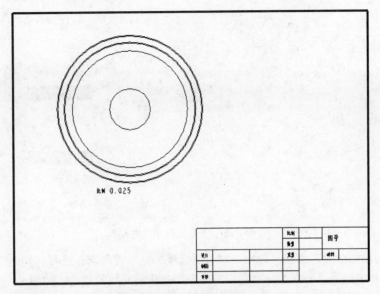

图 13-121　生成主视图

3. 投影视图

（1）单击刚生成的主视图，然后单击"布局"功能区"模型视图"面板上的"投影"按钮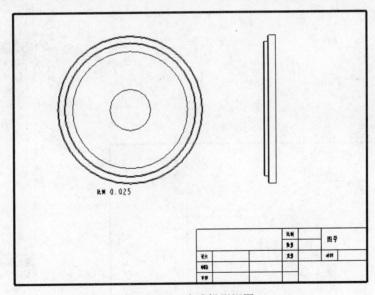。这时绘图区出现随鼠标一起移动的方框，在主视图右侧单击插入投影视图，如图 13-122 所示。

图 13-122　生成投影视图

（2）双击这个投影视图，弹出"绘图视图"对话框。在其中的"类别"中选中"截面"选项，在"截面选项"栏中选中"2D 横截面"单选按钮，如图 13-123 所示。然后单击 ➕ 按钮，在弹出的"横截面创建"菜单管理器中选择"平面"→"单一"→"完成"命令，在提示区中输入截面名称 A，单击"确定"按钮 ✓，再次弹出"横截面创建"菜单管理器，要求为剖面选择基准平面。在主视图上单击 RIGHT 基准面，再单击"箭头显示"下的矩形框，然后单击主视图，并单击"绘图视图"中的"确定"按钮，生成如图 13-124 所示的剖视图。

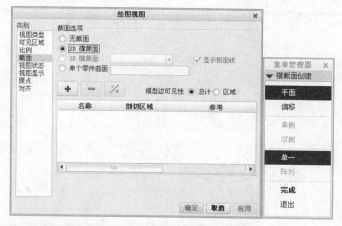

图 13-123　"绘图视图"对话框

（3）双击剖视图中的剖面线，弹出"修改剖面线"菜单管理器。选择"间距"命令，在弹出的"修改模式"菜单中选择"一半"→"完成"命令，确认剖面线的修改，如图 13-125 所示。用鼠标拖动生成的两个视图来调整其位置，以使其符合国内工程图标准，效果如图 13-126 所示。

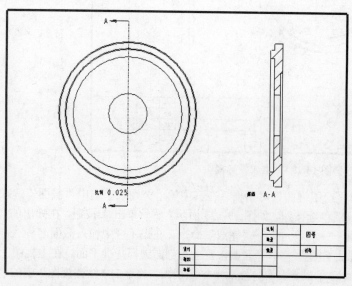

图 13-124　生成的剖视图

图 13-125　剖面线菜单管理器

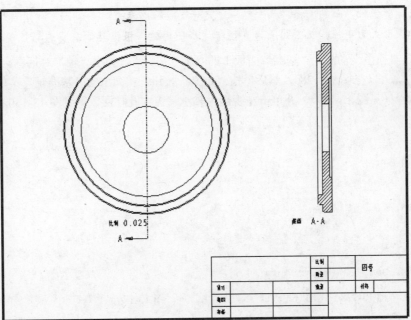

图 13-126　修改剖面线间距

4. 标注视图

（1）单击"注释"功能区"注释"面板上的"尺寸"按钮，弹出"依附类型"菜单管理器。选择"图元上"，对线段或圆进行尺寸标注，单击中键确认。选择"中心"对线段和圆等图元的间距进行标注，单击中键确认。双击标注的尺寸，弹出"尺寸属性"对话框，可以对其进行编辑。最终的尺寸标注效果如图 13-127 所示。

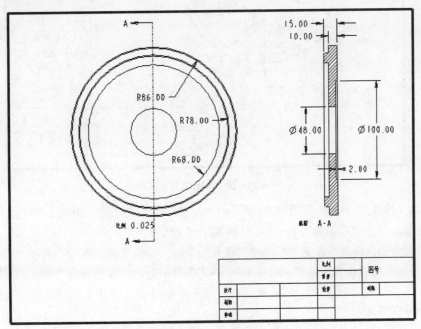

图 13-127　标注尺寸

Note

注意： 标注圆弧时，如果选择"插入"→"尺寸"→"新参考"命令，可以用鼠标左键单击圆弧标注形式为半径，双击圆弧为直径标注。使用时，根据具体需要选择正确的方式。

（2）单击"模型"功能区"基准"面板上的"轴"按钮，弹出"轴"对话框。输入名称为 C，选择类型为 -A- （见图 13-128），然后单击"定义"按钮，在弹出的"基准轴"菜单管理器中选择"过柱面"命令（见图 13-129），并单击左视图上轴承端盖内孔柱面，得到图 13-130 所示的基准轴。

图 13-128　"轴"对话框

图 13-129　"基准轴"菜单管理器

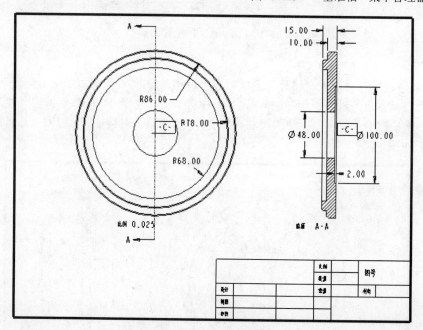
图 13-130　创建基准轴 C

（3）单击"注释"功能区"注释"面板上的"几何公差"按钮，弹出如图 13-131 所示的"几何公差"对话框。单击"垂直度"按钮，再单击"基准参考"选项卡，在"基本"下拉列表中选择 C。单击"公差值"选项卡，将"总公差"设置为 0.02。单击"模型参考"选项卡，选择参考类型为"曲面"。单击"选择图元"按钮，选择如图 13-132 所示的边，再在放置"类型"下拉列表中选择"带引线"，然后单击"放置几何公差"按钮，再次选择如图 13-132 所示的边线，最后单击中键放置几何公差，效果如图 13-133 所示。

（4）用同样的方法标注其他垂直度和平行度公差，如图 13-133 所示。

图 13-131 "几何公差"对话框

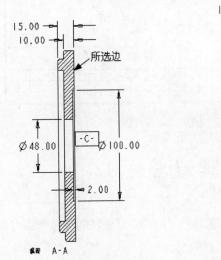

图 13-132 选择放置平面

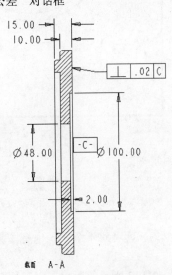

图 13-133 插入垂直度公差

5. 插入表及注释

（1）单击"注释"功能区"注释"面板上的"注解"按钮 ，系统弹出"注解类型"菜单管理器。从"注解类型"菜单管理器中选择"无引线"→"输入"→"水平"→"标准"→"默认"命令，再单击"进行注解"。在需要添加注释的地方单击左键，输入注释文本后单击"确定"按钮，插入文本（按 Enter 键可以换行），效果如图 13-134 所示。最后单击"注解类型"对话框中的"完成/返回"选项。双击插入的注释内容，可以在弹出的"注解属性"对话框中更改内容或属性。

（2）在标题栏中双击要填写内容的单元格，弹出"注解属性"对话框。在其中输入要填写的内容，单击"确定"按钮确认。用同样的方法填写整个标题栏，直到所有的单元格都填写完毕。填写好的表格如图 13-135 所示。到此为止，轴承端盖的零件图全部创建完成，效果如图 13-136 所示。

技术要求

未注圆角为 R1

图 13-134 添加技术要求

轴承端盖		比例	1:2	图号	
		数量	1		
设计		重量		材料	45钢
制图					
审核					

图 13-135 轴承端盖零件标题栏

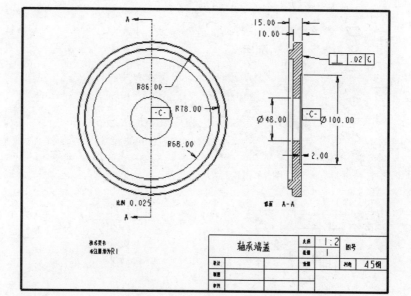

图 13-136　轴承端盖零件图

13.7　实践与练习

通过前面的学习，读者对本章知识也有了大体的了解。本节通过两个操作练习，使读者进一步掌握本章的知识要点。

1. 绘制如图 13-137 所示的通盖支座工程图。

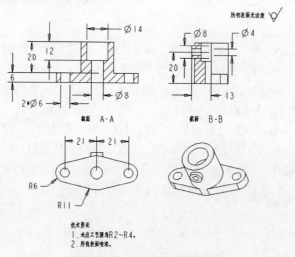

图 13-137　通盖支座工程图

操作提示：

（1）创建主视图。利用"常规"命令，创建主视图，如图 13-138 所示。

（2）创建左视图。利用"投影"命令，创建左视图，如图 13-139 所示。

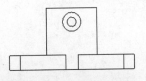

图 13-138　生成的主视图

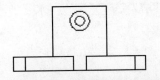

图 13-139　生成的左视图

（3）创建俯视图。利用"投影"命令，创建俯视图，如图 13-140 所示。

（4）创建轴测图。利用"常规"命令，创建轴测视图，效果如图 13-141 所示。

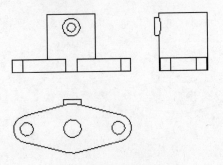

图 13-140　生成的俯视图

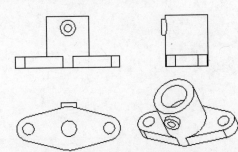

图 13-141　生成的轴侧视图

（5）创建全剖视图。双击主视图，打开"绘图视图"对话框。在俯视图中选择 FRONT 基准平面，效果如图 13-142 所示。

（6）创建半剖视图。双击左视图，打开"绘图视图"对话框。在主视图中选择 RIGHT 基准平面，在左视图中选择 FRONT 参考平面，生成的半剖视图如图 13-143 所示。

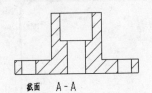

截面　A-A

图 13-142　生成的全剖视图

截面　B-B

图 13-143　生成的半剖视图

（7）标注尺寸。利用"尺寸"命令，创建线性尺寸；利用"表面粗糙度"命令，创建粗糙度，如图 13-144 所示。

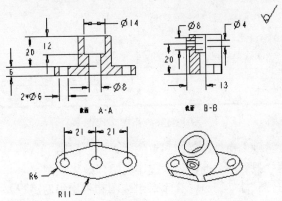

图 13-144　生成的粗糙度符号

（8）创建注释。利用"注解"命令，创建技术要求，如图13-145。

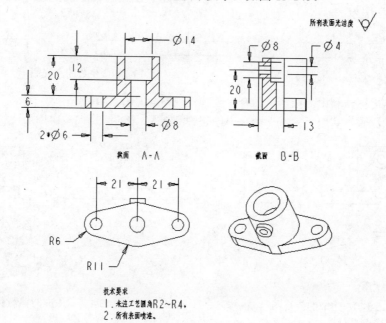

图 13-145　生成的注释结果

2．绘制如图13-146所示的平键工程图图形。

操作提示：

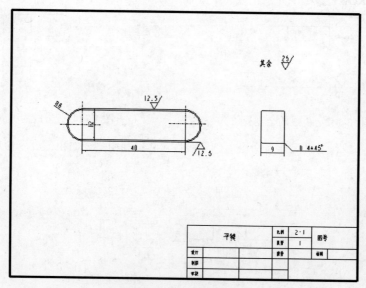

图 13-146　平键工程图

（1）主视图。利用"常规"命令，创建平键的主视图，如图13-147所示。

（2）投影视图。利用"投影"命令，插入投影视图，效果如图13-148所示。

（3）标注视图。利用"尺寸"命令，分别对主视图和投影视图进行尺寸标注、公差标注和表面光洁度标注。完成后的效果如图13-149所示。

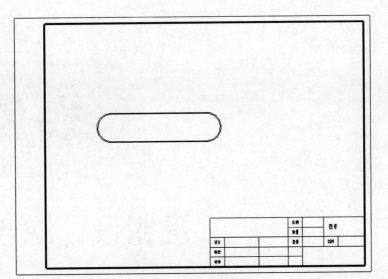

图 13-147　生成平键主视图

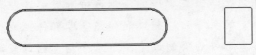

图 13-148　生成投影视图

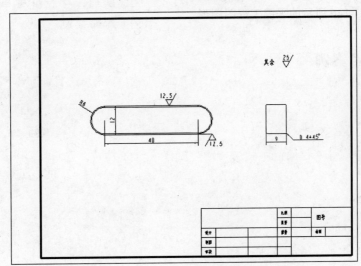

图 13-149　标注视图

（4）插入注释。利用"注解"命令，填写标题栏，如图 13-150 所示。

平键		比例	2:1	图号	
		数量	1		
设计		重量		材料	
制图					
审核					

图 13-150　平键标题栏

虎钳设计综合实例

本综合实例介绍虎钳装配体组成零件的绘制方法和装配过程。虎钳装配体由螺杆、方头螺母、护口板、圆头螺钉、沉头螺钉、钳口和钳座等零部件组成。

本章首先介绍虎钳各零部件的绘制方法，然后介绍虎钳的装配过程。

- ☑ 绘制螺杆、方头螺母、护口板
- ☑ 绘制圆头螺钉和沉头螺钉
- ☑ 绘制钳口和钳座
- ☑ 虎钳装配

任务驱动&项目案例

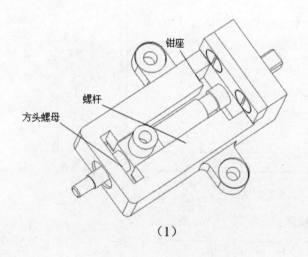

（1）

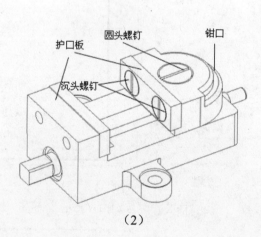

（2）

14.1 螺 杆

首先通过旋转得到螺杆的基体，然后通过拉伸切除得到螺杆方头的一个面，再经过阵列得到方头的 4 个面，最后创建螺纹特征，形成最终的零件。绘制流程如图 14-1 所示。

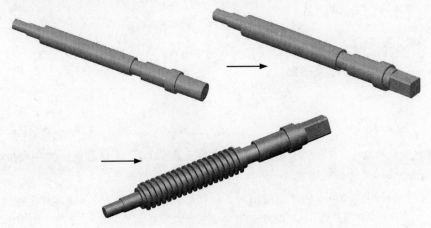

图 14-1 绘制流程

操作步骤：（光盘\动画演示\第 14 章\螺杆.avi）

1. 新建模型

单击快速访问工具栏中的"新建"按钮 ，打开"新建"对话框。在"类型"选项组中选中"零件"单选按钮，在"子类型"选项组中选中"实体"单选按钮，在"名称"文本框中输入 luogan，取消选中"使用默认模板"复选框。单击"确定"按钮，在打开的"新文件选项"对话框中选择 mmns_part_solid 选项。单击"确定"按钮，创建一个零件文件。

2. 旋转轴

（1）单击"模型"功能区"形状"面板上的"旋转"按钮 ，弹出"旋转"操控板。

（2）在"旋转"操控板上选择"放置"→"定义"。选择基准平面 TOP 作为草绘平面。

（3）单击"草绘"功能区"草绘"面板上的"线"按钮 ，绘制如图 14-2 所示的截面图。单击"确定"按钮 ，退出草图绘制环境。

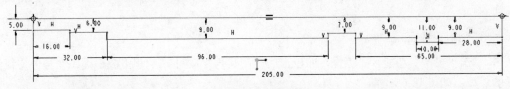

图 14-2 绘制草图

（4）在操控板上设置旋转方式为"变量" ，输入 360°作为旋转的变量角。单击"完成"按钮 ，完成特征创建，如图 14-3 所示。

3. 切除方头的一边

（1）单击"模型"功能区"形状"面板上的"拉伸"按钮 ，弹出"拉伸"操控板。

（2）在"拉伸"操控板上选择"放置"→"定义"命令，选择基准平面 RIGHT 作为草绘平面。

（3）绘制如图 14-4 所示的截面，然后单击"确定"按钮✔，退出草图绘制环境。

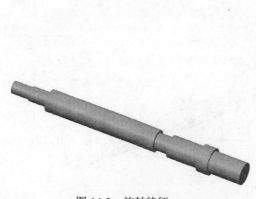

图 14-3　旋转特征

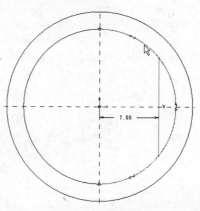

图 14-4　绘制草图

 注意： 在下面的步骤中，用户需要更改特征的创建方向。注意，在操控板上同一按钮有两个选项。第一个按钮是特征创建方向，第二个按钮是材料去除侧。

（4）单击"拉伸"操控板上的"切减材料"按钮✍。如果切减材料不向零件内部拉伸，则更改拉伸方向✗。在操控板上选择"可变"深度选项⬜，输入 22.00 作为可变深度值，如图 14-5 所示。单击"完成"按钮✔，完成特征。

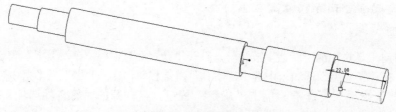

图 14-5　预览特征

4. 阵列方头

（1）在模型树上选择第 3 步创建的拉伸切除特征。

（2）单击"模型"功能区"编辑"面板上的"阵列"按钮，弹出"阵列"操控板。

（3）选择操控板上的"轴"作为阵列类型，在模型中选择旋转体的中心轴。

（4）在"阵列"操控板中设置阵列的实例的数目为 4，阵列的尺寸增量值为 90，然后单击"完成"按钮✔。

5. 创建倒圆角特征

（1）单击"模型"功能区"工程"面板上的"倒圆角"按钮。使用 Ctrl 键，在拉伸特征的顶面选择两条边，如图 14-6 所示。

（2）在操控板中输入"1.00"作为圆角的半径。单击"完成"按钮✔，圆角效果如图 14-7 所示。

6. 创建螺纹

（1）单击"模型"功能区"形状"面板上的"螺旋扫描"按钮，打开"螺旋扫描"操控板。

（2）在"螺旋扫描"操控板上选择"参考"→"定义"命令，选择基准平面 TOP 作为草绘平面，绘制如图 14-8 所示的螺旋扫描特征剖面。单击"确定"按钮✔，退出草图绘制环境。

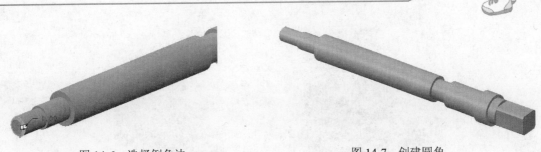

图 14-6　选择倒角边　　　　　　　　　　图 14-7　创建圆角

图 14-8　绘制截面

（3）单击"绘制截面"按钮 ☑，单击"草绘"功能区"草绘"面板上的"线"按钮 ↗，绘制如图 14-9 所示的截面图。单击"确定"按钮 ✔，退出草图绘制环境。

（4）在操控板中输入"4.8"作为轨迹的节距，然后单击"完成"按钮 ✔，效果如图 14-10 所示。

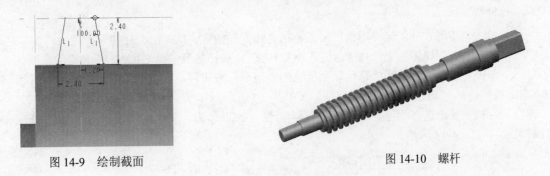

图 14-9　绘制截面　　　　　　　　　　　　图 14-10　螺杆

14.2　方头螺母

首先通过拉伸得到方头螺母的基体，分 3 段完成，每一段都是先绘制该段的截面，然后拉伸，然后通过拉伸切除得到竖直的连接孔和水平的连接孔，最后创建螺纹特征。绘制流程如图 14-11 所示。

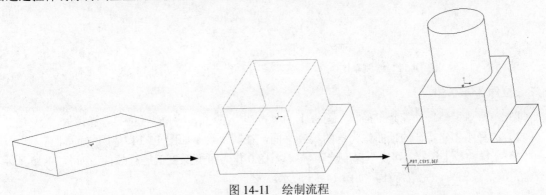

图 14-11　绘制流程

图 14-11　绘制流程（续）

操作步骤：（光盘\动画演示\第 14 章\方头螺母.avi）

　　1．新建模型

　　单击快速访问工具栏中的"新建"按钮□，打开"新建"对话框。在"类型"选项组中选中"零件"单选按钮，在"子类型"选项组中选中"实体"单选按钮，在"名称"文本框中输入 fangtouluomu，取消选中"使用默认模板"复选框。单击"确定"按钮，在打开的"新文件选项"对话框中选择 mmns_part_solid 选项。单击"确定"按钮，创建一个零件文件。

　　2．拉伸螺母底座

　　（1）单击"模型"功能区"形状"面板上的"拉伸"按钮，弹出"拉伸"操控板。

　　（2）在"拉伸"操控板上选择"放置"→"定义"，选择基准平面 FRONT 作为草绘平面。

　　（3）单击"草绘"功能区"草绘"面板上的"矩形"按钮□，绘制截面，如图 14-12 所示。单击"确定"按钮✔，退出草图绘制环境。

　　（4）在操控板上选择"可变"深度选项，输入 8.00 作为可变深度值。单击"完成"按钮✔，完成特征，如图 14-13 所示。

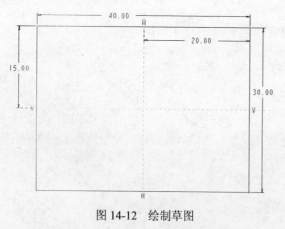

图 14-12　绘制草图

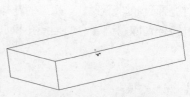

图 14-13　预览特征

　　3．拉伸螺母中段

　　（1）单击"模型"功能区"形状"面板上的"拉伸"按钮，弹出"拉伸"操控板。

　　（2）选择刚创建特征的顶面作为草图绘制平面，在其上绘制如图 14-14 所示的矩形。

　　（3）在操控板上选择"可变"深度选项，以 18.0 作为可变深度值进行拉伸，如图 14-15 所示。单击"完成"按钮✔，完成特征，如图 14-15 所示。

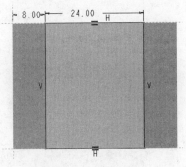

图 14-14　绘制草图

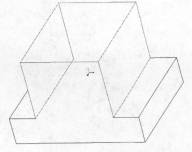

图 14-15　生成特征

4．拉伸螺母顶段

（1）单击"模型"功能区"形状"面板上的"拉伸"按钮，弹出"拉伸"操控板。

（2）选择刚创建的特征的顶面作为草图绘制平面，在其上绘制如图 14-16 所示的圆。

（3）以 20.0 作为可变深度值进行拉伸，单击操控板上的"完成"按钮，创建柱，如图 14-17 所示。

5．创建竖直连接孔

（1）单击"模型"功能区"工程"面板上的"孔"按钮，弹出"孔"操控板。选中"直孔"和"简单"按钮作为孔类型。

（2）输入孔的直径为 10.0，选择"可变"选项，并输入"18.00"作为孔的深度。

（3）选择拉伸体的上表面和基准轴为放置面和参考。

（4）选择"放置"下滑面板中的"同轴"选项，单击操控板上的"完成"按钮，创建孔，如图 14-18 所示。

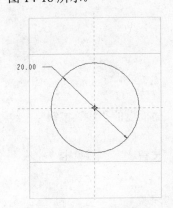

图 14-16　绘制草图

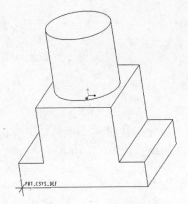

图 14-17　预览特征

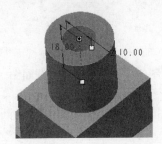

图 14-18　创建孔

6．创建水平连接孔

（1）单击"模型"功能区"工程"面板上的"孔"按钮，弹出"孔"操控板。选中"直孔"和"简单"按钮作为孔类型。

（2）输入孔的直径为 18.00，选择"穿透"选项作为孔深度。

（3）选择零件的前端面作为孔放置面，如图 14-19 所示。

（4）拖动孔的第一个放置句柄到第一个参考边，拖动孔的第二个放置句柄到第二个线性参考边。对于第一个定位尺寸，更改值为 20.00；对于第二个定位尺寸，更改值为 15.00，如图 14-20 所示。

Note

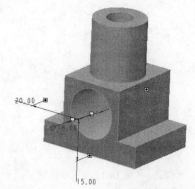

图 14-19　孔参考

图 14-20　选择参考

（5）单击操控板上的"完成"按钮 ✓，创建孔。

7．创建螺纹

（1）单击"模型"功能区"形状"面板上的"螺旋扫描"按钮 ⨇，打开"螺旋扫描"操控板。

（2）在"螺旋扫描"操控板上选择"参考"→"定义"，选择基准平面 RIGHT 作为草绘平面，绘制如图 14-21 所示的螺旋扫描特征剖面。单击"确定"按钮 ✓，退出草图绘制环境。

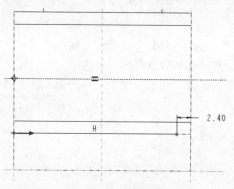

图 14-21　绘制剖面

（3）单击"绘制截面"按钮 ⬚，然后单击"草绘"功能区"草绘"面板上的"线"按钮 ⟋，绘制如图 14-22 所示的截面图。单击"确定"按钮 ✓，退出草图绘制环境。

（4）在操控板中输入"4.8"作为轨迹的节距，并单击"切除材料"按钮 ⬚，然后单击"完成"按钮 ✓，效果如图 14-23 所示。

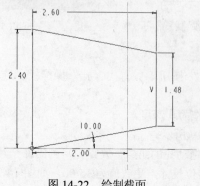

图 14-22　绘制截面

图 14-23　创建方头螺母

14.3 护 口 板

首先绘制护口板的截面，通过拉伸得到护口板的基体。然后通过拉伸切除创建基体的连接孔，接着对一个孔进行阵列操作，得到第二个连接孔。绘制流程如图 14-24 所示。

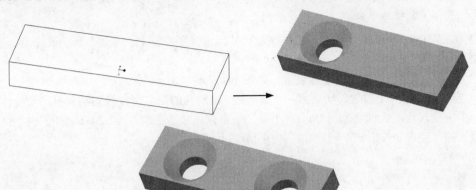

图 14-24 绘制流程

操作步骤：（光盘\动画演示\第 14 章\护口板.avi）

1. 新建模型

单击快速访问工具栏中的"新建"按钮，打开"新建"对话框。在"类型"选项组中选中"零件"单选按钮，在"子类型"选项组中选中"实体"单选按钮，在"名称"文本框中输入 hukouban，取消选中"使用默认模板"复选框。单击"确定"按钮，在打开的"新文件选项"对话框中选择 mmns_part_solid 选项。单击"确定"按钮，创建一个零件文件。

2. 拉伸护口板板体

（1）单击"模型"功能区"形状"面板上的"拉伸"按钮，弹出"拉伸"操控板。在"拉伸"操控板上选择"放置"→"定义"，选择基准平面 FRONT 作为草绘平面。

（2）单击"草绘"功能区"草绘"面板上的"矩形"按钮，绘制截面，如图 14-25 所示。单击"确定"按钮，退出草图绘制环境。

（3）在操控板上选择"可变"深度选项，输入"10.0"作为可变深度值。

（4）在操控板中单击"完成"按钮，完成特征，如图 14-26 所示。

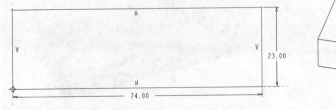

图 14-25 绘制草图

图 14-26 创建护口板板体

3. 创建一个连接孔

（1）单击"模型"功能区"工程"面板上的"孔"按钮 ，弹出"孔"操控板。选择"孔"操控板上的"标准孔"选项 。

（2）选择零件的前端面作为主参考。

> 📢 **注意：** 标准螺纹规格表用于定义标准孔。例如，UNC 3/4-10 表示带有 UNC 螺纹的 3/4 英寸公称尺寸孔，每英寸 10 个螺纹。有 3 个预定义的孔表：UNC、UNF 和 ISO。每个表提供螺纹孔细节需要的参数。

（3）选择 UNC 和 3/4-10 作为标准孔螺纹尺寸，选择操控板上"穿透"作为孔深度，选择"攻丝"选项。

（4）打开"形状"下滑面板进行设置，如图 14-27 所示。

（5）拖动孔的第一个放置句柄到第一个参考边，拖动孔的第二个放置句柄到第二个线性参考边。对于第一个定位尺寸，更改值为 11.00；对于第二个定位尺寸，更改值为 17.00，如图 14-28 所示。单击操控板上的"完成"按钮 ，创建孔，如图 14-29 所示。

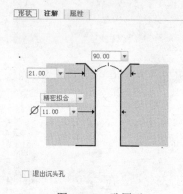

图 14-27 孔图形

图 14-28 孔参考

4. 阵列连接孔

（1）在模型树上选择第 3 步创建的孔特征。

（2）单击"模型"功能区"编辑"面板上的"阵列"按钮 ，弹出"阵列"操控板。

（3）选择第一个引导尺寸作为特征的第一个方向。

（4）输入 40.0 作为尺寸增量值，第一个方向上的每个实例之间相隔 40.0。在"阵列"操控板中输入"2"，作为第一方向上实例的数值。

（5）单击操控板上的"确定"按钮 ，效果如图 14-30 所示。

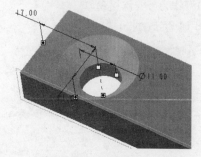

图 14-29 创建孔

图 14-30 阵列孔

14.4 圆头螺钉

首先绘制螺钉的轴向截面草图，通过旋转得到螺钉基体，然后在基体上绘制拧槽的截面草图，通过拉伸切除得到拧槽，最后创建螺纹。绘制流程如图 14-31 所示。

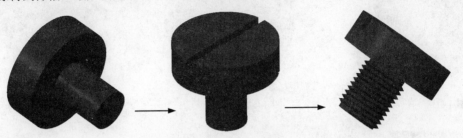

图 14-31 绘制流程

操作步骤：（光盘\动画演示\第 14 章\圆头螺钉.avi）

1. 新建模型

单击快速访问工具栏中的"新建"按钮 ，打开"新建"对话框。在"类型"选项组中选中"零件"单选按钮，在"子类型"选项组中选中"实体"单选按钮，在"名称"文本框中输入 yuantouluoding，取消选中"使用默认模板"复选框。单击"确定"按钮，在打开的"新文件选项"对话框中选择 mmns_part_solid 选项。单击"确定"按钮，创建一个零件文件。

2. 旋转螺钉体

（1）单击"模型"功能区"形状"面板上的"旋转"按钮 ，弹出"旋转"操控板，在"旋转"操控板上选择"放置"→"定义"。

（2）选择基准平面 FRONT 作为草绘平面，选择"草绘"对话框中的"草绘"选项。

（3）单击"草绘"功能区"草绘"面板上的"线"按钮 ，绘制如图 14-32 所示的截面图。单击"确定"按钮 ，退出草图绘制环境。

（4）在操控板上设置旋转方式为"变量" ，并输入 360°作为旋转的变量角，单击"完成"按钮 ，生成特征，如图 14-33 所示。

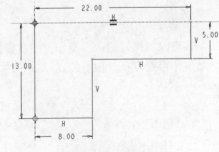

图 14-32 绘制草图

3. 切除拧槽

（1）单击"模型"功能区"形状"面板上的"拉伸"按钮 ，弹出"拉伸"操控板。

（2）选择刚创建特征的顶面作为草图绘制平面，在其上绘制如图 14-34 所示的矩形。

（3）在操控板中输入深度为 3.00，并单击"切除"按钮 ，然后单击"完成"按钮 ，效果如图 14-35 所示。

4. 创建螺纹

（1）单击"模型"功能区"形状"面板上的"螺旋扫描"按钮 ，打开"螺旋扫描"操控板。

（2）在"螺旋扫描"操控板上选择"参考"→"定义"，选择基准平面 TOP 作为草绘平面，绘制如图 14-36 所示的螺旋扫描特征剖面。单击"确定"按钮 ，退出草图绘制环境。

（3）单击"绘制截面"按钮，然后单击"草绘"功能区"草绘"面板上的"线"按钮，绘制如图 14-37 所示的截面图。单击"确定"按钮，退出草图绘制环境。

（4）在操控板中输入"1.2"作为轨迹的节距，然后单击"完成"按钮，效果如图 14-38 所示。

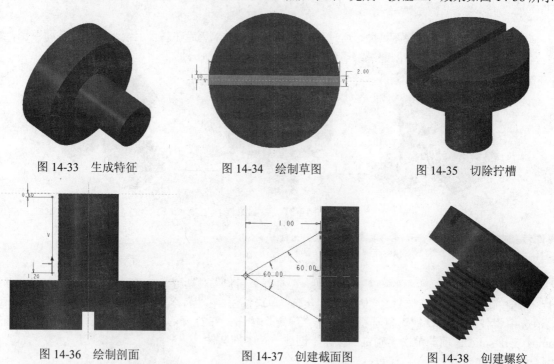

图 14-33 生成特征　　　图 14-34 绘制草图　　　图 14-35 切除拧槽

图 14-36 绘制剖面　　　图 14-37 创建截面图　　　图 14-38 创建螺纹

14.5 沉头螺钉

首先绘制螺钉的截面草图，通过旋转得到螺钉，然后在螺钉顶面上绘制拧槽的截面图，通过拉伸切除操作得到拧槽，最后创建螺纹。绘制流程如图 14-39 所示。

图 14-39 绘制流程

操作步骤：（光盘\动画演示\第 14 章\沉头螺钉.avi）

1. 新建模型

单击快速访问工具栏中的"新建"按钮，打开"新建"对话框。在"类型"选项组中选中"零件"单选按钮,在"子类型"选项组中选中"实体"单选按钮,在"名称"文本框中输入"chentouluoding",取消选中"使用默认模板"复选框。单击"确定"按钮,在打开的"新文件选项"对话框中选择mmns_part_solid选项。单击"确定"按钮,创建一个零件文件。

2. 旋转螺钉

(1)单击"模型"功能区"形状"面板上的"旋转"按钮✦,在"旋转"操控板上依次单击"放置"→"定义"按钮。

(2)选择基准平面FRONT作为草绘平面。

(3)单击"草绘"功能区"草绘"面板上的"线"按钮↘,绘制如图14-40所示的截面。单击"确定"按钮✔,退出草图绘制环境。

注意:鼠标左键用于选择直线终点,鼠标中键用于取消直线命令。定义草绘大小的尺寸标注方案已经故意隐藏了。在基准平面RIGHT和TOP的交线上开始绘制图形,并以逆时针方向绘制。鼠标左键用来选择实体位置,中键用来撤销命令。取消直线命令时,不必理会所创建的尺寸标注。水平线和竖直线应该画得大体合适。被标记上H和V的直线分别表示水平和竖直约束的直线。

(4)在操控板上设置旋转方式为"变量"⬐,并输入"360"作为旋转的变量角。单击"完成"按钮✔,完成特征,如图14-41所示。

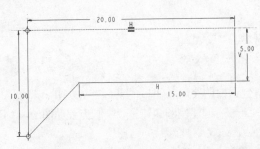
图14-40 标注尺寸

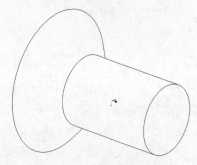
图14-41 生成特征

3. 切除拧槽

(1)单击"模型"功能区"形状"面板上的"拉伸"按钮,弹出"拉伸"操控板。

(2)选择刚创建特征的顶面作为草图绘制平面,在其上绘制如图14-42所示的矩形。

(3)使用2.00的可变深度切除材料,单击"完成"按钮✔,生成特征如图14-43所示。

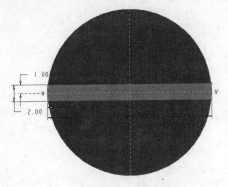
图14-42 绘制草图

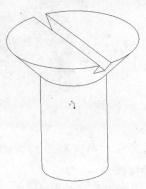
图14-43 生成特征

4. 创建螺纹

（1）单击"模型"功能区"形状"面板上的"螺旋扫描"按钮 ，打开"螺旋扫描"操控板。

（2）在"螺旋扫描"操控板上选择"参考"→"定义"，选择基准平面 TOP 作为草绘平面，绘制如图 14-44 所示的螺旋扫描特征剖面。单击"确定"按钮 ，退出草图绘制环境。

（3）单击"绘制截面"按钮 ，然后单击"草绘"功能区"草绘"面板上的"线"按钮 ，绘制如图 14-45 所示的截面。单击"确定"按钮 ，退出草图绘制环境。

（4）在操控板中输入"1.2"作为轨迹的节距，然后单击"完成"按钮 ，效果如图 14-46 所示。

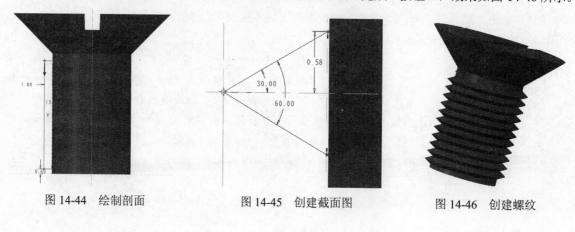

图 14-44　绘制剖面　　　　　图 14-45　创建截面图　　　　　图 14-46　创建螺纹

14.6　钳　　口

首先通过拉伸得到钳口的基体。然后通过拉伸得到钳口的突口和钳口的背环，先创建孔特征作为中间孔，再创建一个孔特征作为连接孔，并将连接孔阵列。最后创建倒圆角特征。绘制流程如图 14-47 所示。

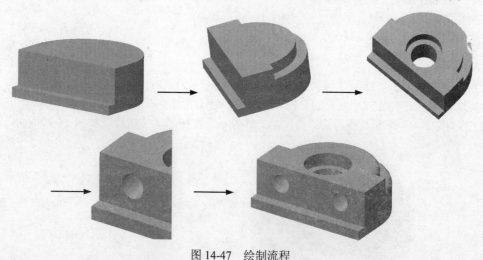

图 14-47　绘制流程

操作步骤：（光盘\动画演示\第 14 章\钳口.avi）

1. 新建模型

单击快速访问工具栏中的"新建"按钮 ，打开"新建"对话框。在"类型"选项组中选中"零件"单选按钮,在"子类型"选项组中选中"实体"单选按钮,在"名称"文本框中输入 qiankou,取消选中"使用默认模板"复选框。单击"确定"按钮,在打开的"新文件选项"对话框中选择 mmns_part_solid 选项,单击"确定"按钮,创建一个零件文件。

2. 拉伸钳口基体

(1)单击"模型"功能区"形状"面板上的"拉伸"按钮 ,在"拉伸"操控板上选择"放置"→"定义"。

(2)在工作区上选择基准平面 FRONT 作为草绘平面,单击"草绘"功能区"草绘"面板上的"线"按钮 和"3 点相切端"按钮 ,绘制如图 14-48 所示的截面。单击"确定"按钮 ,退出草图绘制环境。

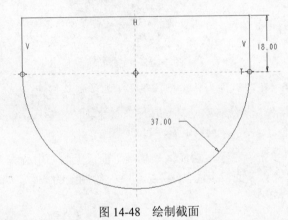

图 14-48 绘制截面

(3)在操控板上选择"可变"深度选项 ,输入 28.0 作为可变深度值,单击"完成"按钮 。

3. 拉伸突口

(1)单击"模型"功能区"形状"面板上的"拉伸"按钮 ,弹出"拉伸"操控板。

(2)选择拉伸体外表面作为草图绘制平面,在其上绘制如图 14-49 所示的矩形草图。

(3)在操控板中输入深度为 6.00,单击"完成"按钮 ,效果如图 14-50 所示。

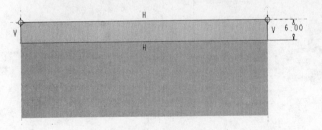

图 14-49 绘制草图

图 14-50 创建拉伸体

4. 切除背环

(1)单击"模型"功能区"形状"面板上的"拉伸"按钮 ,弹出"拉伸"操控板。

(2)选择如图 14-50 所示的拉伸体上表面作为草图绘制平面,在其上绘制如图 14-51 所示的草图。

(3)在操控板中输入深度为 8.00,单击"完成"按钮 ,生成特征,如图 14-52 所示。

5. 创建中间定位孔

(1)单击"模型"功能区"工程"面板上的"孔"按钮 ,弹出"孔"操控板。

（2）选择零件的前端面作为主参考。拖动孔的第一个放置句柄到第一个参考边，拖动孔的第二个放置句柄到第二个线性参考边，如图 14-53 所示。对于第一个定位尺寸，更改值为 37.00；对于第二个定位尺寸，更改值为 18.00，如图 14-54 所示。

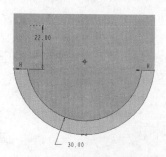

图 14-51　绘制草图

图 14-52　生成特征

图 14-53　孔参考

（3）在操控板中选择"草绘"作为孔类型，单击"草绘器"按钮 。

注意：单击"草绘"按钮，系统将启动草绘环境来创建孔的轮廓。"截面文件"选项允许将预先定义的截面文件（.sec）导入为孔的草绘。

（4）在草绘环境中，单击"草绘"功能区"基准"面板上的"中心线"按钮 ，创建竖直中心线。单击"草绘"功能区"草绘"面板上的"线"按钮 ，绘制孔的截面，如图 14-55 所示。单击"确定"按钮 ，退出草图绘制环境。

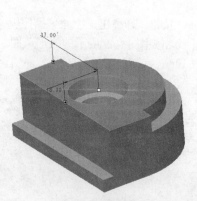

图 14-54　选择参考

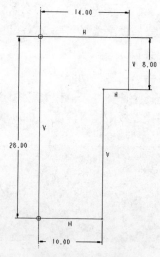

图 14-55　绘制草图

注意：孔的草绘图元一定要在中心线的一侧绘制，而且必须完全封闭。中心线并不是草绘的一个图元。必须有一个草绘图元与中心线垂直，该图元是用来对齐孔和放置平面的。如果有多个图元与中心线垂直，那么在草绘环境里最上方创建的图元将起上述作用。

（5）单击操控板上的"完成"按钮 ，生成特征，如图 14-56 所示。

6．创建一个连接孔

（1）单击"模型"功能区"工程"面板上的"孔"按钮 ，弹出"孔"操控板。

（2）选择操控板上的"直孔"和"简单"选项作为孔类型。

（3）在操控板中输入孔的直径为 10.00，孔的深度为 20.00。

（4）选择零件的底面作为主参考，两条边分别作为线性参考边。

（5）两个定位尺寸均为 17.00，如图 14-57 所示。

（6）单击操控板上的"完成"按钮☑，完成连接孔的创建。

图 14-56 生成特征

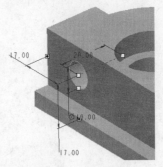

图 14-57 选择参考

7. 阵列定位孔

（1）在模型树上选择第 6 步创建的孔特征。

（2）单击"模型"功能区"编辑"面板上的"阵列"按钮▦，弹出"阵列"操控板。

（3）选择第一个引导尺寸作为特征的第一个方向，输入"40.00"作为尺寸的增量值，如图 14-58 所示。单击"完成"按钮☑，生成阵列孔。

8. 创建倒圆角特征

（1）单击"模型"功能区"工程"面板上的"倒圆角"按钮🔘。按住 Ctrl 键，在环形拉伸特征的面上选择两条边。

（2）在操控板中输入"3.00"作为圆角的半径，单击"完成"按钮☑。圆角效果如图 14-59 所示。

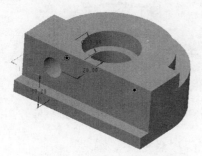

图 14-58 设置阵列参数

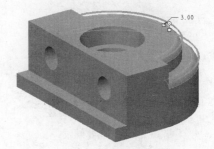

图 14-59 生成特征

9. 创建基准面

（1）单击"模型"功能区"基准"面板上的"平面"按钮▱，打开"基准平面"对话框。

（2）选择孔的中心轴和 FRONT 基准面为参考，如图 14-60 所示，单击"确定"按钮。

10. 创建螺纹

（1）单击"模型"功能区"形状"面板上的"螺旋扫描"按钮〰，打开"螺旋扫描"操控板。

（2）在"螺旋扫描"操控板上选择"参考"→"定义"，选择新建的基准面 DTM1 作为草绘平面，绘制如图 14-61 所示的螺旋扫描特征剖面。单击"确定"按钮✔，退出草图绘制环境。

（3）单击"绘制截面"按钮☑，然后单击"草绘"功能区"草绘"面板上的"线"按钮，绘制如图 14-62 所示的截面。单击"确定"按钮✔，退出草图绘制环境。

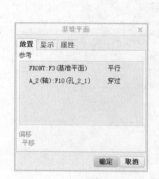

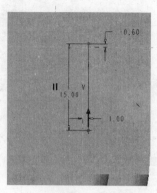

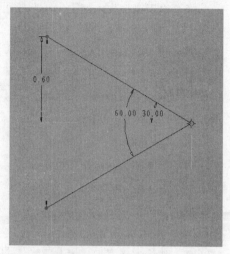

图 14-60 创建基准面   图 14-61 绘制剖面   图 14-62 创建截面图

（4）在操控板中输入"1.2"作为轨迹的节距，单击"完成"按钮✔，效果如图 14-63 所示。

11．镜像螺纹

（1）单击"模型"功能区"编辑"面板上的"镜像"按钮，打开"镜像"操控板。

（2）在视图中选择 RIGHT 平面为镜像平面，单击"完成"✔按钮，效果如图 14-64 所示。

图 14-63 创建螺纹   图 14-64 镜像特征

14.7 钳   座

首先通过拉伸得到钳座的基体，并通过拉伸切除得到底面沉台和工字形。再通过拉伸得到安装座。然后在基体上创建安装孔，并通过复制得到其他的孔。钳口孔通过孔特征得到，并通过阵列得到第二个孔。绘制流程如图 14-65 所示。

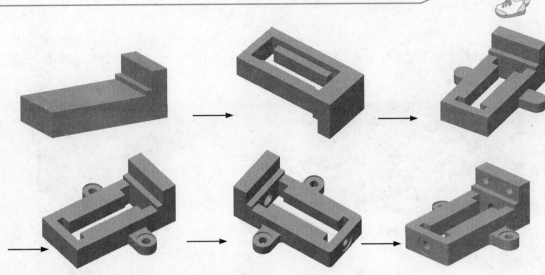

图 14-65　绘制流程

操作步骤：（光盘\动画演示\第 14 章\钳座.avi）

1. 新建模型

单击快速访问工具栏中的"新建"按钮□，打开"新建"对话框。在"类型"选项组中选中"零件"单选按钮，在"子类型"选项组中选中"实体"单选按钮，在"名称"文本框中输入 qianzuo，取消选中"使用默认模板"复选框。单击"确定"按钮，在打开的"新文件选项"对话框中选择 mmns_part_solid 选项。单击"确定"按钮，创建一个零件文件。

2. 拉伸钳座基体

（1）单击"模型"功能区"形状"面板上的"拉伸"按钮□，在"拉伸"操控板中选择"放置"→"定义"。

（2）在工作区中选择基准平面 FRONT 作为草绘平面。

（3）定向草绘环境，通过选择设置"草绘"对话框中的方向，选择自动选择的定向方向。

（4）单击"草绘"功能区"草绘"面板上的"线"按钮┗，绘制如图 14-66 所示的截面。单击"确定"按钮✓，退出草图绘制环境。

（5）在操控板上选择"可变"深度选项⊥，输入"74.0"作为可变深度值。

（6）单击"完成"按钮✓，完成特征，如图 14-67 所示。

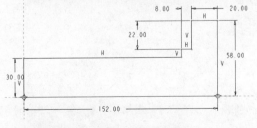

图 14-66　尺寸方案

图 14-67　生成特征

3. 切除底面沉台

（1）单击"模型"功能区"形状"面板上的"拉伸"按钮□，弹出"拉伸"操控板。

（2）选择如图 14-67 所示的拉伸特征的底平面作为草图绘制平面，在其上绘制如图 14-68 所示的矩形。

（3）在操控板中输入深度为 10.0，然后单击"切除材料"按钮 ⌀。单击"完成"按钮 ✔，效果如图 14-69 所示。

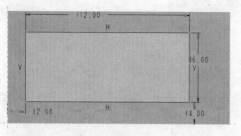

图 14-68　绘制草图

图 14-69　生成特征

4．切除工字形

（1）单击"模型"功能区"形状"面板上的"拉伸"按钮 ⬛，弹出"拉伸"操控板。

（2）在拉伸切除后的表面上绘制如图 14-70 所示的截面。

（3）单击"拉伸"操控板上的"切减材料"按钮 ⌀，选择"完全贯穿"选项，切除材料。单击"完成"按钮 ✔，效果如图 14-71 所示。

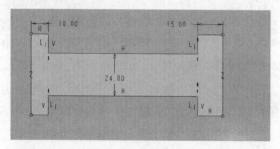

图 14-70　绘制草图

图 14-71　生成特征

5．拉伸安装座

（1）单击"模型"功能区"形状"面板上的"拉伸"按钮 ⬛，弹出"拉伸"操控板。

（2）选择基准面 TOP，在其上绘制如图 14-72 所示的草图。

（3）在操控板中输入深度为 14.0，单击"完成"按钮 ✔，效果如图 14-73 所示。

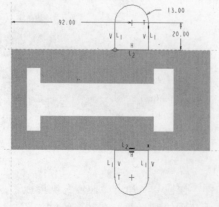

图 14-72　绘制草图

图 14-73　生成特征

6. 创建基准轴

（1）单击"模型"功能区"基准"面板上的"轴"按钮，弹出"基准轴"对话框。

（2）选择如图 14-74 所示的拉伸特征的曲面，作为一个参考定义基准轴，并根据基准约束选项选择参考，然后单击"基准轴"对话框上的"确定"按钮。

（3）重复"基准轴"命令，在另一侧创建基准轴，效果如图 14-75 所示。

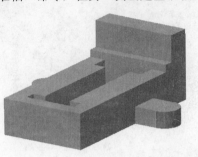

图 14-74　创建基准轴

7. 创建安装孔

（1）单击"模型"功能区"工程"面板上的"孔"按钮，弹出"孔"操控板。

（2）按住 Ctrl 键，选择创建的轴和与轴垂直的平面作为孔的放置类型所需要的参考。

（3）在操控板上选择"草绘"作为孔类型。

（4）在操控板上单击"草绘器"按钮。

（5）在草绘环境中，单击"草绘"功能区"基准"面板上的"中心线"按钮，创建竖直中心线。

（6）绘制孔的截面，单击"草绘"功能区"草绘"面板上的"线"按钮，绘制如图 14-76 所示的截面。单击"确定"按钮，退出草图绘制环境。

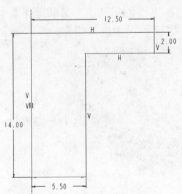

图 14-75　创建另一侧基准轴　　　　　图 14-76　特征的草绘截面

（7）单击操控板上的"完成"按钮，效果如图 14-77 所示。

8. 创建基准平面

单击"模型"功能区"基准"面板上的"平面"按钮，打开"基准平面"对话框。在视图中选择 FRONT 平面，输入偏移距离为 37。

9. 复制安装孔

（1）选择"模型"功能区"操作"面板下"特征操作"命令，在"特征"菜单管理器中选择"复制"命令。

（2）在"复制特征"菜单管理器中选择"镜像"→"从属"→"完成"命令。

（3）在模型树或工作区中选择要复制的孔，然后选择"完成"命令。

（4）选择新建的基准平面 DTM1 为镜像平面。

（5）在菜单管理器中选择"完成"命令，效果如图 14-78 所示。

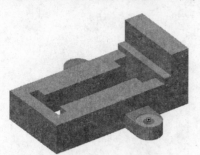

图 14-77　预览特征

图 14-78　复制孔

10．创建基准轴

（1）单击"模型"功能区"基准"面板上的"轴"按钮，打开"基准轴"对话框。

（2）在视图中选择如图 14-79 所示的平面，并设置偏移参考。在该对话框中输入偏移距离为 37 和 15，单击"确定"按钮，完成基准轴的创建。

11．复制安装孔

（1）选择"模型"功能区"操作"面板中的"特征操作"命令，在"特征"菜单管理器中选择"复制"命令。

（2）在"复制特征"菜单管理器中选择"新参考"→"从属"→"完成"命令。

（3）在模型树或工作区中选择要复制的孔，然后选择"完成"命令。

（4）在"组可变尺寸"菜单管理器中选择"完成"命令。

（5）在工作区中选择钳座的外平面和上步创建的轴，然后选择"完成"命令，如图 14-80 所示。

图 14-79　选择参考

图 14-80　生成孔

（6）选择"模型"功能区"操作"面板中的"特征操作"命令，在"特征"菜单管理器中选择"复制"命令。

（7）在"复制特征"菜单管理器中选择"新参考"→"独立"→"完成"命令。

（8）在模型树或工作区中选择要复制的孔，然后选择"完成"命令。

（9）在"组可变尺寸"菜单管理器中选择所有的尺寸项（如图 14-81 所示），然后选择"完成"命令。

（10）在消息输入对话框中，将尺寸分别改为14、28、2、9。

（11）在工作区中选择钳座的外平面和上步创建的轴，然后选择"完成"命令，效果如图 14-82 所示。

图 14-81　组可变尺寸

图 14-82　复制安装孔

12.　创建倒圆角特征

（1）单击"模型"功能区"工程"面板上的"倒圆角"按钮，在拉伸特征的侧面选择 6 条边，如图 14-83 所示。

（2）在操控板中输入"5.00"作为圆角的半径，单击"完成"按钮，圆角效果如图 14-84 所示。

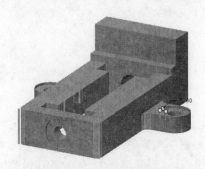

图 14-83　选择倒角边

图 14-84　生成特征

13.　创建一个钳口孔

（1）单击"模型"功能区"工程"面板上的"孔"按钮，弹出"孔"操控板。

（2）选中操控板上"直孔"和"简单"按钮作为孔类型，输入孔的直径为 10.0。

（3）选择"穿透"选项作为孔深度。

（4）选择零件的前端面作为主参考。

（5）拖动孔的第一个放置句柄到第一个参考边，拖动孔的第二个放置句柄到第二个线性参考边，如图 14-85 所示。对于第一个定位尺寸，更改值为 11.0；对于第二个定位尺寸，更改值为 17.0，如图 14-86 所示。

（6）单击操控板上的"完成"按钮，完成创建孔。

图 14-85　孔参考

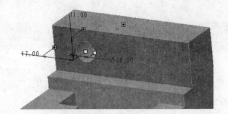

图 14-86　选择参考边

14. 阵列钳口孔

（1）在模型树上选择第 13 步创建的孔特征。

（2）单击"模型"功能区"编辑"面板上的"阵列"按钮 ▦，弹出"阵列"操控板。

（3）选择第一个引导尺寸作为特征的第一个方向（见图 14-87），并输入"40.0"作为尺寸增量值。第一个方向上的每个实例之间相隔 40.0。

（4）在"阵列"操控板中输入"2"作为第一个方向上实例的数值。

（5）单击操控板上的"完成"按钮 ✓，完成阵列孔。

15. 创建基准平面

（1）单击"模型"功能区"基准"面板上的"平面"按钮 ▱，打开"基准平面"对话框。

（2）在视图中选择第 14 步创建的两个孔的轴线，如图 14-88 所示。单击"确定"按钮，完成基准平面的创建。

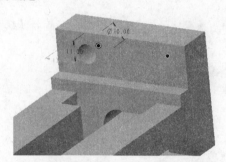

图 14-87　设置阵列参数

图 14-88　设置参考

16. 创建螺纹

（1）单击"模型"功能区"形状"面板上的"螺旋扫描"按钮 ⸾⸾⸾，打开"螺旋扫描"操控板。

（2）在"螺旋扫描"操控板上选择"参考"→"定义"，选择基准平面 DTM2 作为草绘平面，绘制如图 14-89 所示的螺旋扫描特征截面。单击"确定"按钮 ✓，退出草图绘制环境。

（3）单击"绘制截面"按钮 ☑，单击"草绘"功能区"草绘"面板上的"线"按钮 ⟋，绘制如图 14-90 所示的截面。单击"确定"按钮 ✓，退出草图绘制环境。

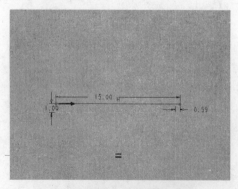

图 14-89　绘制截面

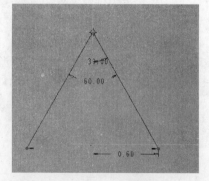

图 14-90　绘制截面

（4）在操控板中输入"1.2"作为轨迹的节距，单击"完成" ✓ 按钮，效果如图 14-91 所示。

17. 镜像螺纹

（1）单击"模型"功能区"编辑"面板上的"镜像"按钮 ⼮⼮，打开"镜像"操控板。

（2）在视图中选择基准面 DTM1 为镜像平面，选择螺纹特征为镜像特征。

（3）在操控板中单击"完成"按钮 ✓，效果如图 14-92 所示。

图 14-91　创建螺纹

图 14-92　镜像螺纹

14.8　虎　钳　装　配

首先创建一个装配文件，在其中添加钳座，接着向其中添加钳口并装配，其后是护口板，再安装两个沉头螺钉，然后添加方头螺母，最后添加螺杆，形成最终的零件模型。装配流程如图 14-93 所示。

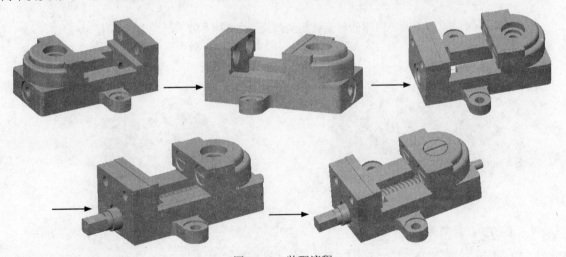

图 14-93　装配流程

操作步骤：（光盘\动画演示\第 14 章\虎钳装配.avi）

1．新建模型

单击快速访问工具栏中的"新建"按钮 □，打开"新建"对话框。在"类型"选项组中选中"装配"单选按钮，在"子类型"选项组中选中"实体"单选按钮，在"名称"文本框中输入"huqian"，取消选中"使用默认模板"复选框。单击"确定"按钮，在打开的"新文件选项"对话框中选择 mmns_asm_design 选项。单击"确定"按钮，创建一个装配文件。

2．在装配体里放置文件

（1）单击"模型"功能区"元件"面板上的"装配"按钮 🔧，打开 qianzuo.prt 元件。

（2）打开"元件放置"操控板，如图 14-94 所示。单击"完成"按钮 ✓，完成放置元件。

图 14-94 "元件放置"操控板

3. 添加钳口文件并装配

（1）单击"模型"功能区"元件"面板上的"装配"按钮 ，打开 qiankou.prt 元件，如图 14-95 所示。

（2）选择钳口的下表面和钳座的上表面作重合约束，如图 14-96 所示。

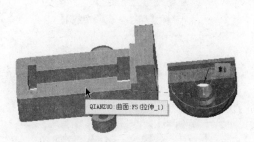

图 14-95 选择重合平面　　　　　　　　　　图 14-96 选择重合平面

（3）选择钳口的外侧面和钳座的侧面作距离约束，如图 14-97 所示，距离偏移为-55。

（4）在操控板中显示"完全约束"，单击"完成"按钮 ，效果如图 14-98 所示。

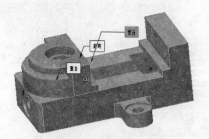

图 14-97 选择距离平面　　　　　　　　　　图 14-98 装配钳口

4. 添加护口板文件并装配

（1）单击"模型"功能区"元件"面板上的"装配"按钮 ，打开 hukouban.prt 元件。

（2）选择护口板的背面和钳口的前面作重合约束，如图 14-99 所示。

（3）选择护口板一个孔的曲面和钳口的一个孔曲面作重合约束，如图 14-100 所示。

图 14-99 选择重合平面　　　　　　　　　　图 14-100 选择重合曲面

（4）选择护口板另一个孔的曲面和钳口的另一个孔曲面作重合约束，如图 14-101 所示。

（5）在操控板中显示"完全约束"，单击"完成"按钮，效果如图 14-102 所示。

图 14-101　选择重合曲面　　　　　　　图 14-102　安装护口板

5．添加沉头螺钉文件并装配

（1）单击"模型"功能区"元件"面板上的"装配"按钮，打开 chentouluoding.prt 元件。

（2）选择沉头螺钉的轴和护口板一个孔的轴作重合约束，如图 14-103 所示。

（3）选择沉头螺钉的端面和护口板的表面作距离约束，偏移距离为-1.00。如图 14-104 所示。

图 14-103　选择重合轴　　　　　　　图 14-104　选择距离平面

（4）在操控板中显示"完全约束"，单击"完成"按钮，效果如图 14-105 所示。

（5）以相同的方法安装另一个沉头螺钉。

6．添加护口文件并装配

（1）单击"模型"功能区"元件"面板上的"装配"按钮，打开 hukouban.prt 元件。

（2）选择护口板的背面和钳座的前面作重合约束，如图 14-106 所示。

图 14-105　安装螺钉　　　　　　　图 14-106　选择重合平面

（3）选择护口板一个孔的曲面和钳座的一个孔曲面作重合约束，如图 14-107 所示。

（4）选择护口板另一个孔的曲面和钳座的另一个孔曲面作重合约束，如图 14-108 所示。

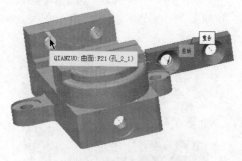

图 14-107　选择重合曲面

图 14-108　选择重合平面

（5）在操控板中显示"完全约束"，单击"完成"按钮 ✓，效果如图 14-109 所示。

7．添加沉头螺钉文件并装配

（1）单击"模型"功能区"元件"面板上的"装配"按钮，打开 chentouluoding.prt 元件。

（2）选择沉头螺钉的轴和护口板一个孔的轴作重合约束，如图 14-110 所示。

图 14-109　安装护口板

图 14-110　选择重合轴

（3）选择沉头螺钉的端面和护口板的表面作距离约束，偏移距离为 1.00，如图 14-111 所示。

（4）在操控板中显示"完全约束"，单击"完成"按钮 ✓，效果如图 14-112 所示。

（5）继续插入另一个沉头螺钉。

图 14-111　选择距离平面

图 14-112　装配沉头螺钉

8．添加方块头螺母文件并装配

（1）单击"模型"功能区"元件"面板上的"装配"按钮，打开 fangtouluomu.prt 元件。

（2）选择方头螺母的背面和钳座的前面作重合约束，如图 14-113 所示。单击"反向"按钮 ，调整方向。

（3）选择方头螺母的孔曲面和钳座孔的曲面作重合约束，如图 14-114 所示。

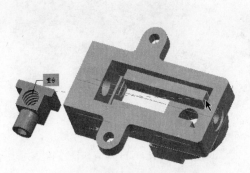

图 14-113　选择重合平面

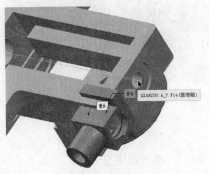

图 14-114　选择重合轴

（4）选择方头螺母的侧面和钳座的侧面作平行约束，如图 14-115 所示。

（5）在操控板中显示"完全约束"，单击"完成"按钮 ，效果如图 14-116 所示。

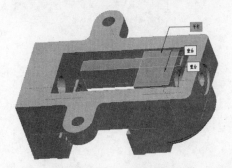

图 14-115　选择平行平面

图 14-116　安装方头螺母

9. 添加螺杆文件并装配

（1）单击"模型"功能区"元件"面板上的"装配"按钮 ，打开 luogan.prt 元件。

（2）选择螺杆的圆台面和钳座的圆台面作重合约束，如图 14-117 所示。

（3）选择螺杆的轴和钳座的孔作重合约束，如图 14-118 所示。

图 14-117　选择重合轴

图 14-118　选择重合曲面

（4）在操控板中显示"完全约束"，单击"完成"按钮 ，效果如图 14-119 所示。

10. 添加圆头螺钉文件并装配

（1）单击"模型"功能区"元件"面板上的"装配"按钮 ，打开 yuantouluoding.prt 元件。

（2）选择圆头螺钉的圆台面和钳头的圆台面作重合约束，如图 14-120 所示。

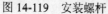

图 14-119　安装螺杆

图 14-120　选择重合曲面

（3）选择圆头螺钉的轴和钳头的孔作重合约束，如图 14-121 所示。

（4）在操控板中显示"完全约束"，单击"完成"按钮 ✓，最后完成的模型如图 14-122 所示。

图 14-121　选择重合轴

图 14-122　安装圆头螺钉

14.9　实践与练习

通过前面的学习，读者对本章知识也有了大体的了解。本节通过 5 个操作练习，使读者进一步掌握本章的知识要点。

1. 绘制如图 14-123 所示的固体胶的外壳。

操作提示：

（1）创建主体。利用"拉伸"命令，选取 TOP 面作为草绘面，绘制直径为 30 的圆，如图 14-124 所示。设置拉伸距离为 70mm。

（2）抽壳。利用"抽壳"命令，选择圆柱的端面作为去除表面，输入抽壳厚度为 2mm，如图 14-125 所示。

图 14-123　外壳

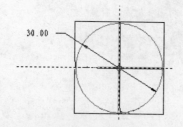

30.00

图 14-124　截面 1

图 14-125　抽壳

（3）底部切除材料。利用"拉伸"命令，选取 TOP 面作为草绘平面，绘制如图 14-126 所示的截面 2。单击"切除材料"按钮 ◿，效果如图 14-127 所示。

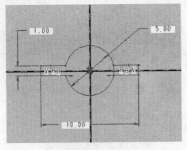

图 14-126 截面 2

图 14-127 切除材料

（4）顶部切除材料。利用"旋转"命令，选取 FRONT 面作为草绘平面，绘制如图 14-128 所示的截面 3，单击"切除材料"按钮 ◿，得到和盖子配合的台阶，效果如图 14-129 所示。

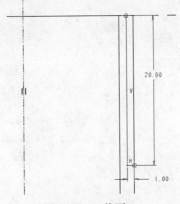

图 14-128 截面 3

图 14-129 旋转

（5）卡环。利用"扫描"命令，选择轨迹为实体上的一个环，如图 14-130 所示。草绘如图 14-131 所示的截面 4，效果如图 14-132 所示。

图 14-130 选择轨迹

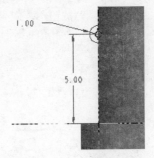

图 14-131 截面 4

图 14-132 卡环

（6）创建凸边。利用"拉伸"命令，在底面草绘如图 14-133 所示的截面 5。选择"直至选定的点、曲线、平面和曲面"选项 ⏚，再选择外壳顶面，效果如图 14-134 所示。

2．绘制如图 14-135 所示的旋钮。

操作提示：

（1）创建主体。利用"拉伸"命令，选取 TOP 面作为草绘平面，绘制直径为 30 的圆，如图 14-136

所示。单击"切除材料"按钮，向上拉伸15mm。

（2）抽壳。利用"抽壳"命令，选择圆柱的端面为去除表面，抽壳厚度为2mm，如图14-137所示。

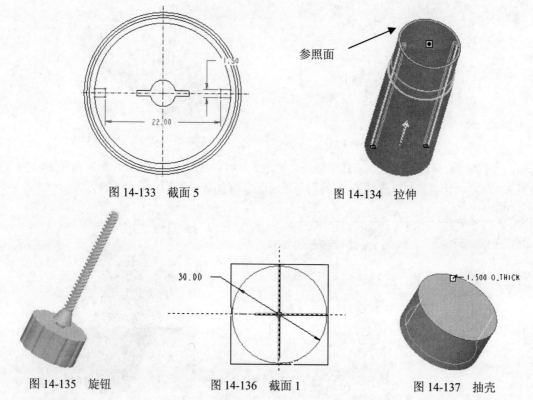

图14-133 截面5　　图14-134 拉伸

图14-135 旋钮　　图14-136 截面1　　图14-137 抽壳

（3）加材料。利用"旋转"命令，选取FRONT面作为草绘平面，绘制如图14-138所示的截面，效果如图14-139所示。

（4）倒角。利用"倒圆角"命令，选择要倒角的边缘大小为1，如图14-140所示。

（5）创建螺纹轨迹。利用"螺旋扫描"命令，在FRONT平面草绘如图14-141所示的截面。然后草绘如图14-142所示的截面3，单击"切除材料"按钮，效果如图14-143所示。

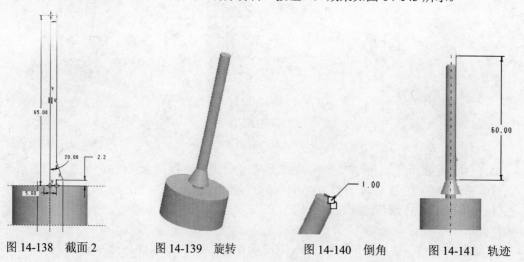

图14-138 截面2　　图14-139 旋转　　图14-140 倒角　　图14-141 轨迹

（6）阵列螺纹。选择创建的螺纹，利用"阵列"命令，沿轴心旋转 2 个，角度为 180°，效果如图 14-144 所示。

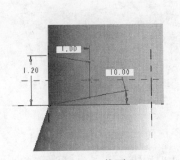

图 14-142 截面 3

图 14-143 螺纹

图 14-144 阵列

（7）创建花边。利用"拉伸"命令，选取环面作为草绘平面，绘制如图 14-145 所示的截面 4。单击"切除材料"按钮，效果如图 14-146 所示。

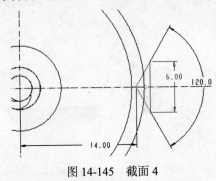

图 14-145 截面 4

图 14-146 切除材料

（8）阵列花边。选择创建的花边，利用"阵列"命令，沿轴心旋转 12 个，角度为 30°，如图 14-147 所示。

（9）倒圆角。利用"倒圆角"命令，选择原始切口上的 3 条边缘进行圆角，利用"阵列"命令，按照参考阵列，效果如图 14-148 所示。

3．绘制如图 14-149 所示的托盘。

图 14-147 阵列花边

图 14-148 阵列圆角

图 14-149 托盘

操作提示：

（1）创建主体。利用"旋转"命令，选取 FRONT 面作为草绘平面，绘制如图 14-150 所示的截面 1。

（2）绘制孔。利用"孔"命令，选择放置面为实体端面、偏移的两个参考为 FRONT、RIGHT

平面，偏移距离为 0。单击"深度"按钮 ，效果如图 14-151 所示。

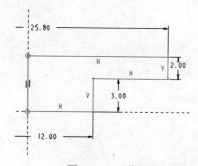

图 14-150　截面 1

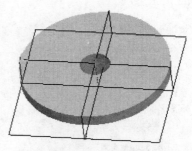

图 14-151　绘制孔

（3）加材料。单击"模型"功能区"形状"面板上的"拉伸"按钮 ，选取 TOP 面作为草绘平面，绘制如图 14-152 所示的截面 2，向上拉伸 3mm。

（4）切除材料。利用"拉伸"命令，选取托盘表面作为草绘平面，绘制如图 14-153 所示截面 3。单击"切除材料"按钮 ，向下拉伸 2mm，如图 14-154 所示。

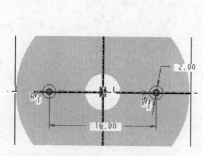

图 14-152　截面 2

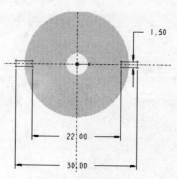

图 14-153　截面 3

（5）倒角。利用"倒角"命令，选择要倒角的边缘大小为 0.5，如图 14-155 所示。

4．绘制如图 14-156 所示的固体胶的胶体。

图 14-154　拉伸

图 14-155　倒角

图 14-156　胶体

操作提示：

（1）创建主体。利用"拉伸"命令，选取 TOP 面作为草绘平面，绘制如图 14-157 所示的截面，并向上拉伸 60mm。

（2）倒角。利用"倒角"命令，选择要倒角的边缘，并设置大小为 3，如图 14-158 所示。

（3）切除材料。利用"拉伸"命令，选取底面作为草绘平面，绘制如图 14-159 所示的截面。单击"切除材料"按钮 ，向上拉伸 3mm，效果如图 14-160 所示。

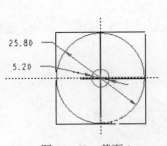

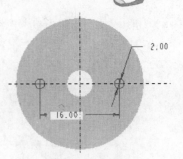

图 14-157　截面 1　　　　图 14-158　倒角　　　　图 14-159　截面 2

5. 装配如图 14-161 所示的固体胶。

操作提示：

（1）装配外壳。利用"装配"命令，选择"默认"选项，装配外壳。

（2）装配旋钮。利用"装配"命令，选择旋钮的柱面和外壳的柱面添加重合约束；选择旋钮的端面和外壳的端面添加重合约束。

（3）装配托盘。利用"装配"命令，选择旋钮的柱面和托盘的柱面添加重合约束；选择托盘的槽面和外壳的凸面添加重合约束；选择托盘的底面和旋钮表面添加距离约束，设置距离为 20，效果如图 14-162 所示。

图 14-160　拉伸　　　　图 14-161　固体胶　　　　图 14-162　添加约束

（4）装配胶体。隐藏外壳，利用"装配"命令，选择胶体的柱面和托盘的柱面添加重合约束；选择胶体的孔面和托盘的凸面添加重合约束；选择托盘的端面和胶体的端面添加重合约束。

（5）创建盖子。利用"创建"命令，选择 ASM_DEF_CSYS 坐标系，新建文件。利用"旋转"命令，绘制如图 14-163 所示的截面，旋转效果如图 14-164 所示。

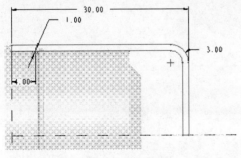

图 14-163　截面　　　　图 14-164　旋转体

（6）修整托盘。利用"元件操作"命令，在"菜单管理器"对话框中单击"切除"按钮，选择托盘为切除元件、旋钮为参考元件，如图 14-165 所示。

（7）编辑元件。利用"元件操作"命令，在"菜单管理器"对话框中单击"切除"按钮，选择胶体为切除元件、外壳为参考元件，如图 14-166 所示。

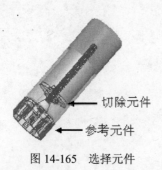

图 14-165　选择元件

图 14-166　选择元件